计算流体动力学分析
——CFD 软件原理与应用

王福军　　编著

清华大学出版社

北　京

内 容 简 介

本书是一本介绍计算流体动力学(CFD)最新理论知识和 CFD 软件开发、应用的指导性教材。全书共分八章，前五章以有限体积法为核心，介绍流体流动与传热问题的控制方程、空间及时间离散格式、湍流模型及数值解法，后三章结合 FLUENT 软件，以实例的方式介绍 CFD 软件原理及其在流场分析、传热计算及多相流模拟等方面的最新应用。实用性和新颖性是本书最大的特点。

本书可作为动力、能源、水利、航空、冶金、海洋、环境、气象、流体工程等专业领域的研究生和本科生教材，也可供上述领域的科技人员，特别是从事 CFD 模拟的人员参考。

图书在版编目(CIP)数据

计算流体动力学分析——CFD 软件原理与应用/王福军编著. —北京：清华大学出版社，2004.9
（2024.5重印）
ISBN 978-7-302-09503-3

Ⅰ. ①计…　Ⅱ. ①王…　Ⅲ. ①计算流体力学—流体动力学—应用软件，CFD　Ⅳ. ①O351.2-39

中国版本图书馆 CIP 数据核字(2004)第 093501 号

责任编辑：应　勤　桑任松
封面设计：陈刘源
版式设计：北京东方人华科技有限公司
责任印制：曹婉颖
出版发行：清华大学出版社
　　　　　网　　址：https://www.tup.com.cn，https://www.wqxuetang.com
　　　　　地　　址：北京清华大学学研大厦 A 座　　　邮　　编：100084
　　　　　社 总 机：010-83470000　　　　　　　　邮　　购：010-62786544
　　　　　投稿与读者服务：010-62776969，c-service@tup.tsinghua.edu.cn
　　　　　质量反馈：010-62772015，zhiliang@tup.tsinghua.edu.cn
印 装 者：大厂回族自治县彩虹印刷有限公司
经　　销：全国新华书店
开　　本：185mm×260mm　　印　张：17.75　　字　数：420 千字
版　　次：2004 年 9 月第 1 版　　　　　印　次：2024 年 5 月第 23 次印刷
定　　价：49.00元

产品编号：012792-04

前　言

计算流体动力学(简称 CFD)是建立在经典流体动力学与数值计算方法基础之上的一门新型独立学科,通过计算机数值计算和图像显示的方法,在时间和空间上定量描述流场的数值解,从而达到对物理问题研究的目的。它兼有理论性和实践性的双重特点,建立了许多理论和方法,为现代科学中许多复杂流动与传热问题提供了有效的计算技术。

CFD 的应用与计算机技术的发展密切相关。CFD 软件最早于 20 世纪 70 年代诞生在美国,但真正得到较广泛的应用是近几年的事。CFD 软件现已成为解决各种流体流动与传热问题的强有力工具,成功应用于水利、航运、海洋、环境、食品、流体机械与流体工程等各种技术科学领域。过去只能靠实验手段才能得到的某些结果,现在已完全可以借助 CFD 模拟来准确获取。

但是,CFD 依赖于系统的流体动力学知识和较深入的数理基础,虽然商用 CFD 软件减轻了用户在这方面的压力,但学习和掌握 CFD 还不是一件容易的事。到目前为止,国内尚没有关于 CFD 软件开发与应用的参考书,现有的 CFD 书籍只是介绍计算流体动力学基本理论,与 CFD 软件联系不多。随着 FLUENT 等商用 CFD 软件的广泛应用,迫切需要一本介绍 CFD 最新理论知识和 CFD 开发与应用的指导性教材。

本书就是在这样的背景下编写的;力求体现如下三个特点:首先是实用性,本书尽量用最通俗的语言解释 CFD 理论与应用过程中最本质、最基础的内容,同时将理论和应用方法与 CFD 软件结合起来介绍,争取让不同层次的读者都能阅读并掌握 CFD 的核心内容及 CFD 软件的基本用法。其次是新颖性,本书充分体现目前 CFD 研究最新的、已被商用软件采纳的成果,例如引入了近两年才发展起来的用于大涡模拟的一些亚格子尺度模型,同时对 CFD 计算中的某些经验系数,按近几年发表的文献进行了校核和更新。第三是重点突出,本书本着有所为、有所不为的原则,重点介绍发展成熟、应用广泛的理论和方法,例如,有限差分法在许多 CFD 教材中占据大量篇幅,但考虑到有限差分法在目前 CFD 软件中远不如有限体积法应用普遍,因此,本书不介绍有限差分法,而重点介绍有限体积法。

全书共分八章,第 1 章至第 5 章介绍 CFD 的基础理论,第 6 章至第 8 章结合 FLUENT 软件介绍 CFD 开发与应用的知识和实例。

本书第 1 章至第 5 章由王福军编写,第 6 章由王海松编写,第 7 章和第 8 章由王海松、戚兰英、王正伟、周凌九、洪益平和李永欣编写,王国玉、王利萍和黎耀军等也为本书编写做了许多工作。全书由王福军统稿。

本书的出版得益于中国农业大学研究生院教改项目的大力支持,书稿曾作为研究生教材在北京部分院校使用。2004 年初,该书被北京市教委批准作为北京市高等教育精品教材建设项目编写并出版。在本书出版过程中，得到了清华大学出版社的支持和帮助，使得笔者能在较短时间内出版此书。

由于作者水平有限，书中错误和不足之处在所难免，恳请读者批评指正。作者的 Email 地址是 wangfujun@tsinghua.org.cn。

王福军
2004 年 3 月

目　　录

第1章　计算流体动力学基础知识

　　流体流动现象大量存在于自然界及多种工程领域中，所有这些过程都受质量守恒、动量守恒和能量守恒等基本物理定律的支配。本章向读者介绍这些守恒定律的数学表达式，在此基础上提出数值求解这些基本方程的思想，阐述计算流体力学的任务及相关基础知识，最后简要介绍目前常用的计算流体动力学商用软件。

1.1　计算流体动力学概述

1.1.1　什么是计算流体动力学

　　计算流体动力学(Computational Fluid Dynamics，简称 CFD)是通过计算机数值计算和图像显示，对包含有流体流动和热传导等相关物理现象的系统所做的分析。CFD 的基本思想可以归结为：把原来在时间域及空间域上连续的物理量的场，如速度场和压力场，用一系列有限个离散点上的变量值的集合来代替，通过一定的原则和方式建立起关于这些离散点上场变量之间关系的代数方程组，然后求解代数方程组获得场变量的近似值[1-3]。

　　CFD 可以看做是在流动基本方程(质量守恒方程、动量守恒方程、能量守恒方程)控制下对流动的数值模拟。通过这种数值模拟，我们可以得到极其复杂问题的流场内各个位置上的基本物理量(如速度、压力、温度、浓度等)的分布，以及这些物理量随时间的变化情况，确定旋涡分布特性、空化特性及脱流区等。还可据此算出相关的其他物理量，如旋转式流体机械的转矩、水力损失和效率等。此外，与 CAD 联合，还可进行结构优化设计等。

　　CFD 方法与传统的理论分析方法、实验测量方法组成了研究流体流动问题的完整体系，图 1.1 给出了表征三者之间关系的"三维"流体力学示意图[10]。

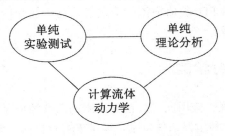

图 1.1　"三维"流体力学示意图

　　理论分析方法的优点在于所得结果具有普遍性，各种影响因素清晰可见，是指导实验研究和验证新的数值计算方法的理论基础。但是，它往往要求对计算对象进行抽象和简化，才有可能得出理论解。对于非线性情况，只有少数流动才能给出解析结果。

实验测量方法所得到的实验结果真实可信，它是理论分析和数值方法的基础，其重要性不容低估。然而，实验往往受到模型尺寸、流场扰动、人身安全和测量精度的限制，有时可能很难通过试验方法得到结果。此外，实验还会遇到经费投入、人力和物力的巨大耗费及周期长等许多困难。

而 CFD 方法恰好克服了前面两种方法的弱点，在计算机上实现一个特定的计算，就好像在计算机上做一次物理实验。例如，机翼的绕流，通过计算并将其结果在屏幕上显示，就可以看到流场的各种细节：如激波的运动、强度，涡的生成与传播，流动的分离、表面的压力分布、受力大小及其随时间的变化等。数值模拟可以形象地再现流动情景，与做实验没有什么区别。

1.1.2　计算流体动力学的工作步骤

采用 CFD 的方法对流体流动进行数值模拟，通常包括如下步骤：

(1) 建立反映工程问题或物理问题本质的数学模型。具体地说就是要建立反映问题各个量之间关系的微分方程及相应的定解条件，这是数值模拟的出发点。没有正确完善的数学模型，数值模拟就毫无意义。流体的基本控制方程通常包括质量守恒方程、动量守恒方程、能量守恒方程，以及这些方程相应的定解条件。

(2) 寻求高效率、高准确度的计算方法，即建立针对控制方程的数值离散化方法，如有限差分法、有限元法、有限体积法等。这里的计算方法不仅包括微分方程的离散化方法及求解方法，还包括贴体坐标的建立，边界条件的处理等。这些内容，可以说是 CFD 的核心。

(3) 编制程序和进行计算。这部分工作包括计算网格划分、初始条件和边界条件的输入、控制参数的设定等。这是整个工作中花时间最多的部分。由于求解的问题比较复杂，比如 Navier-Stokes 方程就是一个十分复杂的非线性方程，数值求解方法在理论上不是绝对完善的，所以需要通过实验加以验证。正是从这个意义上讲，数值模拟又叫数值试验。应该指出，这部分工作不是轻而易举就可以完成的。

(4) 显示计算结果。计算结果一般通过图表等方式显示，这对检查和判断分析质量和结果有重要参考意义。

以上这些步骤构成了 CFD 数值模拟的全过程。其中数学模型的建立是理论研究的课题，一般由理论工作者完成。

1.1.3　计算流体动力学的特点

CFD 的长处是适应性强、应用面广。首先，流动问题的控制方程一般是非线性的，自变量多，计算域的几何形状和边界条件复杂，很难求得解析解，而用 CFD 方法则有可能找出满足工程需要的数值解；其次，可利用计算机进行各种数值试验，例如，选择不同流动参数进行物理方程中各项有效性和敏感性试验，从而进行方案比较。再者，它不受物理模型和实验模型的限制，省钱省时，有较多的灵活性，能给出详细和完整的资料，很容易模拟特殊尺寸、高温、有毒、易燃等真实条件和实验中只能接近而无法达到的理想条件。

CFD 也存在一定的局限性。首先，数值解法是一种离散近似的计算方法，依赖于物理上合理、数学上适用、适合于在计算机上进行计算的离散的有限数学模型，且最终结果不能提供任何形式的解析表达式，只是有限个离散点上的数值解，并有一定的计算误差；第二，它不像物理模型实验一开始就能给出流动现象并定性地描述，往往需要由原体观测或物理模型试验提供某些流动参数，并需要对建立的数学模型进行验证；第三，程序的编制及资料的收集、整理与正确利用，在很大程度上依赖于经验与技巧。此外，因数值处理方法等原因有可能导致计算结果的不真实，例如产生数值粘性和频散等伪物理效应。当然，某些缺点或局限性可通过某种方式克服或弥补，这在本书中会有相应介绍。此外，CFD 因涉及大量数值计算，因此，常需要较高的计算机软硬件配置。

CFD 有自己的原理、方法和特点，数值计算与理论分析、实验观测相互联系、相互促进，但不能完全替代，三者各有各的适用场合。在实际工作中，需要注意三者有机的结合，争取做到取长补短。

1.1.4　计算流体动力学的应用领域

近十多年来，CFD 有了很大的发展，替代了经典流体力学中的一些近似计算法和图解法；过去的一些典型教学实验，如 Reynolds 实验，现在完全可以借助 CFD 手段在计算机上实现。所有涉及流体流动、热交换、分子输运等现象的问题，几乎都可以通过计算流体力学的方法进行分析和模拟。CFD 不仅作为一个研究工具，而且还作为设计工具在水利工程、土木工程、环境工程、食品工程、海洋结构工程、工业制造等领域发挥作用。典型的应用场合及相关的工程问题包括：

- 水轮机、风机和泵等流体机械内部的流体流动
- 飞机和航天飞机等飞行器的设计
- 汽车流线外型对性能的影响
- 洪水波及河口潮流计算
- 风载荷对高层建筑物稳定性及结构性能的影响
- 温室及室内的空气流动及环境分析
- 电子元器件的冷却
- 换热器性能分析及换热器片形状的选取
- 河流中污染物的扩散
- 汽车尾气对街道环境的污染
- 食品中细菌的运移

对这些问题的处理，过去主要借助于基本的理论分析和大量的物理模型实验，而现在大多采用 CFD 的方式加以分析和解决，CFD 技术现已发展到完全可以分析三维粘性湍流及旋涡运动等复杂问题的程度。

1.1.5　计算流体动力学的分支

经过四十多年的发展，CFD 出现了多种数值解法。这些方法之间的主要区别在于对控制方程的离散方式。根据离散的原理不同，CFD 大体上可分为三个分支：

- 有限差分法(Finite Difference Method，FDM)
- 有限元法(Finite Element Method，FEM)
- 有限体积法(Finite Volume Method，FVM)

有限差分法是应用最早、最经典的 CFD 方法，它将求解域划分为差分网格，用有限个网格节点代替连续的求解域，然后将偏微分方程的导数用差商代替，推导出含有离散点上有限个未知数的差分方程组。求出差分方程组的解，就是微分方程定解问题的数值近似解。它是一种直接将微分问题变为代数问题的近似数值解法。这种方法发展较早，比较成熟，较多地用于求解双曲型和抛物型问题。在此基础上发展起来的方法有 PIC(Particle-in-Cell)法、MAC(Marker-and-Cell)法，以及由美籍华人学者陈景仁提出的有限分析法(Finite Analytic Method)等[2]。

有限元法是 20 世纪 80 年代开始应用的一种数值解法，它吸收了有限差分法中离散处理的内核，又采用了变分计算中选择逼近函数对区域进行积分的合理方法。有限元法因求解速度较有限差分法和有限体积法慢，因此应用不是特别广泛。在有限元法的基础上，英国 C.A.Brebbia 等提出了边界元法和混合元法等方法。

有限体积法是将计算区域划分为一系列控制体积，将待解微分方程对每一个控制体积积分得出离散方程。有限体积法的关键是在导出离散方程过程中，需要对界面上的被求函数本身及其导数的分布作出某种形式的假定。用有限体积法导出的离散方程可以保证具有守恒特性，而且离散方程系数物理意义明确，计算量相对较小。1980 年，S.V.Patanker 在其专著《Numerical Heat Transfer and Fluid Flow》[12]中对有限体积法作了全面的阐述。此后，该方法得到了广泛应用，是目前 CFD 应用最广的一种方法。当然，对这种方法的研究和扩展也在不断进行，如 P.Chow 提出了适用于任意多边形非结构网格的扩展有限体积法[24]。

考虑到目前的 CFD 商用软件大多采用有限体积法，加之篇幅所限，本书后续内容主要讨论有限体积法。

1.2　流体与流动的基本特性

流体是 CFD 的研究对象，流体的性质及流动状态决定着 CFD 的计算模型及计算方法的选择，决定着流场各物理量的最终分布结果。本节将介绍 CFD 所涉及的流体及流动的基本概念和术语。

1.2.1　理想流体与粘性流体

粘性(viscocity)是流体内部发生相对运动而引起的内部相互作用。

　　流体在静止时虽不能承受切应力，但在运动时，对相邻两层流体间的相对运动，即相对滑动速度却是有抵抗的，这种抵抗力称为粘性应力。流体所具有的这种抵抗两层流体间相对滑动速度，或普遍来说来抵抗变形的性质，称为粘性。

　　粘性大小依赖于流体的性质，并显著地随温度而变化。实验表明，粘性应力的大小与粘性及相对速度成正比。当流体的粘性较小(如空气和水的粘性都很小)，运动的相对速度也不大时，所产生的粘性应力比起其他类型的力(如惯性力)可忽略不计。此时，我们可以近似地把流体看成是无粘性的，称为无粘流体(inviscid fluid)，也叫做理想流体(perfect fluid)。而对于有粘性的流体，则称为粘性流体(viscous fluid)。十分明显，理想流体对于切向变形没有任何抗拒能力。应该强调指出，真正的理想流体在客观实际中是不存在的，它只是实际流体在某种条件下的一种近似模型。

1.2.2　牛顿流体与非牛顿流体

　　依据内摩擦剪应力与速度变化率的关系不同，粘性流体又分为牛顿流体(Newtonian fluid)与非牛顿流体(non-Newtonian fluid)。

　　观察近壁面处的流体流动，可以发现，紧靠壁面的流体粘附在壁面上，静止不动。而在流体内部之间的粘性所导致的内摩擦力的作用下，靠近这些静止流体的另一层流体受迟滞作用速度降低。

　　流体的内摩擦剪切力 τ 由牛顿内摩擦定律决定：

$$\tau = \mu \lim_{\Delta n \to 0} \frac{\Delta u}{\Delta n} = \mu \frac{\partial u}{\partial n} \tag{1.1}$$

　　其中，Δn 为沿法线方向的距离增量；Δu 为对应于 Δn 的流体速度的增量。$\Delta u / \Delta n$ 为法向距离上的速度变化率。所以，牛顿内摩擦定律表示：流体内摩擦应力和单位距离上的两层流体间的相对速度成比例。比例系数 μ 称为流体的动力粘度，常简称为粘度。它的值取决于流体的性质、温度和压力大小。μ 的单位是 $N \cdot s/m^2$。

　　若 μ 为常数，则称该类流体为牛顿流体；否则，称为非牛顿流体。空气、水等均为牛顿流体；聚合物溶液、含有悬浮粒杂质或纤维的流体为非牛顿流体。

　　对于牛顿流体，通常用 μ 和[质量]密度 ρ 的比值 ν 来代替动力粘度 μ：

$$\nu = \frac{\mu}{\rho} \tag{1.2}$$

　　通过量纲分析可知，ν 的单位是 m^2/s。由于没有动力学中力的因次，只具有运动学的要素，所以称 ν 为运动粘度。

1.2.3　流体热传导及扩散

　　除了粘性外，流体还有热传导(heat transfer)及扩散(diffusion)等性质。当流体中存在着温度差时，温度高的地方将向温度低的地方传送热量，这种现象称为热传导。同样地，当流体混合物中存在着组元的浓度差时，浓度高的地方将向浓度低的地方输送该组元的物质；这种现象称为扩散。

流体的宏观性质，如扩散、粘性和热传导等，是分子输运性质的统计平均。由于分子的不规则运动，在各层流体间交换着质量、动量和能量，使不同流体层内的平均物理量均匀化。这种性质称为分子运动的输运性质。质量输运在宏观上表现为扩散现象，动量输运表现为粘性现象，能量输运则表现为热传导现象。

理想流体忽略了粘性，即忽略了分子运动的动量输运性质，因此在理想流体中也不应考虑质量和能量输运性质——扩散和热传导，因为它们具有相同的微观机制。

1.2.4　可压流体与不可压流体

根据密度 ρ 是否为常数，流体分为可压(compressible)与不可压(incompressible)两大类。当密度 ρ 为常数时，流体为不可压流体，否则为可压流体。空气为可压流体，水为不可压流体。有些可压流体在特定的流动条件下，可以按不可压流体对待。有时，也称可压流动与不可压流动。

在可压流体的连续方程中含密度 ρ，因而可把 ρ 视为连续方程中的独立变量进行求解，再根据气体的状态方程求出压力。

不可压流体的压力场是通过连续方程间接规定的。由于没有直接求解压力的方程，不可压流体的流动方程的求解有其特殊的困难。

1.2.5　定常与非定常流动

根据流体流动的物理量(如速度、压力、温度等)是否随时间变化,将流动分为定常(steady)与非定常(unsteady)两大类。当流动的物理量不随时间变化，即 $\frac{\partial(\ )}{\partial t}=0$ 时，为定常流动；当流动的物理量随时间变化，即 $\frac{\partial(\ )}{\partial t}\neq 0$ ，则为非定常流动。定常流动也称为恒定流动，或稳态流动；非定常流动也称为非恒定流动、非稳态流动，或瞬态(transient)流动。许多流体机械在起动或关机时的流体流动一般是非定常流动，而正常运转时可看作是定常流动。

1.2.6　层流与湍流

自然界中的流体流动状态主要有两种形式，即层流(laminar)和湍流(turbulence)。在许多中文文献中，湍流也被译为紊流。层流是指流体在流动过程中两层之间没有相互混掺，而湍流是指流体不是处于分层流动状态。一般说来，湍流是普遍的，而层流则属于个别情况。

对于圆管内流动，定义 Reynolds 数(也称雷诺数)：$Re = ud/\nu$ 。其中：u 为液体流速，ν 为运动粘度，d 为管径。当 $Re \leqslant 2300$ 时，管流一定为层流；$Re \geqslant 8000 \sim 12000$ 时，管流一定为湍流；当 $2300 < Re < 8000$ ，流动处于层流与湍流间的过渡区。

对于一般流动，在计算 Reynolds 数时，可用水力半径 R 代替上式中的 d 。这里，$R = A/x$ ，A 为通流截面积，x 为湿周。对于液体，x 等于在通流截面上液体与固体接触的周界长度，不包括自由液面以上的气体与固体接触的部分；对于气体，它等于通流截面的周界长度。

1.3　流体动力学控制方程

流体流动要受物理守恒定律的支配，基本的守恒定律包括：质量守恒定律、动量守恒定律、能量守恒定律。如果流动包含有不同成分(组元)的混合或相互作用，系统还要遵守组分守恒定律。如果流动处于湍流状态，系统还要遵守附加的湍流输运方程。

控制方程(governing equations)是这些守恒定律的数学描述。本节先介绍这些基本的守恒定律所对应的控制方程，有关湍流的附加控制方程将在第 4 章中介绍。

1.3.1　质量守恒方程

任何流动问题都必须满足质量守恒定律。该定律可表述为：单位时间内流体微元体中质量的增加，等于同一时间间隔内流入该微元体的净质量。按照这一定律，可以得出质量守恒方程(mass conservation equation)[11]：

$$\frac{\partial \rho}{\partial t} + \frac{\partial(\rho u)}{\partial x} + \frac{\partial(\rho v)}{\partial y} + \frac{\partial(\rho w)}{\partial z} = 0 \tag{1.3}$$

引入矢量符号 $\mathrm{div}(\boldsymbol{a}) = \partial a_x / \partial x + \partial a_y / \partial y + \partial a_z / \partial z$，式(1.3)写成：

$$\frac{\partial \rho}{\partial t} + \mathrm{div}(\rho \boldsymbol{u}) = 0 \tag{1.4}$$

有的文献使用符号 ∇ 表示散度，即 $\nabla \cdot \boldsymbol{a} = \mathrm{div}(\boldsymbol{a}) = \partial a_x / \partial x + \partial a_y / \partial y + \partial a_z / \partial z$，这样，式(1.3)写成：

$$\frac{\partial \rho}{\partial t} + \nabla \cdot (\rho \boldsymbol{u}) = 0 \tag{1.5}$$

在式(1.3)至(1.5)中，ρ 是密度，t 是时间，$\boldsymbol{u}$ 是速度矢量，u、v 和 w 是速度矢量 $\boldsymbol{u}$ 在 x、y 和 z 方向的分量。

上面给出的是瞬态三维可压流体的质量守恒方程。若流体不可压，密度 ρ 为常数，式(1.3)变为：

$$\frac{\partial u}{\partial x} + \frac{\partial v}{\partial y} + \frac{\partial w}{\partial z} = 0 \tag{1.6}$$

若流动处于稳态，则密度 ρ 不随时间变化，式(1.3)变为：

$$\frac{\partial(\rho u)}{\partial x} + \frac{\partial(\rho v)}{\partial y} + \frac{\partial(\rho w)}{\partial z} = 0 \tag{1.7}$$

质量守恒方程(1.3)或(1.4)常称作连续方程(continuity equation)，本书后续章节均使用连续方程这个名称。

1.3.2　动量守恒方程

动量守恒定律也是任何流动系统都必须满足的基本定律。该定律可表述为：微元体中流体的动量对时间的变化率等于外界作用在该微元体上的各种力之和。该定律实际上是牛顿第二定律。按照这一定律，可导出 x、y 和 z 三个方向的动量守恒方程(momentum conservation equation)[11]：

$$\frac{\partial(\rho u)}{\partial t} + \text{div}(\rho u \boldsymbol{u}) = -\frac{\partial p}{\partial x} + \frac{\partial \tau_{xx}}{\partial x} + \frac{\partial \tau_{yx}}{\partial y} + \frac{\partial \tau_{zx}}{\partial z} + F_x \tag{1.8a}$$

$$\frac{\partial(\rho v)}{\partial t} + \text{div}(\rho v \boldsymbol{u}) = -\frac{\partial p}{\partial y} + \frac{\partial \tau_{xy}}{\partial x} + \frac{\partial \tau_{yy}}{\partial y} + \frac{\partial \tau_{zy}}{\partial z} + F_y \tag{1.8b}$$

$$\frac{\partial(\rho w)}{\partial t} + \text{div}(\rho w \boldsymbol{u}) = -\frac{\partial p}{\partial z} + \frac{\partial \tau_{xz}}{\partial x} + \frac{\partial \tau_{yz}}{\partial y} + \frac{\partial \tau_{zz}}{\partial z} + F_z \tag{1.8c}$$

式中，p 是流体微元体上的压力；τ_{xx}、τ_{xy} 和 τ_{xz} 等是因分子粘性作用而产生的作用在微元体表面上的粘性应力 $\boldsymbol{\tau}$ 的分量；F_x、F_y 和 F_z 是微元体上的体力，若体力只有重力，且 z 轴竖直向上，则 $F_x = 0$，$F_y = 0$，$F_z = -\rho g$。

式(1.8)是对任何类型的流体(包括非牛顿流体)均成立的动量守恒方程。对于牛顿流体，粘性应力 $\boldsymbol{\tau}$ 与流体的变形率成比例，有：

$$\begin{aligned}
\tau_{xx} &= 2\mu\frac{\partial u}{\partial x} + \lambda\,\text{div}(\boldsymbol{u}) \\[4pt]
\tau_{yy} &= 2\mu\frac{\partial v}{\partial y} + \lambda\,\text{div}(\boldsymbol{u}) \\[4pt]
\tau_{zz} &= 2\mu\frac{\partial w}{\partial z} + \lambda\,\text{div}(\boldsymbol{u}) \\[4pt]
\tau_{xy} &= \tau_{yx} = \mu\left(\frac{\partial u}{\partial y} + \frac{\partial v}{\partial x}\right) \\[4pt]
\tau_{xz} &= \tau_{zx} = \mu\left(\frac{\partial u}{\partial z} + \frac{\partial w}{\partial x}\right) \\[4pt]
\tau_{yz} &= \tau_{zy} = \mu\left(\frac{\partial v}{\partial z} + \frac{\partial w}{\partial y}\right)
\end{aligned} \tag{1.9}$$

式中，μ 是动力粘度(dynamic viscosity)，λ 是第二粘度(second viscosity)，一般可取 $\lambda = -2/3$[15]。将式(1.9)代入式(1.8)，得：

$$\frac{\partial(\rho u)}{\partial t} + \text{div}(\rho u \boldsymbol{u}) = \text{div}(\mu\,\text{grad}\,u) - \frac{\partial p}{\partial x} + S_u \tag{1.10a}$$

$$\frac{\partial(\rho v)}{\partial t} + \text{div}(\rho v \boldsymbol{u}) = \text{div}(\mu\,\text{grad}\,v) - \frac{\partial p}{\partial y} + S_v \tag{1.10b}$$

$$\frac{\partial(\rho w)}{\partial t} + \text{div}(\rho w \boldsymbol{u}) = \text{div}(\mu\,\text{grad}\,w) - \frac{\partial p}{\partial z} + S_w \tag{1.10c}$$

式中，$\text{grad}() = \partial()/\partial x + \partial()/\partial y + \partial()/\partial z$，符号 S_u、S_v 和 S_w 是动量守恒方程的广义源项，$S_u = F_x + s_x$，$S_v = F_y + s_y$，$S_w = F_z + s_z$，而其中的 s_x、s_y 和 s_z 的表达式如下：

$$s_x = \frac{\partial}{\partial x}\left(\mu\frac{\partial u}{\partial x}\right) + \frac{\partial}{\partial y}\left(\mu\frac{\partial v}{\partial x}\right) + \frac{\partial}{\partial z}\left(\mu\frac{\partial w}{\partial x}\right) + \frac{\partial}{\partial x}(\lambda\,\text{div}\,\boldsymbol{u}) \tag{1.11a}$$

$$s_y = \frac{\partial}{\partial x}\left(\mu\frac{\partial u}{\partial y}\right) + \frac{\partial}{\partial y}\left(\mu\frac{\partial v}{\partial y}\right) + \frac{\partial}{\partial z}\left(\mu\frac{\partial w}{\partial y}\right) + \frac{\partial}{\partial y}(\lambda\,\mathrm{div}\,\boldsymbol{u}) \tag{1.11b}$$

$$s_z = \frac{\partial}{\partial x}\left(\mu\frac{\partial u}{\partial z}\right) + \frac{\partial}{\partial y}\left(\mu\frac{\partial v}{\partial z}\right) + \frac{\partial}{\partial z}\left(\mu\frac{\partial w}{\partial z}\right) + \frac{\partial}{\partial z}(\lambda\,\mathrm{div}\,\boldsymbol{u}) \tag{1.11c}$$

一般来讲，s_x、s_y 和 s_z 是小量，对于粘性为常数的不可压流体，$s_x = s_y = s_z = 0$。

方程(1.10)还可写成展开形式：

$$\frac{\partial(\rho u)}{\partial t} + \frac{\partial(\rho uu)}{\partial x} + \frac{\partial(\rho uv)}{\partial y} + \frac{\partial(\rho uw)}{\partial z}$$
$$= \frac{\partial}{\partial x}\left(\mu\frac{\partial u}{\partial x}\right) + \frac{\partial}{\partial y}\left(\mu\frac{\partial u}{\partial y}\right) + \frac{\partial}{\partial z}\left(\mu\frac{\partial u}{\partial z}\right) - \frac{\partial p}{\partial x} + S_u \tag{1.12a}$$

$$\frac{\partial(\rho v)}{\partial t} + \frac{\partial(\rho vu)}{\partial x} + \frac{\partial(\rho vv)}{\partial y} + \frac{\partial(\rho vw)}{\partial z}$$
$$= \frac{\partial}{\partial x}\left(\mu\frac{\partial v}{\partial x}\right) + \frac{\partial}{\partial y}\left(\mu\frac{\partial v}{\partial y}\right) + \frac{\partial}{\partial z}\left(\mu\frac{\partial v}{\partial z}\right) - \frac{\partial p}{\partial y} + S_v \tag{1.12b}$$

$$\frac{\partial(\rho w)}{\partial t} + \frac{\partial(\rho wu)}{\partial x} + \frac{\partial(\rho wv)}{\partial y} + \frac{\partial(\rho ww)}{\partial z}$$
$$= \frac{\partial}{\partial x}\left(\mu\frac{\partial w}{\partial x}\right) + \frac{\partial}{\partial y}\left(\mu\frac{\partial w}{\partial y}\right) + \frac{\partial}{\partial z}\left(\mu\frac{\partial w}{\partial z}\right) - \frac{\partial p}{\partial z} + S_w \tag{1.12c}$$

式(1.10)及(1.12)是动量守恒方程，简称动量方程(momentum equations)，也称作运动方程，还称为 Navier-Stokes 方程。

1.3.3　能量守恒方程

能量守恒定律是包含有热交换的流动系统必须满足的基本定律。该定律可表述为：微元体中能量的增加率等于进入微元体的净热流量加上体力与面力对微元体所做的功。该定律实际是热力学第一定律。

流体的能量 E 通常是内能 i、动能 $K = \frac{1}{2}(u^2 + v^2 + w^2)$ 和势能 P 三项之和，我们可针对总能量 E 建立能量守恒方程。但是，这样得到的能量守恒方程并不是很好用，一般是从中扣除动能的变化，从而得到关于内能 i 的守恒方程。而我们知道，内能 i 与温度 T 之间存在一定关系，即 $i = c_p T$，其中 c_p 是比热容。这样，我们可得到以温度 T 为变量的能量守恒方程(energy conseravation equation)[2,11]：

$$\frac{\partial(\rho T)}{\partial t} + \mathrm{div}(\rho\boldsymbol{u}T) = \mathrm{div}\left(\frac{k}{c_p}\,\mathrm{grad}\,T\right) + S_T \tag{1.13}$$

该式可写成展开形式：

$$\frac{\partial(\rho T)}{\partial t} + \frac{\partial(\rho uT)}{\partial x} + \frac{\partial(\rho vT)}{\partial y} + \frac{\partial(\rho wT)}{\partial z}$$
$$= \frac{\partial}{\partial x}\left(\frac{k}{c_p}\frac{\partial T}{\partial x}\right) + \frac{\partial}{\partial y}\left(\frac{k}{c_p}\frac{\partial T}{\partial y}\right) + \frac{\partial}{\partial z}\left(\frac{k}{c_p}\frac{\partial T}{\partial z}\right) + S_T \tag{1.14}$$

其中，c_p 是比热容，T 为温度，k 为流体的传热系数，S_T 为流体的内热源及由于粘性作用流体机械能转换为热能的部分，有时简称 S_T 为粘性耗散项。S_T 的表达式见文献[11]。

常将式(1.13)或式(1.14)简称为能量方程(energy equation)。

综合各基本方程(1.4)、(1.10a)、(1.10b)、(1.10c)、(1.13)，发现有 u、v、w、p、T 和 ρ 六个未知量，还需要补充一个联系 p 和 ρ 的状态方程(state equation)，方程组才能封闭：

$$p = p(\rho, T) \tag{1.15}$$

该状态方程对理想气体有：

$$p = \rho RT \tag{1.16}$$

其中 R 是摩尔气体常数。

需要说明的是，虽然能量方程(1.13)是流体流动与传热问题的基本控制方程，但对于不可压流动，若热交换量很小以至可以忽略时，可不考虑能量守恒方程。这样，只需要联立求解连续方程(1.4)及动量方程(1.10a)、(1.10b)、(1.10c)。

此外，还需要注意，方程(1.13)是针对牛顿流体得到出的，对于非牛顿流体，应使用另外形式的能量方程，详见文献[11]。

1.3.4　组分质量守恒方程

在一个特定的系统中，可能存在质的交换，或者存在多种化学组分(species)，每一种组分都需要遵守组分质量守恒定律。对于一个确定的系统而言，组分质量守恒定律可表述为：系统内某种化学组分质量对时间的变化率，等于通过系统界面净扩散流量与通过化学反应产生的该组分的生产率之和。

根据组分质量守恒定律，可写出组分 s 的组分质量守恒方程(species mass-conseravation equations)[1,3]：

$$\frac{\partial(\rho c_s)}{\partial t} + \text{div}(\rho \boldsymbol{u} c_s) = \text{div}(D_s \, \text{grad}(\rho c_s)) + S_s \tag{1.17}$$

式中，c_s 为组分 s 的体积浓度，ρc_s 是该组分的质量浓度，D_s 为该组分的扩散系数，S_s 为系统内部单位时间内单位体积通过化学反应产生的该组分的质量，即生产率。上式左侧第一项、第二项、右侧第一项和第二项，分别称为时间变化率、对流项、扩散项和反应项。各组分质量守恒方程之和就是连续方程，因为 $\sum S_s = 0$。因此，如果共有 z 个组分，那么只有 $z-1$ 个独立的组分质量守恒方程。

将组分守恒方程各项展开，式(1.17)可改写为：

$$\begin{aligned}
&\frac{\partial(\rho c_s)}{\partial t} + \frac{\partial(\rho c_s u)}{\partial x} + \frac{\partial(\rho c_s v)}{\partial y} + \frac{\partial(\rho c_s w)}{\partial z} \\
&= \frac{\partial}{\partial x}\left(D_s \frac{\partial(\rho c_s)}{\partial x}\right) + \frac{\partial}{\partial y}\left(D_s \frac{\partial(\rho c_s)}{\partial y}\right) + \frac{\partial}{\partial z}\left(D_s \frac{\partial(\rho c_s)}{\partial z}\right) + S_s
\end{aligned} \tag{1.18}$$

组分质量守恒方程常简称为组分方程(species equations)。一种组分的质量守恒方程实际就是一个浓度传输方程。当水流或空气在流动过程中挟带有某种污染物质时，污染物质在流动情况下除有分子扩散外还会随流传输，即传输过程包括对流和扩散两部分，污染物质的浓度随时间和空间变化。因此，组分方程在有些情况下称为浓度传输方程，或浓度方程。

1.3.5　控制方程的通用形式

为了便于对各控制方程进行分析，并用同一程序对各控制方程进行求解，现建立各基本控制方程的通用形式。

比较四个基本的控制方程(1.4)、(1.10)、(1.13)和(1.17)，可以看出，尽管这些方程中因变量各不相同，但它们均反映了单位时间单位体积内物理量的守恒性质。如果用 ϕ 表示通用变量，则上述各控制方程都可以表示成以下通用形式：

$$\frac{\partial(\rho\phi)}{\partial t} + \operatorname{div}(\rho\boldsymbol{u}\phi) = \operatorname{div}(\Gamma\operatorname{grad}\phi) + S \tag{1.19}$$

其展开形式为：

$$\frac{\partial(\rho\phi)}{\partial t} + \frac{\partial(\rho u\phi)}{\partial x} + \frac{\partial(\rho v\phi)}{\partial y} + \frac{\partial(\rho w\phi)}{\partial z}$$
$$= \frac{\partial}{\partial x}\left(\Gamma\frac{\partial\phi}{\partial x}\right) + \frac{\partial}{\partial y}\left(\Gamma\frac{\partial\phi}{\partial y}\right) + \frac{\partial}{\partial z}\left(\Gamma\frac{\partial\phi}{\partial z}\right) + S \tag{1.20}$$

式中，ϕ 为通用变量，可以代表 u、v、w、T 等求解变量；Γ 为广义扩散系数；S 为广义源项。式(1.19)中各项依次为瞬态项(transient term)、对流项(convective term)、扩散项(diffusive term)和源项(source term)。对于特定的方程，ϕ、Γ 和 S 具有特定的形式，表 1.1 给出了三个符号与各特定方程的对应关系。

表 1.1　通用控制方程中各符号的具体形式

符号 ／ 方程	ϕ	Γ	S
连续方程	1	0	0
动量方程	u_i	μ	$-\dfrac{\partial p}{\partial x_i} + S_i$
能量方程	T	$\dfrac{k}{c}$	S_T
组分方程	c_s	$D_s\rho$	S_s

所有控制方程都可经过适当的数学处理，将方程中的因变量、时变项、对流项和扩散项写成标准形式，然后将方程右端的其余各项集中在一起定义为源项，从而化为通用微分方程，我们只需要考虑通用微分方程(1.19)的数值解，写出求解方程(1.19)的源程序，就足以求解不同类型的流体流动及传热问题。对于不同的 ϕ，只要重复调用该程序，并给定 Γ 和 S 的适当表达式以及适当的初始条件和边界条件，便可求解。

1.4　对控制方程的进一步讨论

上一节导出了基本的控制方程，本节讨论这些控制方程的使用条件及方程类型对流场求解的影响。

1.4.1　湍流的控制方程

湍流是自然界非常普遍的流动类型，湍流运动的特征是在运动过程中液体质点具有不断的互相混掺的现象，速度和压力等物理量在空间和时间上均具有随机性质的脉动值。

式(1.10)是三维瞬态 Navier-Stokes 方程，无论对层流还是湍流都是适用的。但对于湍流，如果直接求解三维瞬态的控制方程，需要采用对计算机内存和速度要求很高的直接模拟方法，但目前还不可能在实际工程中采用此方法。工程中广为采用的方法是对瞬态 Navier-Stokes 方程做时间平均处理，同时补充反映湍流特性的其他方程，如湍动能方程和湍流耗散率方程等。这些附加的方程也可以纳入式(1.19)的形式中，采用同一程序代码来求解，对此将在第 4 章中介绍。

1.4.2　守恒型控制方程

在上一节给出的各基本控制方程及式(1.19)所代表的通用控制方程中，对流项均采用散度的形式表示，例如式(1.19)中对流项写作 $\mathrm{div}(\rho u\phi)$，物理量都在微分符号内。在许多文献中，称这种形式的方程为守恒型控制方程，或控制方程的守恒形式(conservation form)。

与下面要介绍的非守恒型控制方程相比，守恒型控制方程更能保持物理量守恒的性质，特别是在有限体积法中可方便地建立离散方程，因此，得到了较广泛应用。为便于以后引用，现将上一节所给出的各守恒型控制方程列于表 1.2。

表 1.2　三维、瞬态、可压、牛顿流体的流动与传热问题的守恒型控制方程

方程名称	方程形式
连续方程	$\dfrac{\partial \rho}{\partial t} + \mathrm{div}(\rho \boldsymbol{u}) = 0$
x 动量方程	$\dfrac{\partial(\rho u)}{\partial t} + \mathrm{div}(\rho u \boldsymbol{u}) = \mathrm{div}(\mu\,\mathrm{grad}\,u) - \dfrac{\partial p}{\partial x} + S_u$
y 动量方程	$\dfrac{\partial(\rho v)}{\partial t} + \mathrm{div}(\rho v \boldsymbol{u}) = \mathrm{div}(\mu\,\mathrm{grad}\,v) - \dfrac{\partial p}{\partial y} + S_v$
z 动量方程	$\dfrac{\partial(\rho w)}{\partial t} + \mathrm{div}(\rho w \boldsymbol{u}) = \mathrm{div}(\mu\,\mathrm{grad}\,w) - \dfrac{\partial p}{\partial z} + S_w$
能量方程	$\dfrac{\partial(\rho T)}{\partial t} + \mathrm{div}(\rho \boldsymbol{u} T) = \mathrm{div}\left(\dfrac{k}{c}\,\mathrm{grad}\,T\right) + S_T$
状态方程	$p = p(\rho, T)$

1.4.3　非守恒型控制方程

近年来，在许多文献中还常见到非守恒型控制方程。将式(1.19)的瞬态项和对流项中的物理量从微分符号中移出，式(1.19)所代表的通用控制方程可写成：

$$\phi\frac{\partial\rho}{\partial t}+\rho\frac{\partial\phi}{\partial t}+\phi\frac{\partial(\rho u)}{\partial x}+\rho u\frac{\partial\phi}{\partial x}+\phi\frac{\partial(\rho v)}{\partial y}+\rho v\frac{\partial\phi}{\partial y}+\phi\frac{\partial(\rho w)}{\partial z}+\rho w\frac{\partial\phi}{\partial z}$$
$$=\operatorname{div}(\Gamma\operatorname{grad}\phi)+S \tag{1.21}$$

根据连续性方程(1.3)，上式可简化为：

$$\rho\left(\frac{\partial\phi}{\partial t}+u\frac{\partial\phi}{\partial x}+v\frac{\partial\phi}{\partial y}+w\frac{\partial\phi}{\partial z}\right)=\operatorname{div}(\Gamma\operatorname{grad}\phi)+S \tag{1.22}$$

式(1.22)即为通用控制方程的非守恒形式(non-conservation form)。据此，可得质量守恒方程、动量方程、能量方程的非守恒形式。

从微元体的角度看，控制方程的守恒型与非守恒型是等价的，都是物理守恒定律的数学表示。但对有限大小的计算体积，两个形式的控制方程是有区别的。非守恒型控制方程便于对由此生成的离散方程进行理论分析，而守恒型控制方程更能保持物理量守恒的性质，便于克服对流项非线性引起的问题，且便于采用非矩形网格离散。本书主要使用守恒型控制方程来建立基于有限体积法的离散方程。

1.5 CFD 的求解过程

为了进行 CFD 计算，用户可借助商用软件来完成所需要的任务，也可自己直接编写计算程序。两种方法的基本工作过程是相同的。本节给出基本计算思路，至于每一步的详细过程，将在本书的后续章节逐一进行介绍。

1.5.1 总体计算流程

无论是流动问题、传热问题，还是污染物的运移问题，无论是稳态问题，还是瞬态问题，其求解过程都可用图 1.2 表示。

如果所求解的问题是瞬态问题，则可将上图的过程理解为一个时间步的计算过程，循环这一过程求解下个时间步的解。下面对各求解步骤做一简单介绍。

1.5.2 建立控制方程

建立控制方程，是求解任何问题前都必须首先进行的。一般来讲，这一步是比较简单的。因为对于一般的流体流动而言，可根据 1.3 节和 1.4 节的分析直接写出其控制方程。例如，对于水流在水轮机内的流动分析问题，若假定没有热交换发生，则可直接将连续方程(1.3)与动量方程(1.8)作为控制方程使用。当然，由于水轮机内的流动大多是处于湍流范围，因此，一般

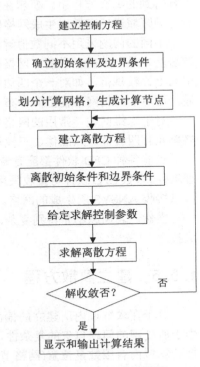

图 1.2 CFD 工作流程图

情况下，需要增加湍流方程。

1.5.3　确定边界条件与初始条件

初始条件与边界条件是控制方程有确定解的前提，控制方程与相应的初始条件、边界条件的组合构成对一个物理过程完整的数学描述。

初始条件是所研究对象在过程开始时刻各个求解变量的空间分布情况。对于瞬态问题，必须给定初始条件。对于稳态问题，不需要初始条件。

边界条件是在求解区域的边界上所求解的变量或其导数随地点和时间的变化规律。对于任何问题，都需要给定边界条件。例如，在锥管内的流动，在锥管进口断面上，我们可给定速度、压力沿半径方向的分布，而在管壁上，对速度取无滑移边界条件。

对于初始条件和边界条件的处理，直接影响计算结果的精度，本书将在第 5 章中对此进行详细讨论。

1.5.4　划分计算网格

采用数值方法求解控制方程时，都是想办法将控制方程在空间区域上进行离散，然后求解得到的离散方程组。要想在空间域上离散控制方程，必须使用网格。现已发展出多种对各种区域进行离散以生成网格的方法，统称为网格生成技术。

不同的问题采用不同数值解法时，所需要的网格形式是有一定区别的，但生成网格的方法基本是一致的。目前，网格分结构网格和非结构网格两大类。简单地讲，结构网格在空间上比较规范，如对一个四边形区域，网格往往是成行成列分布的，行线和列线比较明显。而对非结构网格在空间分布上没有明显的行线和列线。

对于二维问题，常用的网格单元有三角形和四边形等形式；对于三维问题，常用的网格单元有四面体、六面体、三棱体等形式。在整个计算域上，网格通过节点联系在一起。

目前各种 CFD 软件都配有专用的网格生成工具，如 FLUENT 使用 GAMBIT 作为前处理软件。多数 CFD 软件可接收采用其他 CAD 或 CFD/FEM 软件产生的网格模型。如 FLUENT 可以接收 ANSYS 所生成的网格。

当然，若问题不是特别复杂，用户也可自行编程生成网格。本书第 6 章将介绍网格生成技术。

1.5.5　建立离散方程

对于在求解域内所建立的偏微分方程，理论上是有真解(或称精确解或解析解)的。但由于所处理的问题自身的复杂性，一般很难获得方程的真解。因此，就需要通过数值方法把计算域内有限数量位置(网格节点或网格中心点)上的因变量值当作基本未知量来处理，从而建立一组关于这些未知量的代数方程组，然后通过求解代数方程组来得到这些节点值，而计算域内其他位置上的值则根据节点位置上的值来确定。

由于所引入的应变量在节点之间的分布假设及推导离散化方程的方法不同，就形成了有限差分法、有限元法、有限元体积法等不同类型的离散化方法。

在同一种离散化方法中，如在有限体积法中，对式(1.19)中的对流项所采用的离散格式不同，也将导致最终有不同形式的离散方程。

对于瞬态问题，除了在空间域上的离散外，还要涉及在时间域上的离散。离散后，将要涉及使用何种时间积分方案的问题。

在第 2 章将结合有限体积法，介绍常用离散格式。

1.5.6　离散初始条件和边界条件

前面所给定的初始条件和边界条件是连续性的，如在静止壁面上速度为 0，现在需要针对所生成的网格，将连续型的初始条件和边界条件转化为特定节点上的值，如静止壁面上共有 90 个节点，则这些节点上的速度值应均设为 0。这样，连同 1.5.5 小节在各节点处所建立的离散的控制方程，才能对方程组进行求解。

在商用 CFD 软件中，往往在前处理阶段完成了网格划分后，直接在边界上指定初始条件和边界条件，然后由前处理软件自动将这些初始条件和边界条件按离散的方式分配到相应的节点上去。

在第 5 章将对如何在 CFD 软件中处理初始条件和边界条件进行分析，并在第 7 章结合 FLUENT 软件给出应用实例。

1.5.7　给定求解控制参数

在离散空间上建立了离散化的代数方程组，并施加离散化的初始条件和边界条件后，还需要给定流体的物理参数和湍流模型的经验系数等。此外，还要给定迭代计算的控制精度、瞬态问题的时间步长和输出频率等。

在 CFD 的理论中，这些参数并不值得去探讨和研究，但在实际计算时，它们对计算的精度和效率有着重要的影响。因此，在第 7 章结合 FLUENT 的使用，介绍这些内容。

1.5.8　求解离散方程

在进行了上述设置后，生成了具有定解条件的代数方程组。对于这些方程组，数学上已有相应的解法，如线性方程组可采用 Gauss 消去法或 Gauss-Seidel 迭代法求解，而对非线性方程组，可采用 Newton-Raphson 方法。在商用 CFD 软件中，往往提供多种不同的解法，以适应不同类型的问题。这部分内容，属于求解器设置的范畴。

1.5.9　判断解的收敛性

对于稳态问题的解，或是瞬态问题在某个特定时间步上的解，往往要通过多次迭代才能得到。有时，因网格形式或网格大小、对流项的离散插值格式等原因，可能导致解的发散。对于瞬态问题，若采用显式格式进行时间域上的积分，当时间步长过大时，也可能造成解的振荡或发散。因此，在迭代过程中，要对解的收敛性随时进行监视，并在系统达到指定精度后，结束迭代过程。

这部分内容属于经验性的，需要针对不同情况进行分析。

1.5.10　显示和输出计算结果

通过上述求解过程得出了各计算节点上的解后，需要通过适当的手段将整个计算域上的结果表示出来。这时，我们可采用线值图、矢量图、等值线图、流线图、云图等方式对计算结果进行表示。

所谓线值图，是指在二维或三维空间上，将横坐标取为空间长度或时间历程，将纵坐标取为某一物理量，然后用光滑曲线或曲面在坐标系内绘制出某一物理量沿空间或时间的变化情况。矢量图是直接给出二维或三维空间里矢量(如速度)的方向及大小，一般用不同颜色和长度的箭头表示速度矢量。矢量图可以比较容易地让用户发现其中存在的旋涡区。等值线图是用不同颜色的线条表示相等物理量(如温度)的一条线。流线图是用不同颜色线条表示质点运动轨迹。云图是使用渲染的方式，将流场某个截面上的物理量(如压力或温度)用连续变化的颜色块表示其分布。

现在的商用 CFD 软件均提供了上述各表示方式。用户也可以自己编写后处理程序进行结果显示。

1.6　CFD 软件结构

上一节的 CFD 工作流程图是按 CFD 实际求解过程来给出的，从使用者的角度看，该过程可能显得有些复杂。为方便用户使用 CFD 软件处理不同类型的工程问题，一般的 CFD 商用软件往往将复杂的 CFD 过程集成，通过一定的接口，让用户快速地输入问题的有关参数。所有的商用 CFD 软件均包括三个基本环节：前处理、求解和后处理，与之对应的程序模块常简称前处理器、求解器、后处理器。本节结合 CFD 软件的相关内容，简要介绍这三个程序模块。

1.6.1　前处理器

前处理器(preprocessor)用于完成前处理工作。前处理环节是向 CFD 软件输入所求问题的相关数据，该过程一般是借助与求解器相对应的对话框等图形界面来完成的。在前处理阶段需要用户进行以下工作：

- 定义所求问题的几何计算域
- 将计算域划分成多个互不重叠的子区域，形成由单元组成的网格
- 对所要研究的物理和化学现象进行抽象，选择相应的控制方程
- 定义流体的属性参数
- 为计算域边界处的单元指定边界条件

● 　对于瞬态问题，指定初始条件

流动问题的解是在单元内部的节点上定义的，解的精度由网格中单元的数量所决定。一般来讲，单元越多、尺寸越小，所得到的解的精度越高，但所需要的计算机内存资源及CPU 时间也相应增加。为了提高计算精度，在物理量梯度较大的区域，以及我们感兴趣的区域，往往要加密计算网格。在前处理阶段生成计算网格时，关键是要把握好计算精度与计算成本之间的平衡。

目前在使用商用 CFD 软件进行 CFD 计算时，有超过 50%以上的时间花在几何区域的定义及计算网格的生成上。我们可以使用 CFD 软件自身的前处理器来生成几何模型，也可以借用其他商用 CFD 或 CAD/CAE 软件(如 PATRAN、ANSYS、I-DEAS、Pro/ENGINEER)提供的几何模型。此外，指定流体参数的任务也是在前处理阶段进行的。

1.6.2　求解器

求解器(solver)的核心是数值求解方案。常用的数值求解方案包括有限差分、有限元、谱方法和有限体积法等。总体上讲，这些方法的求解过程大致相同，包括以下步骤：
● 　借助简单函数来近似待求的流动变量
● 　将该近似关系代入连续型的控制方程中，形成离散方程组
● 　求解代数方程组

各种数值求解方案的主要差别在于流动变量被近似的方式及相应的离散化过程。在下一章的 2.1 节将介绍有限差分方法、有限元法。谱方法是借助截断的 Fourier 序列或 Chebyshev 多项式对未知量进行近似，本书对此不做介绍。而在后续章节将主要介绍有限体积法，因为有限体积法是目前商用 CFD 软件广泛采用的方法。

1.6.3　后处理器

后处理的目的是有效地观察和分析流动计算结果。随着计算机图形功能的提高，目前的 CFD 软件均配备了后处理器(postprocessor)，提供了较为完善的后处理功能，包括：
● 　计算域的几何模型及网格显示
● 　矢量图(如速度矢量线)
● 　等值线图
● 　填充型的等值线图(云图)
● 　XY 散点图
● 　粒子轨迹图
● 　图像处理功能(平移、缩放、旋转等)
借助后处理功能，还可动态模拟流动效果，直观地了解 CFD 的计算结果。

1.7 常用的 CFD 商用软件

为了完成 CFD 计算，过去多是用户自己编写计算程序，但由于 CFD 的复杂性及计算机软硬件条件的多样性，使得用户各自的应用程序往往缺乏通用性，而 CFD 本身又有其鲜明的系统性和规律性，因此，比较适合于被制成通用的商用软件。自 1981 年以来，出现了如 PHOENICS、CFX、STAR-CD、FIDIP、FLUENT 等多个商用 CFD 软件，这些软件的显著特点是：

- 功能比较全面、适用性强，几乎可以求解工程界中的各种复杂问题。
- 具有比较易用的前后处理系统和与其他 CAD 及 CFD 软件的接口能力，便于用户快速完成造型、网格划分等工作。同时，还可让用户扩展自己的开发模块。
- 具有比较完备的容错机制和操作界面，稳定性高。
- 可在多种计算机、多种操作系统，包括并行环境下运行。

随着计算机技术的快速发展，这些商用软件在工程界正在发挥着越来越大的作用。

1.7.1 PHOENICS

PHOENICS 是世界上第一套计算流体动力学与传热学的商用软件，它是 Parabolic Hyperbolic Or Elliptic Numerical Integration Code Series 的缩写，由 CFD 的著名学者 D.B.Spalding 和 S.V. Patankar 等提出，第一个正式版本于 1981 年开发完成。目前，PHOENICS 主要由 Concentration Heat and Momentum Limited(CHAM)公司开发。

除了通用 CFD 软件应该拥有的功能外，PHOENICS 软件有自己独特的功能：

- 开放性。PHOENICS 最大限度地向用户开放了程序，用户可以根据需要添加用户程序、用户模型。PLANT 及 INFORM 功能的引入使用户不再需要编写 FORTRAN 源程序，GROUND 程序功能使用户修改添加模型更加任意、方便。
- CAD 接口。PHOENICS 可以读入几乎任何 CAD 软件的图形文件。
- 运动物体功能。利用 MOVOBJ，可以定义物体运动，克服了使用相对运动方法的局限性。
- 多种模型选择。提供了多种湍流模型、多相流模型、多流体模型、燃烧模型、辐射模型等。
- 双重算法选择。既提供了欧拉算法，也提供了基于粒子运动轨迹的拉格朗日算法。
- 多模块选择。PHOENICS 提供了若干专用模块，用于特定领域的分析计算。如 COFFUS 用于煤粉锅炉炉膛燃烧模拟，FLAIR 用于小区规划设计及高大空间建筑设计模拟，HOTBOX 用于电子元器件散热模拟等。

PHOENICS 的 Windows 版本使用 Digital/Compaq Fortran 编译器编译,用户的二次开发接口也通过该语言实现。此外，它还有 Linux/Unix 版本。其并行版本借助 MPI 或 PVM 在 PC 机群环境下及 Compaq ES40、HP K460、Silicon Graphics R10000(Origin)、Sun E450 等并行机上运行。

在 http://www.cham.co.uk 和 http://www.phoenics.cn 网站上可以获得关于 PHOENICS 的详细信息及算例。

1.7.2　CFX

CFX 是第一个通过 ISO9001 质量认证的商业 CFD 软件，由英国 AEA Technology 公司开发。2003 年，CFX 被 ANSYS 公司收购。目前，CFX 在航空航天、旋转机械、能源、石油化工、机械制造、汽车、生物技术、水处理、火灾安全、冶金、环保等领域，有 6000 多个全球用户。

和大多数 CFD 软件不同的是，CFX 除了可以使用有限体积法之外，还采用了基于有限元的有限体积法。基于有限元的有限体积法保证了在有限体积法的守恒特性的基础上，吸收了有限元法的数值精确性。在 CFX 中，基于有限元的有限体积法，对六面体网格单元采用 24 点插值，而单纯的有限体积法仅采用 6 点插值；对四面体网格单元采用 60 点插值，而单纯的有限体积法仅采用 4 点插值。在湍流模型的应用上，除了常用的湍流模型外，CFX 最先使用了大涡模拟(LES)和分离涡模拟(DES)等高级湍流模型。

CFX 是第一个发展和使用全隐式多网格耦合求解技术的商业化软件，这种求解技术避免了传统算法需要"假设压力项－求解－修正压力项"的反复迭代过程，而同时求解动量方程和连续方程，加上其多网格技术，CFX 的计算速度和稳定性较传统方法提高了许多。此外，CFX 的求解器在并行环境下获得了极好的可扩展性。CFX 可运行于 Unix、Linux、Windows 平台。

CFX 可计算的物理问题包括可压与不可压流动、耦合传热、热辐射、多相流、粒子输送过程、化学反应和燃烧等问题。还拥有诸如气蚀、凝固、沸腾、多孔介质、相间传质、非牛顿流、喷雾干燥、动静干涉、真实气体等大批复杂现象的实用模型。在其湍流模型中，纳入了 $k\text{-}\varepsilon$ 模型、低 Reynolds 数 $k\text{-}\varepsilon$ 模型、低 Reynolds 数 Wilcox 模型、代数 Reynolds 应力模型、微分 Reynolds 应力模型、微分 Reynolds 通量模型、SST 模型和大涡模型。

CFX 为用户提供了表达式语言(CEL)及用户子程序等不同层次的用户接口程序，允许用户加入自己的特殊物理模型。

CFX 的前处理模块是 ICEM CFD，所提供的网格生成工具包括表面网格、六面体网格、四面体网格、棱柱体网格(边界层网格)、四面体与六面体混合网格、自动六面体网格、全局自动笛卡尔网格生成器等。它在生成网格时，可实现边界层网格自动加密、流场变化剧烈区域网格局部加密、分离流模拟等。

ICEM CFD 除了提供自己的实体建模工具之外，它的网格生成工具也可集成在 CAD 环境中。用户可在自己的 CAD 系统中进行 ICEM CFD 的网格划分设置，如在 CAD 中选择面、线并分配网格大小属性等等。这些数据可储存在 CAD 的原始数据库中，用户在对几何模型进行修改时也不会丢失相关的 ICEM CFD 设定信息。另外，CAD 软件中的参数化几何造型工具可与 ICEM CFD 中的网格生成及网格优化等模块直接联接，大大缩短了几何模型变化之后的网格再生成时间。其接口适用于 SolidWorks、CATIA、Pro/ENGINEER、Ideas、Unigraphics 等 CAD 系统。

1995 年，CFX 收购了旋转机械领域著名的加拿大 ASC 公司，推出了专业的旋转机械设计与分析模块——CFX-Tascflow。CFX-Tascflow 一直占据着旋转机械 CFD 市场的大量份额，是典型的气动/水动力学分析和设计工具。此外，还有两个辅助分析工具：BladeGen 和 TurboGrid。BladeGen 是交互式涡轮机械叶片设计工具，用户通过修改元件库参数或完全依靠 BladeGen 中的工具设计各种旋转和静止叶片元件及新型叶片，对各种轴向流和径向流叶型，使 CAD 设计在数分钟内即可完成。TurboGrid 是叶栅通道网格生成工具。它采用了创新性的网格模板技术，结合参数化能力，工程师可以快捷地为绝大多数叶片类型生成高质量叶栅通道网格。用户所需提供的只是叶片数目、叶片及轮毂和外罩的外形数据文件。

在 http://www.ansys.com 和 http://www.ansys.com.cn 网站上可以获得关于 CFX 及 ICEM CFD 的详细信息及算例。

1.7.3 STAR-CD

STAR-CD 是由英国帝国学院提出的通用流体分析软件，由 1987 年在英国成立的 CD-adapco 集团公司开发。STAR-CD 这一名称的前半段来自于 Simulation of Turbulent flow in Arbitrary Regin。该软件基于有限体积法，适用于不可压流和可压流(包括跨音速流和超音速流)的计算、热力学的计算及非牛顿流的计算。它具有前处理器、求解器、后处理器三大模块，以良好的可视化用户界面把建模、求解及后处理与全部的物理模型和算法结合在一个软件包中。

STAR-CD 的前处理器(Prostar)具有较强的 CAD 建模功能，而且它与当前流行的 CAD/CAE 软件(SAMM、ICEM、PATRAN、IDEAS、ANSYS、GAMBIT 等)有良好的接口，可有效地进行数据交换。具有多种网格划分技术(如 Extrusion 方法、Multi-block 方法 Data import 方法等)和网格局部加密技术，具有对网格质量优劣的自我判断功能。Multi-block 方法和任意交界面技术相结合，不仅能够大大简化网格生成，还使不同部分的网格可以进行独立调整而不影响其他部分，可以求解任意复杂的几何形体，极大地增强了 CFD 作为设计工具的实用性和时效性。STAR-CD 在适应复杂计算区域的能力方面具有一定优势。它可以处理滑移网格的问题，可用于多级透平机械内的流场计算。STAR-CD 提供了多种边界条件，可供用户根据不同的流动物理特性来选择合适的边界条件。

它提供了多种高级湍流模型，如各类 $k\text{-}\varepsilon$ 模型。STAR-CD 具有 SIMPLE、SIMPISO 和 PISO 等求解器，可根据网格质量的优劣和流动物理特性来选择。在差分格式方面，具有低阶和高阶的差分格式，如一阶迎风、二阶迎风、中心差分、QUICK 格式和混合格式等。

STAR-CD 的后处理器，具有动态和静态显示计算结果的功能。能用速度矢量图来显示流动特性，用等值线图或颜色来表示各个物理量的计算结果，可以进行气动力的计算。

STAR-CD 在三大模块中提供了与用户的接口，用户可根据需要编制 Fortran 子程序并通过 STAR-CD 提供的接口函数来达到预期的目的。

在 http://www.cd-adapco.com(或 http://www.cd.co.uk)和 http://www.cdaj-china.com 网站上可以获得关于 STAR-CD 的详细信息及算例。

1.7.4 FIDAP

FIDAP 是由英国 Fluid Dynamics Internationa(FDI)公司开发的计算流体力学与数值传热学软件。1996 年，FDI 被 FLUENT 公司收购，这样，目前的 FIDAP 软件属于 FLUENT 公司的一个 CFD 软件。

与其他 CFD 软件不同的是，该软件完全基于有限元方法。FIDAP 可用于求解聚合物、薄膜涂镀、生物医学、半导体晶体生长、冶金、玻璃加工以及其他领域中出现的各种层流和湍流的问题。它对涉及流体流动、传热、传质、离散相流动、自由表面、液固相变、流固耦合等的问题都提供了精确而有效的解决方案。在采用完全非结构网格时，全耦合、非耦合及迭代数值算法都是可以选择的。FIDAP 提供了广泛的物理模型，不仅可以模拟非牛顿流变学、辐射传热、多孔介质中流动，而且对于质量源项、化学反应及其他复杂现象都可以精确模拟。

在网格处理方面，它提供了四边形、三角形、六面体、四面体、三角柱和混合单元网格。它可导入 I-DEAS、PATRAN、ANSYS 和 ICEM CFD 等软件所生成的网格模型。

FIDAP 在求解器方面，可利用完全非结构网格，采用有限元方法求解所有速度范围内的问题。对于瞬态问题，它提供显式和隐式两种时间积分方案。它利用 Newton-Raphson 迭代法、修正的 Newton 法、Broyden 更新的 Newton 法等来解方程组。

它具有自由表面模型功能，可同时使用变形网格和固定网格，从而模拟液汽界面的蒸发与冷凝相变现象、流面晃动、材料填充等。

它所提供的流固耦合分析功能，可使固体结构中的变形和应力，与流体流动、传热和传质耦合计算。其中，变形结构和流体域的网格重新划分是使用弹性网格重新划分体系完成。

它提供的湍流模型包括代数混合长度模型和 k-ε 模型等。

提供了用户接口，让用户自己定义连续方程、动量方程、能量方程及组分方程中特定的体积源项，定义标量输运方程，定制后处理量等。其后处理功能可输出 ANSYS 格式的计算结果。

在 http://www.FLUENT.com 及 http://www.hikeytech.com 网站上可获取关于 FIDAP 软件的详细信息及算例。

1.7.5 FLUENT

FLUENT 是由美国 FLUENT 公司于 1983 推出的 CFD 软件。它是继 PHOENICS 软件之后的第二个投放市场的基于有限体积法的软件。FLUENT 是目前功能最全面、适用性最广、国内使用最广泛的 CFD 软件之一。本书第 7 章将对这一软件的基本理论及使用方法进行介绍。

FLUENT 提供了非常灵活的网格特性，让用户可以使用非结构网格，包括三角形、四边形、四面体、六面体、金字塔形网格来解决具有复杂外形的流动，甚至可以用混合型非结构网格。它允许用户根据解的具体情况对网格进行修改(细化/粗化)。FLUENT 使用

GAMBIT 作为前处理软件，它可读入多种 CAD 软件的三维几何模型和多种 CAE 软件的网格模型。FLUENT 可用于二维平面、二维轴对称和三维流动分析，可完成多种参考系下流场模拟、定常与非定常流动分析、不可压流和可压流计算、层流和湍流模拟、传热和热混合分析、化学组分混合和反应分析、多相流分析、固体与流体耦合传热分析、多孔介质分析等。它的湍流模型包括 k-ε 模型、Reynolds 应力模型、LES 模型、标准壁面函数、双层近壁模型等。

FLUENT 可让用户定义多种边界条件，如流动入口及出口边界条件、壁面边界条件等，可采用多种局部的笛卡儿和圆柱坐标系的分量输入，所有边界条件均可随空间和时间变化，包括轴对称和周期变化等。FLUENT 提供的用户自定义子程序功能，可让用户自行设定连续方程、动量方程、能量方程或组分输运方程中的体积源项，自定义边界条件、初始条件、流体的物性、添加新的标量方程和多孔介质模型等。

FLUENT 是用 C 语言写的，可实现动态内存分配及高效数据结构，具有很大的灵活性与很强的处理能力。此外，FLUENT 使用 Client/Server 结构，它允许同时在用户桌面工作站和强有力的服务器上分离地运行程序。FLUENT 可以在 Windows/2000/XP、Linux/Unix 操作系统下运行，支持并行处理。

在 FLUENT 中，解的计算与显示可以通过交互式的用户界面来完成。用户界面是通过 Scheme 语言写就的。高级用户可以通过写菜单宏及菜单函数自定义及优化界面。用户还可使用基于 C 语言的用户自定义函数功能对 FLUENT 进行扩展。

FLUENT 公司除了 FLUENT 软件外，还有一些专用的软件包，除了上面提到的基于有限元法的 CFD 软件 FIDAP 外，还有专门用于粘弹性和聚合物流动模拟的 POLYFLOW，专门用于电子热分析的 ICEPAK，专门用于分析搅拌混合的 MIXSIM，专门用于通风计算的 AIRPAK 等。

在 http://www.FLUENT.com 及 http://www.hikeytech.com 网站上可获得关于 FLUENT 软件的详细信息及算例。

1.8 本 章 小 结

这一章简要介绍了利用 CFD 求解复杂流体流动与热传导问题的基本概念和基本工作过程。给出了流动控制方程的表达式，并结合后面要介绍的方程离散及编程，探讨了控制方程的通用表达式。

本章的目的是让读者对 CFD 有一个总体上的认识，了解 CFD 的基本工作思路。这一章的内容是学好 CFD 技术的基础和关键所在，读者必须将其中的基本概念搞清，因为本章介绍的基本思想和技术路线将贯穿于后续各章。

需要说明的是，CFD 所涉及的基础知识远不止这些，如控制方程的分类(椭圆型、抛物线型、双曲型)及控制方程中源项的表达式等内容，也是需要通过阅读相关文献来掌握的，但考虑到不是学习本书所必需的，因此，没有予以更多介绍。

在下一章，将针对本章所建立的控制方程，研究其离散方式。

1.9　复习思考题

(1)　计算流体动力学的基本任务是什么？

(2)　什么叫控制方程？常用的控制方程有哪几个？各用在什么场合？

(3)　给出推导牛顿流体的 Navier-Stokes 方程(1.12)的详细过程。

(4)　研究控制方程通用形式的意义何在？请分析控制方程通用形式中各项的意义。

(5)　试写出变径圆管内液体流动的控制方程及其边界条件(假定没有热交换)，并写出用 CFD 来分析时的求解过程。注意说明控制方程如何使用。

(6)　CFD 商用软件与用户自行设计的 CFD 程序相比，各有何优势？常用的商用 CFD 软件有哪些？特点如何？

第 2 章 基于有限体积法的控制方程离散

上一章给出了流体流动问题的控制方程,并介绍了 CFD 的基本思想与实现过程。从本章开始,逐一介绍开展 CFD 计算的各个环节,本章讨论如何对控制方程进行离散。考虑到目前多数 CFD 软件使用有限体积法,本书所介绍的离散过程及数值求解方法将全部基于有限体积法。

2.1 离散化概述

在对指定问题进行 CFD 计算之前,首先要将计算区域离散化,即对空间上连续的计算区域进行划分,把它划分成许多个子区域,并确定每个区域中的节点,从而生成网格。然后,将控制方程在网格上离散,即将偏微分格式的控制方程转化为各个节点上的代数方程组。此外,对于瞬态问题,还需要涉及时间域离散。由于时间域离散相对比较简单,本节重点讨论空间域离散。

2.1.1 离散化的目的

对于在求解域内所建立的偏微分方程,理论上是有真解(或称精确解或解析解)的。但是,由于所处理的问题自身的复杂性,如复杂的边界条件,或者方程自身的复杂性等,造成很难获得方程的真解,因此,就需要通过数值的方法把计算域内有限数量位置(即网格节点)上的因变量值当作基本未知量来处理,从而建立一组关于这些未知量的代数方程,然后通过求解代数方程组来得到这些节点值,而计算域内其他位置上的值则根据节点位置上的值来确定。这样,偏微分方程定解问题的数值解法可以分为两个阶段。首先,用网格线将连续的计算域划分为有限离散点(网格节点)集,并选取适当的途径将微分方程及其定解条件转化为网格节点上相应的代数方程组,即建立离散方程组;然后,在计算机上求解离散方程组,得到节点上的解。节点之间的近似解,一般认为光滑变化,原则上可以应用插值方法确定,从而得到定解问题在整个计算域上的近似解。这样,用变量的离散分布近似解代替了定解问题精确解的连续数据,这种方法称为离散近似。可以预料,当网格节点很密时,离散方程的解将趋近于相应微分方程的精确解。

除了对空间域进行离散化处理外,对于瞬态问题,在时间坐标上也需要进行离散化,即将求解对象分解为若干时间步进行处理。对于时间的离散,将在 2.7 节讨论。

2.1.2　离散时所使用的网格

网格是离散的基础，网格节点是离散化的物理量的存储位置，网格在离散过程中起着关键的作用。网格的形式和密度等，对数值计算结果有着重要的影响。

一般情况下，在二维问题中，有三角形和四边形单元，在三维问题中，有四面体、六面体、棱锥体和楔形体等单元。

不同的离散方法，对网格的要求和使用方式不一样。表面上看起来一样的网格布局，当采用不同的离散化方法时，网格和节点具有不同的含义和作用。例如，下面将要介绍的有限元法，将物理量存储在真实的网格节点上，将单元看成是由周边节点及形函数构成的统一体；而有限体积法往往将物理量存储在网格单元的中心点上，而将单元看成是围绕中心点的控制体积，或者在真实网格节点定义和存储物理量，而在节点周围构造控制体积。

2.1.3　常用的离散化方法

由于应变量在节点之间的分布假设及推导离散方程的方法不同，就形成了有限差分法、有限元法和有限元体积法等不同类型的离散化方法。

1.　有限差分法

有限差分法(Finite Difference Method，简称 FDM)是数值解法中最经典的方法。它是将求解域划分为差分网格，用有限个网格节点代替连续的求解域，然后将偏微分方程(控制方程)的导数用差商代替，推导出含有离散点上有限个未知数的差分方程组。求差分方程组(代数方程组)的解，就是微分方程定解问题的数值近似解，这是一种直接将微分问题变为代数问题的近似数值解法。

这种方法发展较早，比较成熟，较多的用于求解双曲型和抛物型问题。用它求解边界条件复杂、尤其是椭圆型问题不如有限元法或有限体积法方便。

2.　有限元法

有限元法(Finite Element Method，简称 FEM)与有限差分法都是广泛应用的流体动力学数值计算方法。有限元法是将一个连续的求解域任意分成适当形状的许多微小单元，并于各小单元分片构造插值函数，然后根据极值原理(变分或加权余量法)，将问题的控制方程转化为所有单元上的有限元方程，把总体的极值作为各单元极值之和，即将局部单元总体合成，形成嵌入了指定边界条件的代数方程组，求解该方程组就得到各节点上待求的函数值。

有限元法的基础是极值原理和划分插值，它吸收了有限差分法中离散处理的内核，又采用了变分计算中选择逼近函数并对区域进行积分的合理方法，是这两类方法相互结合、取长补短发展的结果。它具有很广泛的适应性，特别适用于几何及物理条件比较复杂的问题，而且便于程序的标准化。对椭圆型方程问题有更好的适用性。

有限元法因求解速度较有限差分法和有限体积法慢，因此，在商用 CFD 软件中应用并不普遍。目前的商用 CFD 软件中，FIDAP 采用的是有限元法。而有限元法目前在固体力学分析中占绝对比例，几乎所有固体力学分析软件全部采用有限元法。

3. 有限体积法

有限体积法(Finite Volume Method，简称 FVM)，是近年发展非常迅速的一种离散化方法，其特点是计算效率高。目前在 CFD 领域得到了广泛应用，大多数商用 CFD 软件都采用这种方法，本书将主要介绍有限体积法。下一节将详细介绍有限体积法的基本思想，后续其他各节介绍如何在有限体积法的基础上生成离散方程。

2.2　有限体积法及其网格简介

有限体积法是目前 CFD 领域广泛使用的离散化方法，其特点不仅表现在对控制方程的离散结果上，还表现在所使用的网格上，因此，本节除了介绍有限体积法之外，还要讨论有限体积法所使用的网格系统。

2.2.1　有限体积法的基本思想

有限体积法(Finite Volume Method)又称为控制体积法(Control Volume Method，CVM)。其基本思路是：将计算区域划分为网格，并使每个网格点周围有一个互不重复的控制体积；将待解微分方程(控制方程)对每一个控制体积积分，从而得出一组离散方程。其中的未知数是网格点上的因变量 ϕ。为了求出控制体积的积分，必须假定 ϕ 值在网格点之间的变化规律。从积分区域的选取方法看来，有限体积法属于加权余量法中的子域法，从未知解的近似方法看来，有限体积法属于采用局部近似的离散方法。简言之，子域法加离散，就是有限体积法的基本方法。

有限体积法的基本思想易于理解，并能得出直接的物理解释。离散方程的物理意义，就是因变量 ϕ 在有限大小的控制体积中的守恒原理，如同微分方程表示因变量在无限小的控制体积中的守恒原理一样。

有限体积法得出的离散方程，要求因变量的积分守恒对任意一组控制体积都得到满足，对整个计算区域，自然也得到满足。这是有限体积法吸引人的优点。有一些离散方法，例如有限差分法，仅当网格极其细密时，离散方程才满足积分守恒；而有限体积法即使在粗网格情况下，也显示出准确的积分守恒。

就离散方法而言，有限体积法可视作有限元法和有限差分法的中间物。有限元法必须假定 ϕ 值在网格节点之间的变化规律(即插值函数)，并将其作为近似解。有限差分法只考虑网格点上 ϕ 的数值而不考虑 ϕ 值在网格节点之间如何变化。有限体积法只寻求 ϕ 的节点值，这与有限差分法相类似；但有限体积法在寻求控制体积的积分时，必须假定 ϕ 值在网格点之间的分布，这又与有限单元法相类似。在有限体积法中，插值函数只用于计算控制体积的积分，得出离散方程之后，便可忘掉插值函数；如果需要的话，可以对微分方程中不同的项采取不同的插值函数。

2.2.2　有限体积法所使用的网格

与其他离散化方法一样，有限体积法的核心体现在区域离散方式上。区域离散化的实质就是用有限个离散点来代替原来的连续空间。有限体积法的区域离散实施过程是：把所计算的区域划分成多个互不重叠的子区域，即计算网格(grid)，然后确定每个子区域中的节点位置及该节点所代表的控制体积。区域离散化过程结束后，可以得到以下四种几何要素：

- 节点(node)：需要求解的未知物理量的几何位置
- 控制体积(control volume)：应用控制方程或守恒定律的最小几何单位
- 界面(face)：它规定了与各节点相对应的控制体积的分界面位置
- 网格线(grid line)：联结相邻两节点而形成的曲线簇

我们把节点看成是控制体积的代表。在离散过程中，将一个控制体积上的物理量定义并存储在该节点处。图 2.1 示出了一维问题的有限体积法计算网格，图中标出了节点、控制体积、界面和网格线。图 2.2 是二维问题的有限体积法计算网格。

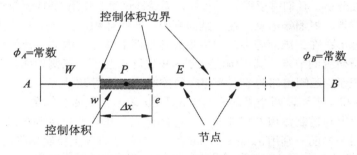

图 2.1　一维问题的有限体积法计算网格

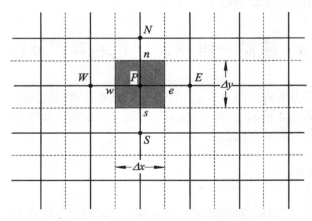

图 2.2　二维问题的有限体积法计算网格

在上面两图中，节点排列有序，即当给出了一个节点的编号后，立即可以得出其相邻节点的编号。这种网格称之为结构网格(structured grid)。结构网格是一种传统的网格形式，网格自身利用了几何体的规则形状。FLUENT 4.5 及以前的版本使用的就是结构网格。而近年来，还出现了非结构网格(unstructured grid)。非结构网格的节点以一种不规则的方式布置在流场中。这种网格虽然生成过程比较复杂，但却有着极大的适应性，尤其对具有复杂边界的流场计算问题特别有效。FLUENT 5.0 支持非结构网格。非结构网格一般通过专门的程序或软件来生成。图 2.3 是一个二维非结构网格示意图，图中使用的是三角形控制体积。三角形的质心是计算节点，如图中的 C_0 点所示。

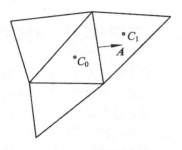

图 2.3   二维非结构网格

注意，出于叙述方便，本书使用图 2.1 和图 2.2 所示的规则网格(网格线与坐标轴平行)来讨论 CFD。

2.2.3   网格几何要素的标记

为便于后续分析，我们需要建立一套标记系统。这里，使用 CFD 文献中惯用记法来表示控制体积、节点、界面等信息。在二维问题中，有限体积法所使用的网格单元(cell)主要有四边形和三角形；在三维问题中，网格单元包括四面体、六面体、棱锥体和楔形体等。我们用 P 表示所研究的节点，其周围的控制体积也用 P 表示；东侧相邻的节点及相应的控制体积均用 E 表示，西侧相邻的节点及相应的控制体积均用 W 表示；控制体积 P 的东西两个界面分别用 e 和 w 表示，两个界面间的距离用 Δx 表示，如图 2.1 所示。在二维问题中，在东西南北方向上与控制体积 P 相邻的四个控制体积及其节点分别用 E、W、S 和 N 表示，控制体积 P 的四个界面分别用 e、w、s 和 n 表示，在两个方向上控制体积的宽度分别用 Δx 和 Δy 表示，如图 2.2 所示。在三维问题中，增加上下方向的两个控制体积，分别用 T 和 B 表示，控制体积 P 的上下界面分别用 t 和 b 表示。

2.3   求解一维稳态问题的有限体积法

对于一给定的微分方程，可以采用有限体积法建立其对应的离散方程。本节以一维稳态问题为例，针对其基本控制方程，说明采用有限体积法生成离散方程的方法和过程，并对离散方程的求解作一简要介绍。

2.3.1   问题的描述

在第 1 章中给出了流体流动问题的控制方程。无论是连续性方程、动量方程，还是能量方程，都可写成如式(1.19)或(1.20)所示的通用形式。在此，只考虑稳态问题，我们可写出与式(1.20)相对应的一维问题的控制方程：

$$\frac{\mathrm{d}(\rho u \phi)}{\mathrm{d}x} = \frac{\mathrm{d}}{\mathrm{d}x}\left(\Gamma \frac{\mathrm{d}\phi}{\mathrm{d}x}\right) + S \tag{2.1}$$

　　我们称该方程为一维模型方程。方程中包含对流项、扩散项及源项。方程中的 ϕ 是广义变量，可以为速度、温度或浓度等一些待求的物理量，Γ 是相应于 ϕ 的广义扩散系数，S 是广义源项。变量 ϕ 在端点 A 和 B 的边界值为已知。

　　这里给出的是方程的守恒形式，这是因为采用有限体积法建立离散方程时，必须使用守恒形式。

　　现应用有限体积法求解方程(2.1)所对应的对流-扩散问题，主要步骤如下：

　　(1)　在计算域内生成计算网格，包括节点及其控制体积。

　　(2)　将守恒型的控制方程在每个控制体积上作积分(积分时要用到界面处未知量 ϕ 及其导数的插值计算公式，即离散格式)，得到离散后的关于节点未知量的代数方程组。

　　(3)　求解代数方程组，得到各计算节点的 ϕ 值。

2.3.2　生成计算网格

　　有限体积法的第一步是将整个计算域划分成离散的控制体积。现参考图 2.1，在点 A 和 B 之间的空间域上放置一系列节点，将控制体积的边界(面)取在两个节点中间的位置，这样，每个节点由一个控制体积所包围。

　　引用 2.2 节给出的标记约定，我们用 P 来标识一个广义的节点，其东西两侧的相邻节点分别用 E 和 W 标识，同时，与各节点对应的控制体积也用同一字符标识。控制体积 P 的东西两个界面分别用 e 和 w 标识，两个界面的距离用 Δx 表示。E 点至节点 P 的距离用 $(\delta x)_e$ 表示，W 点至节点 P 的距离用 $(\delta x)_w$ 表示。如图 2.4 所示。

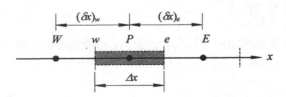

图 2.4　一维问题的计算网格

2.3.3　建立离散方程

　　有限体积法的关键一步是在控制体积上积分控制方程，以在控制体积节点上产生离散的方程。对一维模型方程(2.1)，在图 2.4 所示的控制体积 P 上作积分，有：

$$\int_{\Delta V}\frac{\mathrm{d}\left(\rho u\phi\right)}{\mathrm{d}x}\mathrm{d}V = \int_{\Delta V}\frac{\mathrm{d}}{\mathrm{d}x}\left(\Gamma\frac{\mathrm{d}\phi}{\mathrm{d}x}\right)\mathrm{d}V + \int_{\Delta V}S\mathrm{d}V \tag{2.2}$$

式中，ΔV 是控制体积的体积值。当控制体很微小时，ΔV 可以表示为 $\Delta x \cdot A$，这里 A 是控制体积界面的面积。从而，有：

$$\left(\rho u\phi A\right)_e - \left(\rho u\phi A\right)_w = \left(\Gamma A\frac{\mathrm{d}\phi}{\mathrm{d}x}\right)_e - \left(\Gamma A\frac{\mathrm{d}\phi}{\mathrm{d}x}\right)_w + S\Delta V \tag{2.3}$$

　　我们看到，上式中对流项和扩散项均已转化为控制体积界面上的值。有限体积法最显著特点之一是离散方程中具有明确的物理插值，即界面的物理量要通过插值的方式由节点的物理量来表示。

为了建立所需要形式的离散方程，我们需要找出如何表示式(2.3)中界面 e 和 w 处的 ρ、u、Γ、ϕ 和 $\dfrac{\mathrm{d}\phi}{\mathrm{d}x}$。在有限体积法中规定，$\rho$、$u$、$\Gamma$、$\phi$ 和 $\dfrac{\mathrm{d}\phi}{\mathrm{d}x}$ 等物理量均是在节点处定义和计算的。因此，为了计算界面上的这些物理参数(包括其导数)，需要有一个物理参数在节点间的近似分布。可以想象，线性近似是可用来计算界面物性值的最直接、也是最简单的方式。这种分布叫做中心差分。如果网格是均匀的，则单个物理参数(以扩散系数 Γ 为例)的线性插值结果是：

$$\Gamma_e = \frac{\Gamma_P + \Gamma_E}{2} \tag{2.4a}$$

$$\Gamma_w = \frac{\Gamma_W + \Gamma_P}{2} \tag{2.4b}$$

$(\rho u \phi A)$ 的线性插值结果是：

$$(\rho u \phi A)_e = (\rho u)_e A_e \frac{\phi_P + \phi_E}{2} \tag{2.5a}$$

$$(\rho u \phi A)_w = (\rho u)_w A_w \frac{\phi_W + \phi_P}{2} \tag{2.5b}$$

与梯度项相关的扩散通量的线性插值结果是：

$$\left(\Gamma A \frac{\mathrm{d}\phi}{\mathrm{d}x}\right)_e = \Gamma_e A_e \left[\frac{\phi_E - \phi_P}{(\delta x)_e}\right] \tag{2.6a}$$

$$\left(\Gamma A \frac{\mathrm{d}\phi}{\mathrm{d}x}\right)_w = \Gamma_w A_w \left[\frac{\phi_P - \phi_W}{(\delta x)_w}\right] \tag{2.6b}$$

对于源项 S，它通常是时间和物理量 ϕ 的函数。后面会看到，为了简化处理，经常将 S 转化为如下线性方式：

$$S = S_C + S_P \phi_P \tag{2.7}$$

式中，S_C 是常数，S_P 是随时间和物理量 ϕ 变化的项。将式(2.4)、(2.5)、(2.6)和(2.7)代入方程(2.3)，有：

$$
(\rho u)_e A_e \frac{\phi_P + \phi_E}{2} - (\rho u)_w A_w \frac{\phi_W + \phi_P}{2}
$$
$$
= \Gamma_e A_e \left[\frac{\phi_E - \phi_P}{(\delta x)_e}\right] - \Gamma_w A_w \left[\frac{\phi_P - \phi_W}{(\delta x)_w}\right] + \left(S_C + S_P \phi_P\right)\Delta V \tag{2.8}
$$

整理后得：

$$
\left(\frac{\Gamma_e}{(\delta x)_e} A_e + \frac{\Gamma_w}{(\delta x)_w} A_w - S_P \Delta V\right)\phi_P
$$
$$
= \left(\frac{\Gamma_w}{(\delta x)_w} A_w + \frac{(\rho u)_w}{2} A_w\right)\phi_W + \left(\frac{\Gamma_e}{(\delta x)_e} A_e - \frac{(\rho u)_e}{2} A_e\right)\phi_E + S_C \Delta V \tag{2.9}
$$

记为：

$$a_P \phi_P = a_W \phi_W + a_E \phi_E + b \tag{2.10}$$

式中,

$$
\left.\begin{aligned}
a_W &= \frac{\Gamma_w}{(\delta x)_w} A_w + \frac{(\rho u)_w}{2} A_w \\
a_E &= \frac{\Gamma_e}{(\delta x)_e} A_e - \frac{(\rho u)_e}{2} A_e \\
a_P &= \frac{\Gamma_e}{(\delta x)_e} A_e + \frac{\Gamma_w}{(\delta x)_w} A_w - S_P \Delta V = a_E + a_W + \frac{(\rho u)_e}{2} A_e - \frac{(\rho u)_w}{2} A_w - S_P \Delta V \\
b &= S_C \Delta V
\end{aligned}\right\}
\tag{2.11}
$$

对于一维问题,控制体积界面 e 和 w 处的面积 A_e 和 A_w 均为 1,即单位面积。这样,$\Delta V = \Delta x$,式(2.11)中各系数可转化为:

$$
\left.\begin{aligned}
a_W &= \frac{\Gamma_w}{(\delta x)_w} + \frac{(\rho u)_w}{2} \\
a_E &= \frac{\Gamma_e}{(\delta x)_e} - \frac{(\rho u)_e}{2} \\
a_P &= a_E + a_W + \frac{(\rho u)_e}{2} - \frac{(\rho u)_w}{2} - S_P \Delta x \\
b &= S_C \Delta x
\end{aligned}\right\}
\tag{2.12}
$$

方程(2.10)即为方程(2.1)的离散形式,后面将要建立的各种离散方程都将具有方程(2.10)的形式。

2.3.4　离散方程的求解

为了求解所给出的流体流动问题,必须在整个计算域的每个节点上建立式(2.10)所示的离散方程。从而,每个节点上都有一个相应的方程(2.10),这些方程组成一个含有节点未知量的线性代数方程组。求解这个方程组,就可以得到物理量 ϕ 在各节点处的值。原则上,任何可用于求解代数方程组的方法,如 Gauss 消去法,都可完成上述任务,但考虑到所生成的离散方程组的系数矩阵不是满阵,而是具有一定特点的对角阵,因此,往往有更简便的解法。对此,将在第 3 章进一步讨论。

2.4　常用的离散格式

通过上一节的介绍可知,在使用有限体积法建立离散方程时,很重要的一步是将控制体积界面上的物理量及其导数通过节点物理量插值求出。上一节使用了线性插值,即中心差分格式。引入插值方式的目的就是为了建立离散方程,不同的插值方式对应于不同的离散结果,因此,插值方式常称为离散格式(discretization scheme)。本节使用离散格式一词来表征这一特定的数学处理方案。本节只介绍最基本、也是使用最广泛的一阶离散格式,而将高阶离散格式放到下一节介绍。

2.4.1 术语与约定

由于离散格式并不影响控制方程中的源项及瞬态项，因此，为了便于说明各种离散格式的特性，本节选取一维、稳态、无源项的对流-扩散问题为讨论对象，假定速度场为 u，根据式(1.20)得出关于广义未知量 ϕ 的输运方程为：

$$\frac{\mathrm{d}(\rho u\phi)}{\mathrm{d}x} = \frac{\mathrm{d}}{\mathrm{d}x}\left(\Gamma\frac{\mathrm{d}\phi}{\mathrm{d}x}\right) \tag{2.13}$$

因该流动也必须满足连续方程，因此有：

$$\frac{\mathrm{d}(\rho u)}{\mathrm{d}x} = 0 \tag{2.14}$$

我们考虑图 2.5 所示的一维控制体积，使用上一节所引入的标记系统，现主要考察广义节点 P、相邻节点 E 和 W、控制体积的界面 e 和 w。在控制体积 P 上积分输运方程(2.13)，有：

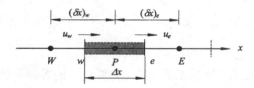

图 2.5 控制体积 P 及界面上的流速

$$(\rho u A\phi)_e - (\rho u A\phi)_w = \left(\Gamma A\frac{\mathrm{d}\phi}{\mathrm{d}x}\right)_e - \left(\Gamma A\frac{\mathrm{d}\phi}{\mathrm{d}x}\right)_w \tag{2.15}$$

积分连续方程(2.14)有：

$$(\rho u A)_e - (\rho u A)_w = 0 \tag{2.16}$$

为了获得对流-扩散问题的离散方程，我们必须对式(2.15)的界面上的物理量作某种近似处理。为后续讨论方便，定义两个新的物理量 F 和 D，其中 F 表示通过界面上单位面积的对流质量通量(convective mass flux)，简称对流质量流量，D 表示界面的扩散传导性(diffusion conductance)。有：

$$F \equiv \rho u \tag{2.17}$$

$$D \equiv \frac{\Gamma}{\delta x} \tag{2.18}$$

这样，F 和 D 在控制体积界面上的值分别为：

$$F_w = (\rho u)_w, \quad F_e = (\rho u)_e \tag{2.19}$$

$$D_w = \frac{\Gamma_w}{(\delta x)_w}, \quad D_e = \frac{\Gamma_e}{(\delta x)_e} \tag{2.20}$$

在此基础上，定义一维单元的 Peclet 数 P_e 如下：

$$P_e = \frac{F}{D} = \frac{\rho u}{\Gamma/\delta x} \tag{2.21}$$

P_e 表示对流与扩散的强度之比。可以想象，当 P_e 数为 0 时，对流-扩散问题演变为纯扩散问题，即流场中没有流动，只有扩散；当 $P_e > 0$ 时，流体沿正 x 方向流动，当 P_e 数很大时，对流-扩散问题演变为纯对流问题，扩散的作用可以忽略；当 $P_e < 0$ 时，情况正好相反。

此外，再引入两条假定：

(1) 在控制体积的界面 e 和 w 处的界面面积存在如下关系：$A_w = A_e = A$

(2) 方程右端的扩散项，总是用中心差分格式来表示(与 2.3 节的处理方式相同)。

这样，方程(2.15)可写为：

$$F_e \phi_e - F_w \phi_w = D_e (\phi_E - \phi_P) - D_w (\phi_P - \phi_W) \tag{2.22}$$

同时，连续方程(2.16)的积分结果为：

$$F_e - F_w = 0 \tag{2.23}$$

为简化问题的讨论，我们假定速度场已通过某种方式变为已知(下一章介绍)，这样，F_w 和 F_e 便为已知。为了求解方程(2.22)，我们需要计算广义未知量 ϕ 在界面 e 和 w 处的值。为了完成这一任务，必须决定界面物理量如何通过节点物理量来插值表示，这就是下面将讨论的离散格式。

2.4.2 中心差分格式

1. 中心差分格式的数学描述

所谓中心差分格式(central differencing scheme)，就是界面上的物理量采用线性插值公式来计算。

在 2.4.1 小节已经引入了一个假定，即在采用有限体积法推导控制方程的离散方程时，如果没有特殊声明，扩散项总是采用中心差分格式进行离散。在式(2.22)中我们已经看到了这一点，采用中心差分格式离散后的扩散项已经出现在离散方程(2.22)的右端。现在，一种自然的想法是同样采用中心差分格式离散对流项，即方程(2.22)的左端项。实际上，在 2.3 节中，我们已经使用了中心差分格式来离散对流项，现将中心差分格式重复叙述如下。

对于一给定的均匀网格，我们可写出控制体积的界面上物理量 ϕ 的值：

$$\phi_e = \frac{\phi_P + \phi_E}{2} \tag{2.24a}$$

$$\phi_w = \frac{\phi_P + \phi_W}{2} \tag{2.24b}$$

将上式代入(2.22)中的对流项，有：

$$\frac{F_e}{2}(\phi_P + \phi_E) - \frac{F_w}{2}(\phi_w + \phi_P) = D_e (\phi_E - \phi_P) - D_w (\phi_P - \phi_W) \tag{2.25}$$

改写上式后，有：

$$\left[\left(D_w - \frac{F_w}{2} \right) + \left(D_e + \frac{F_e}{2} \right) \right] \phi_P = \left(D_w + \frac{F_w}{2} \right) \phi_W + \left(D_e - \frac{F_e}{2} \right) \phi_E \tag{2.26}$$

引入连续方程的离散形式(2.23)，上式变成：

$$\left[\left(D_w - \frac{F_w}{2} \right) + \left(D_e + \frac{F_e}{2} \right) + (F_e - F_w) \right] \phi_P = \left(D_w + \frac{F_w}{2} \right) \phi_W + \left(D_e - \frac{F_e}{2} \right) \phi_E \tag{2.27}$$

将上式中 ϕ_P、ϕ_W 和 ϕ_E 前的系数分别用 a_P、a_W 和 a_E 表示，得到中心差分格式的对流-扩散方程的离散方程：

$$a_P\phi_P = a_W\phi_W + a_E\phi_E \tag{2.28}$$

式中：

$$\left.\begin{array}{l} a_W = D_w + \dfrac{F_w}{2} \\[2mm] a_E = D_e - \dfrac{F_e}{2} \\[2mm] a_P = a_W + a_E + \left(F_e - F_w\right) \end{array}\right\} \tag{2.29}$$

我们可写出所有网格节点(控制体积的中心)上的具有式(2.28)形式的离散方程，从而组成一个线性代数方程组，方程组中的未知量就是各节点上的 ϕ 值，如式(2.28)中的 ϕ_P、ϕ_W 和 ϕ_E。求解这个方程组，可得到未知量 ϕ 在空间的分布。

2. 中心差分格式的特点及适用性

式(2.28)是对扩散项和对流项均采用中心差分格式离散后得到的结果。系数 a_E，a_W 包括了扩散与对流作用的影响。其中，系数中的 D_e 与 D_w 是由扩散项的中心差分所形成的，代表了扩散过程的影响。系数中与流量 F_e 和 F_w 有关的部分是界面上的分段线性插值方式在均匀网格下的表现，体现了对流的作用。

可以证明，当 $P_e < 2$ 时，中心差分格式的计算结果与精确解基本吻合。但当 $P_e > 2$ 时，中心差分格式所得的解就完全失去了物理意义。从离散方程的系数来说，这是由于当 $P_e > 2$ 时，系数 $a_E < 0$ 所造成的。我们知道，系数 a_E 和 a_W 代表了邻点 E 和 W 处的物理量通过对流及扩散作用对 P 点产生影响的大小，当离散方程写成式(2.28)的形式时，a_E、a_W 及 a_P 都必须大于零，负的系数会导致物理上不真实的解。正系数的要求出自于方程组迭代求解的考虑。方程组(2.28)一般采用迭代法求解，而迭代求解收敛的充分条件[11]是在所有节点上有 $\left(\sum|a_{nb}|\right)\big/|a'_p| \leqslant 1$，且至少在一个节点上有 $\left(\sum|a_{nb}|\right)\big/|a'_p| < 1$。这里的 a_p 是扣除源项后的方程组主系数($a'_p = a_p - S_P$)，记号 nb 代表节点 P 周围的所有相邻节点。

需要注意，通过式(2.21)所定义的控制体积上的 P_e 数是如下参数的组合：流体特性(ρ 与 Γ)、流动特性(u)及计算网格特性(δx)。这样，对于给定的 ρ 与 Γ，要满足 $P_e < 2$，只能是速度 u 很小(对应于由对流支配的低 Reynolds 数流动)或者网格间距很小。基于此限制，中心差分格式不能作为对于一般流动问题的离散格式，必须创建其他更合适的离散格式。

2.4.3　一阶迎风格式

如前所述，在中心差分格式中，界面 w 处物理量 ϕ 的值总是同时受到 ϕ_P 和 ϕ_W 的共同影响。在一个对流占据主导地位的由西向东的流动中，上述处理方式明显是不合适的，这是由于 w 界面应该受到来自于节点 W 比来自于节点 P 更强烈的影响。迎风格式在确定界面的物理量时则考虑了流动方向。

1.　一阶迎风格式的数学描述

一阶迎风格式(first order upwind scheme)规定：因对流造成的界面上的 ϕ 值被认为等于上游节点(即迎风侧节点)的 ϕ 值。于是，当流动沿着正方向，即 $u_w > 0$，$u_e > 0$($F_w > 0$，$F_e > 0$)时，存在：

$$\phi_w = \phi_W，\quad \phi_e = \phi_P \tag{2.30}$$

此时，离散方程(2.22)变为：

$$F_e\phi_P - F_w\phi_W = D_e\left(\phi_E - \phi_P\right) - D_w\left(\phi_P - \phi_W\right) \tag{2.31}$$

引入连续方程的离散形式(2.23)，上式变成：

$$\left[\left(D_w + F_w\right) + D_e + \left(F_e - F_w\right)\right]\phi_P = \left(D_w + F_w\right)\phi_W + D_e\phi_E \tag{2.32}$$

当流动沿着负方向，即 $u_w < 0$，$u_e < 0$($F_w < 0$，$F_e < 0$)时，一阶迎风格式规定：

$$\phi_w = \phi_P，\quad \phi_e = \phi_E \tag{2.33}$$

此时，离散方程(2.22)变为：

$$F_e\phi_E - F_w\phi_P = D_e\left(\phi_E - \phi_P\right) - D_w\left(\phi_P - \phi_W\right) \tag{2.34}$$

即：

$$\left[D_w + \left(D_e - F_e\right) + \left(F_e - F_w\right)\right]\phi_P = D_w\phi_W + \left(D_e - F_e\right)\phi_E \tag{2.35}$$

综合方程(2.32)和(2.35)，将式中 ϕ_P、ϕ_W 和 ϕ_E 前的系数分别用 a_P、a_W 和 a_E 表示，得到一阶迎风格式的对流-扩散方程的离散方程：

$$a_P\phi_P = a_W\phi_W + a_E\phi_E \tag{2.36}$$

式中：

$$\left.\begin{array}{l} a_P = a_E + a_W + \left(F_e - F_w\right) \\ a_W = D_w + \max\left(F_w, 0\right) \\ a_E = D_e + \max\left(0, -F_e\right) \end{array}\right\} \tag{2.37}$$

这里，界面上未知量恒取上游节点的值，而中心差分则取上、下游节点的算术平均值。这是两种格式间的基本区别。由于这种迎风格式具有一阶截差，因而称作一阶迎风格式。

2.　一阶迎风格式的特点及适用性

一阶迎风格式考虑了流动方向的影响，由式(2.37)所表示的一阶迎风格式离散方程系数 a_E 和 a_W 永远大于零，因而在任何条件下都不会引起解的振荡，永远都可得到在物理上看起来是合理的解，没有中心差分格式中的 $P_e < 2$ 的限制。也正是由于这一点，使一阶迎风格式在过去长期得到广泛应用。尤其是在软件调试或计算过程中，比如在多层网格的粗网格上或在迭代问题的初始值的选取方面，一阶迎风格式以其绝对稳定的特性受到好评。

当然，一阶迎风格式在构造方式上有其不足之处，主要表现在：

(1)　迎风差分简单地按界面上流速大于还是小于零而决定其取值，但精确解表明界面上之值还与 P_e 数的大小有关。

(2)　迎风格式中不管 P_e 数的大小，扩散项永远按中心差分计算。可是，当 $|P_e|$ 巨大时，界面上的扩散作用接近于零，此时迎风格式夸大了扩散项的影响，因此迎风格式在大的 $|P_e|$ 值条件下过高地估计了扩散值。

一阶迎风格式所生成的离散方程的截差等级比较低，虽然不会出现解的振荡，但也常常限制了解的精度。除非采用相当细密的网格，否则，计算结果的误差较大。研究证明，在对流项中心差分的数值解不出现振荡的参数范围内，在相同的网格节点数条件下，采用中心差分的计算结果要比采用一阶迎风格式的结果误差小。因此，随着计算机处理能力的提高，在正式计算时，一阶迎风格式目前常被后续要讨论的二阶迎风格式或其他高阶格式所代替。

2.4.4 混合格式

混合格式(hybrid scheme)综合了中心差分和迎风作用两方面的因素，规定：当$|P_e| < 2$ 时，使用具有二阶精度的中心差分格式；当$|P_e| \geqslant 2$ 时，采用具有一阶精度但考虑流动方向的一阶迎风格式。

在混合格式下，与ϕ 的输运方程(2.13)所对应的离散方程是：

$$a_P \phi_P = a_W \phi_W + a_E \phi_E \tag{2.38}$$

式中：

$$\left.\begin{array}{l} a_P = a_E + a_W + \left(F_e - F_w\right) \\[2mm] a_W = \max\left[F_w, \left(D_w + \dfrac{F_w}{2}\right), 0\right] \\[2mm] a_E = \max\left[-F_e, \left(D_e - \dfrac{F_e}{2}\right), 0\right] \end{array}\right\} \tag{2.39}$$

混合格式根据流体流动的P_e 数在中心差分格式和迎风格式之间进行切换，该格式综合了中心差分格式和迎风格式的共同优点。因其离散方程的系数总是正的，因此是无条件稳定的。与后面将要介绍的高阶离散格式相比，混合格式计算效率高，总能产生物理上比较真实的解，且是高度稳定的。混合格式目前在 CFD 软件中广为采纳，是非常实用的离散格式。该格式的缺点是只具有一阶精度。

2.4.5 指数格式

指数格式(exponential scheme)是利用方程(2.13)的精确解建立的一种离散格式。它将扩散与对流的作用合在一起来考虑，这一点与前面的离散格式不同。

对于方程(2.13)，在计算域$0 \leqslant x \leqslant L$ 内，如果当$x = 0$ 时有$\phi = \phi_0$；当$x = L$ 时有$\phi = \phi_L$，则方程的精确解是[5]：

$$\frac{\phi - \phi_0}{\phi_L - \phi_0} = \frac{\exp(P_e x / L) - 1}{\exp P_e - 1} \tag{2.40}$$

现考虑一个由对流通量密度$\rho u \phi$ 与扩散通量密度$-\Gamma \partial \phi / \partial x$ 所组成的总通量密度J：

$$J = \rho u \phi - \Gamma \frac{\partial \phi}{\partial x} \tag{2.41}$$

这里，总通量密度J 是指单位时间内、单位面积上由扩散及对流作用而引起的某一物理量的总转移量。上式即为针对通用变量ϕ 的总通量密度。在有的文献中，为简单起见，也直接称作总通量。

按此定义，方程(2.13)变为：

$$\frac{\partial J}{\partial x} = 0 \tag{2.42}$$

在图 2.5 所示的控制体内积分方程(2.42)，得到：

$$J_e - J_w = 0 \tag{2.43}$$

现在，精确解(2.40)可以作为点 P 与 E 之间的分布，其中用 ϕ_P 和 ϕ_E 代替 ϕ_0 和 ϕ_L，并用距离 $(\delta x)_e$ 代替 L，从而可以给出 J_e 的表达式：

$$J_e = F_e \left(\phi_P + \frac{\phi_P - \phi_E}{\exp P_{ee} - 1} \right) \tag{2.44}$$

式中，P_{ee} 是界面 e 上的 Pelclet 数。

同样可写出关于 J_w 的类似关系如下：

$$J_w = F_w \left(\phi_W + \frac{\phi_W - \phi_P}{\exp P_{ew} - 1} \right) \tag{2.45}$$

将上二式代入方程(2.43)，得：

$$F_e \left(\phi_P + \frac{\phi_P - \phi_E}{\exp P_{ee} - 1} \right) - F_w \left(\phi_W + \frac{\phi_W - \phi_P}{\exp P_{ew} - 1} \right) = 0 \tag{2.46}$$

写成标准形式：

$$a_P \phi_P = a_W \phi_W + a_E \phi_E \tag{2.47}$$

式中，

$$\left. \begin{aligned} a_P &= a_E + a_W + (F_e - F_w) \\ a_W &= \frac{F_w \exp(F_w / D_w)}{\exp(F_w / D_w) - 1} \\ a_E &= \frac{F_e}{\exp(F_e / D_e) - 1} \end{aligned} \right\} \tag{2.48}$$

在应用于一维的稳态问题时，指数格式保证对任何的 Pelclet 数以及任意数量的网格点均可以得到精确解。但是，尽管这种方案具有如此理想的性质，但由于下列原因未得到广泛应用：

(1) 指数运算是费时的。

(2) 对于二维或三维的问题，以及源项不为零的情况，这种方案是不准确的。

2.4.6　乘方格式

乘方格式(power-law scheme)是与上面介绍的指数格式非常接近的一种离散格式。在这种离散格式中，当 P_e 数超过 10 时，扩散项按 0 对待；当 $0 < P_e < 10$ 时，单位面积上的通量按一多项式来计算，例如，对于控制体积的 w 界面有：

$$q_w = \begin{cases} F_w \left[\phi_W - \beta_w (\phi_P - \phi_W) \right] & (0 < P_e < 10) \\ F_w \phi_W & (P_e > 10) \end{cases} \tag{2.49}$$

式中，$\beta_w = (1-0.1P_{ew})^5 / P_{ew}$。

与乘方格式对应的离散方程为：

$$a_P\phi_P = a_W\phi_W + a_E\phi_E \tag{2.50}$$

式中，

$$\left.\begin{aligned}
a_P &= a_E + a_W + (F_e - F_w) \\
a_W &= D_w \max\left[0,\left(1-0.1|P_e|\right)^5\right] + \max\left[F_w, 0\right] \\
a_E &= D_e \max\left[0,\left(1-0.1|P_e|\right)^5\right] + \max\left[-F_e, 0\right]
\end{aligned}\right\} \tag{2.51}$$

乘方格式是参考精确解(2.40)所做的近似，因此，它与指数格式的精度较接近，但比指数格式要省时。它与混合格式具有类似的性质，可用作混合格式的替代格式。在许多 CFD 软件中，这种离散格式使用的也比较普遍。

在此需要说明一点，在 FLUENT 软件使用手册[7]中，称 2.4.5 小节介绍的离散格式为乘方格式(power-law scheme)，这与本书不同，提醒读者注意。

2.4.7　各种离散格式的汇总

通过以上分析可知，针对一维、稳态、无源项的对流-扩散问题的通用控制方程(2.13)，采用本节所讨论的各种离散格式分别在图 2.5 所示的控制体积 P 上积分，最终都生成相同形式的离散方程：

$$a_P\phi_P = a_W\phi_W + a_E\phi_E \tag{2.52}$$

式中：

$$a_P = a_W + a_E + (F_e - F_w) \tag{2.53}$$

系数 a_W 和 a_E 取决于所使用的离散格式，为便于编程计算，现将结果列于表 2.1。

表 2.1　不同离散格式下离散方程(2.52)中系数 a_E 和 a_W 的计算公式

离散格式	系数 a_W	系数 a_E
中心差分格式	$D_w + \dfrac{F_w}{2}$	$D_e - \dfrac{F_e}{2}$
一阶迎风格式	$D_w + \max\left(F_w, 0\right)$	$D_e + \max\left(0, -F_e\right)$
混合格式	$\max\left[F_w,\left(D_w + \dfrac{F_w}{2}\right), 0\right]$	$\max\left[-F_e,\left(D_e - \dfrac{F_e}{2}\right), 0\right]$
指数格式	$\dfrac{F_w \exp(F_w / D_w)}{\exp(F_w / D_w) - 1}$	$\dfrac{F_e}{\exp(F_e / D_e) - 1}$
乘方格式	$D_w \max\left[0,\left(1-0.1|P_e|\right)^5\right]$ $+ \max\left[F_w, 0\right]$	$D_e \max\left[0,\left(1-0.1|P_e|\right)^5\right]$ $+ \max\left[-F_e, 0\right]$

2.4.8　低阶格式中的假扩散与人工粘性

本节介绍的各种离散格式均属于低阶离散格式。我们知道，任何数值计算的格式总会引起误差。对流-扩散方程中一阶导数项(对流项)的离散格式的截断误差小于二阶而引起较大数值计算误差的现象称为假扩散(false diffusion)。因为这种离散格式截差的首项包含有二阶导数，使数值计算结果中扩散的作用被人为地放大了，相当于引入了人工粘性(artificial viscosity)或数值粘性(numerical viscosity)。

就物理过程本身的特性而言，扩散的作用总是使物理量的变化率减小，使整个流场处于均匀化。在一个离散格式中，假扩散的存在会使数值解的结果偏离真解的程度加剧。

研究发现，除了非稳定项和对流项的一阶导数离散可以引起假扩散外，如下两个原因也可引起假扩散：流动方向与网格线呈倾斜交叉(多维问题)；建立离散格式时没有考虑到非常数的源项的影响。现在一般把由这两种原因引起的数值计算误差都归入假扩散的名下。

为了消除或减轻数值计算中的假扩散，可以采用截差较高的离散格式，或者采用自适应网格技术以生成与流场相适应的网格。下一节介绍可减轻假扩散影响的二阶迎风格式和QUICK 格式，对于自适应网格技术，有兴趣的读者可参考文献[2]。

2.5　空间离散的高阶离散格式

根据 Taylor 级数的截差理论[11]，上节讨论的中心差分格式、迎风格式和混合格式均只具有一阶精度。使用迎风格式虽然可保证计算的稳定，且满足迁移性要求，但一阶精度将导致数值上的扩散误差(假扩散)，而高阶离散格式可明显降低这种误差。在高阶离散格式中，引入了更多的相邻节点，且考虑了流动方向性的影响。本节介绍二阶迎风格式和 QUICK 格式。

2.5.1　二阶迎风格式

二阶迎风格式与一阶迎风格式的相同点在于，二者都通过上游单元节点的物理量来确定控制体积界面的物理量。但二阶迎风格式不仅要用到上游最近一个节点的值，还要用到另一个上游节点的值。

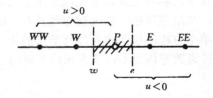

图 2.6　二阶迎风格式示意图

如图 2.6 所示的均匀网格，图中阴影部分为计算节点 P 处的控制体积，二阶迎风格式规定，当流动沿着正方向，即 $u_w > 0$，$u_e > 0$（$F_w > 0$，$F_e > 0$）时，存在：

$$\phi_w = 1.5\phi_W - 0.5\phi_{WW}, \quad \phi_e = 1.5\phi_P - 0.5\phi_W \tag{2.54}$$

此时，离散方程(2.22)变为(注意，这里对扩散项仍采用中心差分格式进行离散)：

$$F_e(1.5\phi_P - 0.5\phi_W) - F_w(1.5\phi_W - 0.5\phi_{WW}) = D_e(\phi_E - \phi_P) - D_w(\phi_P - \phi_W) \tag{2.55}$$

整理后得：

$$\left(\frac{3}{2}F_e + D_e + D_w\right)\phi_P = \left(\frac{3}{2}F_w + \frac{1}{2}F_e + D_w\right)\phi_W + D_e\phi_E - \frac{1}{2}F_w\phi_{WW} \tag{2.56}$$

当流动沿着负方向，即 $u_w < 0$，$u_e < 0$（$F_w < 0$，$F_e < 0$）时，二阶迎风格式规定：

$$\phi_w = 1.5\phi_P - 0.5\phi_E, \quad \phi_e = 1.5\phi_E - 0.5\phi_{EE} \tag{2.57}$$

此时，离散方程(2.22)变为：

$$F_e(1.5\phi_E - 0.5\phi_{EE}) - F_w(1.5\phi_P - 0.5\phi_E) = D_e(\phi_E - \phi_P) - D_w(\phi_P - \phi_W) \tag{2.58}$$

整理后得：

$$\left(D_e - \frac{3}{2}F_w + D_w\right)\phi_P = D_w\phi_W + \left(D_e - \frac{3}{2}F_e - \frac{1}{2}F_w\right)\phi_E + \frac{1}{2}F_e\phi_{EE} \tag{2.59}$$

综合方程(2.56)和(2.59)，将式中 ϕ_P、ϕ_W、ϕ_{WW}、ϕ_E、ϕ_{EE} 前的系数分别用 a_P、a_W、a_{WW}、a_E、a_{EE} 表示，得到二阶迎风格式的对流-扩散方程的离散方程：

$$a_P\phi_P = a_W\phi_W + a_{WW}\phi_{WW} + a_E\phi_E + a_{EE}\phi_{EE} \tag{2.60}$$

式中：

$$\left.\begin{array}{l} a_P = a_E + a_W + a_{EE} + a_{WW} + (F_e - F_w) \\[2mm] a_W = \left(D_w + \dfrac{3}{2}\alpha F_w + \dfrac{1}{2}\alpha F_e\right) \\[2mm] a_E = \left(D_e - \dfrac{3}{2}(1-\alpha)F_e - \dfrac{1}{2}(1-\alpha)F_w\right) \\[2mm] a_{WW} = -\dfrac{1}{2}\alpha F_w \\[2mm] a_{EE} = \dfrac{1}{2}(1-\alpha)F_e \end{array}\right\} \tag{2.61}$$

其中，当流动沿着正方向，即 $F_w > 0$ 及 $F_e > 0$ 时，$\alpha = 1$；当流动沿着负方向，即 $F_w < 0$ 及 $F_e < 0$ 时，$\alpha = 0$。

二阶迎风格式可以看作是在一阶迎风格式的基础上，考虑了物理量在节点间分布曲线的曲率影响。在二阶迎风格式中，实际上只是对流项采用了二阶迎风格式，而扩散项仍采用中心差分格式。容易证明，二阶迎风格式的离散方程具有二阶精度的截差。此外，二阶迎风格式的一个显著特点是单个方程不仅包含有相邻节点的未知量，还包括相邻节点旁边的其他节点的物理量，从而使离散方程组不再是原来的三对角方程组。

2.5.2　QUICK 格式

QUICK 格式是 "Quadratic Upwind Interpolation of Convective Kinematics" 的缩写，意

为"对流运动的二次迎风插值"，是一种改进离散方程截差的方法。

1.　QUICK 格式的数学描述

对图 2.7 所示的情形，在控制体积右界面上的值 ϕ_e 如采用分段线性方式插值(即中心差分)，有 $\phi_e = (\phi_P + \phi_E)/2$。但由该图可见，当实际的 ϕ 曲线下凸时，实际 ϕ 值要小于插值结果，而当曲线上凸时则又要大于插值结果。一种更合理的方法是在分段线性插值基础上引入一个曲率修正。Leonard 提出的方法为[2]：

$$\phi_e = \frac{\phi_P + \phi_E}{2} - \frac{1}{8}C \tag{2.62}$$

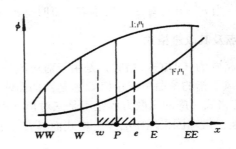

图 2.7　二阶迎风格式中的曲率修正

其中，C 为曲率修正，其计算方法如下：

$$C = \begin{cases} \phi_E - 2\phi_P + \phi_W, & u > 0 \\ \phi_P - 2\phi_E + \phi_{EE}, & u < 0 \end{cases} \tag{2.63}$$

我们可按同样方式写出 ϕ_w 的表达式。

将上述 QUICK 格式的表达式合并，假如沿流动方向有连续三个节点 $i-2$、$i-1$ 和 i，则在节点 $i-1$ 与 i 之间的界面处的物理量为：

$$\phi_{face} = \frac{6}{8}\phi_{i-1} + \frac{3}{8}\phi_i - \frac{1}{8}\phi_{i-2} \tag{2.64}$$

例如，当流动沿着正方向，即 $u_w > 0$，$u_e > 0$($F_w > 0$，$F_e > 0$)时，存在：

$$\phi_w = \frac{6}{8}\phi_W + \frac{3}{8}\phi_P - \frac{1}{8}\phi_{WW}, \qquad \phi_e = \frac{6}{8}\phi_P + \frac{3}{8}\phi_E - \frac{1}{8}\phi_W \tag{2.65}$$

将式(2.65)代入方程(2.22)，有：

$$\left(D_w - \frac{3}{8}F_w + D_e + \frac{6}{8}F_e\right)\phi_P = \left(D_w + \frac{6}{8}F_w + \frac{1}{8}F_e\right)\phi_W + \left(D_e - \frac{3}{8}F_e\right)\phi_E - \frac{1}{8}F_w\phi_{WW} \tag{2.66}$$

同样，可写出当流动沿负方向时的界面物理量表达式，相应的离散方程如下：

$$\left(D_w - \frac{6}{8}F_w + D_e + \frac{3}{8}F_e\right)\phi_P = \left(D_w + \frac{3}{8}F_w\right)\phi_W + \left(D_e - \frac{6}{8}F_e - \frac{1}{8}F_w\right)\phi_E + \frac{1}{8}F_e\phi_{EE} \tag{2.67}$$

综合正负两个方向的结果，即式(2.66)及(2.67)，得出 QUICK 格式下的离散方程：

$$a_P\phi_P = a_W\phi_W + a_{WW}\phi_{WW} + a_E\phi_E + a_{EE}\phi_{EE} \tag{2.68}$$

式中：

$$\left.\begin{aligned}
a_P &= a_E + a_W + a_{EE} + a_{WW} + \left(F_e - F_w\right) \\
a_W &= D_w + \frac{6}{8}\alpha_w F_w + \frac{1}{8}\alpha_w F_e + \frac{3}{8}\left(1-\alpha_w\right)F_w \\
a_E &= D_e - \frac{3}{8}\alpha_e F_e - \frac{6}{8}\left(1-\alpha_e\right)F_e - \frac{1}{8}\left(1-\alpha_e\right)F_w \\
a_{WW} &= -\frac{1}{8}\alpha_w F_w \\
a_{EE} &= \frac{1}{8}(1-\alpha_e)F_e
\end{aligned}\right\}
\tag{2.69}$$

其中，当 $F_w > 0$ 时有 $\alpha_w = 1$；当 $F_e > 0$ 时有 $\alpha_e = 1$；当 $F_w < 0$ 时有 $\alpha_w = 0$；当 $F_e < 0$ 时有 $\alpha_e = 0$。

2.   QUICK 格式的特点及其改进格式

这里，之所以称这种格式为 QUICK 格式，是由于对对流项而言，其插值格式采用的是二次的，而其中的"迎风"指的是曲率修正值 C 总是由曲面两侧的两个点及迎风方向的另一个点所决定。QUICK 格式对应的离散方程组不是三对角方程组。对流项的 QUICK 格式具有三阶精度的截差，但扩散项因采用中心差分格式而具有二阶截差。不难证明，QUICK 格式具有守恒特性。

对于与流动方向对齐的结构网格而言，QUICK 格式将可产生比二阶迎风格式等更精确的计算结果，因此，QUICK 格式常用于六面体(或二维问题中的四边形)网格。对于其他类型的网格，一般使用二阶迎风格式。

在 QUICK 格式所建立的离散方程中，系数不总是正值。例如，当流动方向为正，即 $u_w > 0$ 及 $u_e > 0$ 时，在中等的 P_e 数($P_e > 8/3$)下，东部系数 a_E 为负；当流动方向相反时，西部系数 a_W 为负。这样，就会出现解的不稳定问题。因此，QUICK 格式是条件稳定的。

为了解决 QUICK 的稳定性问题，多位学者提出了改进的 QUICK 算法。如 Hayase 等人于 1992 年提出的改进 QUICK 算法规定[29]：

$$\phi_w = \phi_W + \frac{1}{8}\left[3\phi_P - 2\phi_W - \phi_{WW}\right] \qquad \text{（对于 } F_w > 0\text{）} \tag{2.70a}$$

$$\phi_e = \phi_P + \frac{1}{8}\left[3\phi_E - 2\phi_P - \phi_W\right] \qquad \text{（对于 } F_e > 0\text{）} \tag{2.70b}$$

$$\phi_w = \phi_P + \frac{1}{8}\left[3\phi_W - 2\phi_P - \phi_E\right] \qquad \text{（对于 } F_w < 0\text{）} \tag{2.70c}$$

$$\phi_e = \phi_E + \frac{1}{8}\left[3\phi_P - 2\phi_E - \phi_{EE}\right] \qquad \text{（对于 } F_e < 0\text{）} \tag{2.70d}$$

相应的离散方程为：

$$a_P\phi_P = a_W\phi_W + a_E\phi_E + \overline{S} \tag{2.71}$$

式中：

$$a_P = a_E + a_W + \left(F_e - F_w\right)$$

$$a_W = D_w + \alpha_w F_w$$

$$a_E = D_e - \left(1 - \alpha_e\right)F_e \tag{2.72}$$

$$\bar{S} = \frac{1}{8}\left(3\phi_P - 2\phi_W - \phi_{WW}\right)\alpha_w F_w + \frac{1}{8}\left(\phi_W + 2\phi_P - 3\phi_E\right)\alpha_e F_e$$

$$+ \frac{1}{8}\left(3\phi_W - 2\phi_P - \phi_E\right)\left(1 - \alpha_w\right)F_w + \frac{1}{8}\left(2\phi_E + \phi_{EE} - 3\phi_P\right)\left(1 - \alpha_e\right)F_e$$

其中，当 $F_w > 0$ 时有 $\alpha_w = 1$；当 $F_e > 0$ 时有 $\alpha_e = 1$；当 $F_w < 0$ 时有 $\alpha_w = 0$；当 $F_e < 0$ 时有 $\alpha_e = 0$。

式(2.72)对应的方程系数总是正值，因此在求解方程组时总能得到稳定解。这种改进的 QUICK 格式与标准的 QUICK 格式得到相同的收敛解。

3. FLUENT 中的广义 QUICK 格式

在 FLUENT 软件中，为了编程方便，给出了广义 QUICK 格式的表示方式[7]：

$$\phi_e = \theta\left[\frac{S_d}{S_c + S_d}\phi_P + \frac{S_c}{S_c + S_d}\phi_E\right] + (1 - \theta)\left[\frac{S_u + 2S_c}{S_u + S_c}\phi_P - \frac{S_c}{S_u + S_c}\phi_W\right] \tag{2.73}$$

式中，S_u、S_c、S_d 表示与计算节点 W、P、E 相对应的控制体积的边长，如图 2.8 所示。

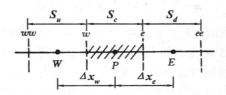

图 2.8　一维问题中的控制体积

当 $\theta = 1$ 时，上式即转化为二阶的中心差分格式；当 $\theta = 0$ 时，上式转化为二阶迎风格式；当 $\theta = 1/8$ 时，上式转化为标准的 QUICK 格式。

2.5.3　对高阶格式的讨论

在二阶迎风格式和 QUICK 格式中，对一维问题，都是五点格式，即节点 P 的离散方程中涉及 WW，W，P，E，EE 五个点。对二维问题是九点格式，亦即节点 P 的离散方程中可能会出现近邻的 N、E、W、S 四个节点及相邻的 WW、SS、EE 及 NN 四个节点，如图 2.9 所示。这就带来两个问题：

(1) 第一个内节点的离散方程如何建立？

(2) 所形成的离散方程怎样求解？

对于第一个问题，可这样解决：以一维情形的左端点为例，如图 2.10 所示，设节点 2 的左界面流速大于零，则无法按二阶迎风或 QUICK 格式的规定从上游取得另一个节点以构成曲率修正。此时，可采取的处理方法有两种：一是在边界上采用二次插值，设上游方向有一虚拟节点 0，其值 ϕ_0 满足 $\phi_0 = 2\phi_1 - \phi_2$；二是采用一阶迎风格式来处理边界条件，这样就不再需要上游方向的第二个节点。

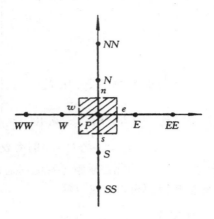

图 2.9　二维问题中的 9 点格式

图 2.10　第一个内节点的二次插值

关于第二个问题，即离散方程求解，以 QUICK 格式为例来讨论。在引入 QUICK 格式后，每一个坐标方向上有 5 个相邻的点需要同时求解。目前文献中用于求解由 QUICK 等高阶格式所形成的代数方程的方法有以下两类：一是采用交替方向五对角阵方法，二是采用延迟修正方法。解五对角阵方程组的方法在许多数值计算方法的书籍中均可找到；对于延迟修正方法，可参考文献[2]。

2.6　各种离散格式的性能对比

对于任一种离散格式，我们都希望其既具有稳定性，又具有较高的精度，同时又能适应不同的流动形式，但实际上这种理想的离散格式是不存在的。在有的文献中，提出了对现有离散格式进行组合的方法，但代数方程的求解工作量要比非组合格式大，因此，应用并不普遍。本节对前面介绍过的各种离散格式的性能作一粗略对比，便于用户在实际计算时选用合适的格式。

表 2.2 给出了常见的几种离散格式的性能对比。在此基础上，我们归纳如下：

(1) 在满足稳定性条件的范围内，一般地说，在截差较高的格式下解的准确度要高一些。例如，具有三阶截差的 QUICK 格式往往可获得较高的精度。在采用低阶截差格式时，注意应使计算网格足够密，以减少假扩散影响。

(2) 稳定性与准确性常常是互相矛盾的。准确性较高的格式，如 QUICK 格式，都不是无条件稳定的，而假扩散现象相对严重的一阶迎风格式则是无条件稳定的。其中的一个原因是，为了提高格式的截差等级，需要从所研究节点的两侧取用一些节点以构造该节点上的导数计算式，而一旦下游的节点值出现在导数离散格式中且其系数为正时，迁移特性必遭破坏，格式就只能是条件稳定的。

表 2.2　常见离散格式的性能对比

离散格式	稳定性及稳定条件	精度与经济性
中心差分	条件稳定 $P_e \leqslant 2$	在不发生振荡的参数范围内，可以获得较准确的结果
一阶迎风	绝对稳定	虽然可以获得物理上可接受的解，但当 P_e 数较大时，假扩散较严重。为避免此问题，常需要加密计算网格
二阶迎风	绝对稳定	精度较一阶迎风高，但仍有假扩散问题
混合格式	绝对稳定	当 $P_e \leqslant 2$ 时，性能与中心差分格式相同；当 $P_e > 2$ 时，性能与一阶迎风格式相同
指数格式、乘方格式	绝对稳定	主要适用于无源项的对流-扩散问题。对有非常数源项的场合，当 P_e 数较高时有较大误差
QUICK 格式	条件稳定 $P_e \leqslant 8/3$	可以减少假扩散误差，精度较高，应用较广泛。但主要用于六面体或四边形网格
改进的 QUICK 格式	绝对稳定	性能同标准 QUICK 格式，只是不存在稳定性问题

2.7　一维瞬态问题的有限体积法

为了便于说明有限体积法的本质，特别是其中的离散格式，在前面各节中均使用稳态问题为研究对象，且在讨论离散格式时未考虑控制方程中的源项。本节将针对相对复杂的一维、瞬态、有源项的对流-扩散问题进行研究，讨论如何在空间域及时间域上建立相应的离散方程。通过本节后面的介绍，读者可以看出，前面针对稳态问题所得到的离散格式在瞬态问题中依然适用。本节的重点是如何完成时间域上的离散。

2.7.1　瞬态问题的描述

与稳态问题相比，瞬态问题多了与时间相关的瞬态项。这里，我们参照式(1.20)写出一维瞬态问题的通用控制方程如下：

$$\frac{\partial(\rho\phi)}{\partial t} + \frac{\partial(\rho u\phi)}{\partial x} = \frac{\partial}{\partial x}\left(\Gamma\frac{\partial\phi}{\partial x}\right) + S \tag{2.74}$$

我们称该方程为一维模型方程，这是一个包含瞬态有源项的对流-扩散方程。从左至右，方程中的 4 项分别为：瞬态项、对流项、扩散项及源项。这里给出的是方程的守恒形式。方程中的 ϕ 是广义变量，如速度分量、温度、浓度等，Γ 为相应于 ϕ 的广义扩散系数，S 为广义源项。

为了分析和模拟瞬态问题，必须在离散过程中处理瞬态项。实际上，在采用有限体积法求解瞬态问题时，在将控制方程对控制体积作空间积分的同时，还必须对时间间隔 Δt 作时间积分。其中，对控制体积所做的空间积分，与本章前面各节所介绍的针对稳态问题的积分过程完全相同,下面将重点研究时间积分。

2.7.2　控制方程的积分

现考虑图 2.4 所示的一维计算网格,在控制体积 P 及时间段 Δt (从 t 到 $t+\Delta t$)上积分控制方程(2.74),有:

$$
\int_{t}^{t+\Delta t}\int_{\Delta V}\frac{\partial(\rho\phi)}{\partial t}\mathrm{d}V\mathrm{d}t + \int_{t}^{t+\Delta t}\int_{\Delta V}\frac{\partial(\rho u\phi)}{\partial x}\mathrm{d}V\mathrm{d}t
$$
$$
= \int_{t}^{t+\Delta t}\int_{\Delta V}\frac{\partial}{\partial x}\left(\Gamma\frac{\partial\phi}{\partial x}\right)\mathrm{d}V\mathrm{d}t + \int_{t}^{t+\Delta t}\int_{\Delta V}S\mathrm{d}V\mathrm{d}t \tag{2.75}
$$

改写后,有:

$$
\int_{\Delta V}\left[\int_{t}^{t+\Delta t}\rho\frac{\partial\phi}{\partial t}\mathrm{d}t\right]\mathrm{d}V + \int_{t}^{t+\Delta t}\left[\left(\rho u\phi A\right)_{e}-\left(\rho u\phi A\right)_{w}\right]\mathrm{d}t
$$
$$
= \int_{t}^{t+\Delta t}\left[\left(\Gamma A\frac{\mathrm{d}\phi}{\mathrm{d}x}\right)_{e}-\left(\Gamma A\frac{\mathrm{d}\phi}{\mathrm{d}x}\right)_{w}\right]\mathrm{d}t + \int_{t}^{t+\Delta t}S\Delta V\mathrm{d}t \tag{2.76}
$$

式中, A 是图 2.4 中控制体积 P 的界面处的面积(在一维问题中实际有 $A=1$)。

在处理瞬态项时,假定物理量 ϕ 在整个控制体积 P 上均具有节点处值 ϕ_{P} ,则式(2.76)中的瞬态项变为:

$$
\int_{\Delta V}\left[\int_{t}^{t+\Delta t}\rho\frac{\partial\phi}{\partial t}\mathrm{d}t\right]\mathrm{d}V = \rho\left(\phi_{P}-\phi_{P}^{0}\right)\Delta V \tag{2.77}
$$

在式(2.77)中,上标 0 表示物理量在 t 时刻(时间步开始时)的值,而在 $t+\Delta t$ 时刻的物理量没有用上标来标记,下标 P 表示物理量在控制体积 P 的节点 P 处取值。式(2.77)的结果可以看作是用线性插值 $\left(\phi_{P}-\phi_{P}^{0}\right)/\Delta t$ 来表示 $\partial\phi/\partial t$ 。

此外,我们参考在 2.3 节建立式(2.9)同样的做法,将控制体积界面处的对流项和扩散项的值按中心差分格式通过节点处的值来表示,即式(2.5)和(2.6),将源项 S 分解为式(2.7)所示的线性方式 $S=S_{C}+S_{P}\phi_{P}$ (其中, S_{C} 是常数, S_{P} 是与时间及 ϕ 相关的系数),则式(2.76)变为:

$$
\rho\left(\phi_{P}-\phi_{P}^{0}\right)\Delta V + \int_{t}^{t+\Delta t}\left[\left(\rho u\right)_{e}A_{e}\frac{\phi_{P}+\phi_{E}}{2}-\left(\rho u\right)_{w}A_{w}\frac{\phi_{W}+\phi_{P}}{2}\right]\mathrm{d}t
$$
$$
= \int_{t}^{t+\Delta t}\left[\Gamma_{e}A_{e}\frac{\phi_{E}-\phi_{P}}{(\delta x)_{e}}-\Gamma_{w}A_{w}\frac{\phi_{P}-\phi_{W}}{(\delta x)_{w}}\right]\mathrm{d}t + \int_{t}^{t+\Delta t}\left(S_{C}+S_{P}\phi_{P}\right)\Delta V\mathrm{d}t \tag{2.78}
$$

为了计算该方程中的时间积分项,我们需要对式中变量 ϕ 如何随时间而变化的情况作出某种假设。可以采用的假设有多种,其中最直接的是用 t 时刻或 $t+\Delta t$ 时刻的值来计算时间积分,也可以利用 t 时刻的值 ϕ^{0} 与 $t+\Delta t$ 时刻的值 ϕ 进行组合来计算时间积分。这三种情况都可用下式来表示(以 ϕ_{P} 的时间积分为例进行说明):

$$
\int_{t}^{t+\Delta t}\phi_{P}\mathrm{d}t = \left[f\phi_{P}-(1-f)\phi_{P}^{0}\right]\Delta t \tag{2.79}
$$

注意,式(2.79)右端中的 ϕ_{P} 实际应有上标 $t+\Delta t$,只是为了书写简便,省略此上标(下同),而上标 0 代表 t 时刻。式中的 f 是 0 与 1 之间的加权因子。当 $f=0$ 时,意味着使用老值(t时刻的值)进行时间积分；而当$f=1$时，意味着使用新值($t+\Delta t$时刻的值)进行时间积分；而如果$f=1/2$，意味着新老时刻的值的权重一样。

使用类似于(2.79)的关系式表示式(2.78)中对ϕ_E、ϕ_W及$S_C+S_P\phi_P$的时间积分，式(2.78)可写为：

$$
\rho\left(\phi_P-\phi_P^0\right)\frac{\Delta V}{\Delta t}+f\left[(\rho u)_e A_e\frac{\phi_P+\phi_E}{2}-(\rho u)_w A_w\frac{\phi_W+\phi_P}{2}\right]
$$

$$
+\left(1-f\right)\left[(\rho u)_e A_e\frac{\phi_P^0+\phi_E^0}{2}-(\rho u)_w A_w\frac{\phi_W^0+\phi_P^0}{2}\right]
$$

$$
=f\left[\Gamma_e A_e\frac{\phi_E-\phi_P}{(\delta x)_e}-\Gamma_w A_w\frac{\phi_P-\phi_W}{(\delta x)_w}\right]+\left(1-f\right)\left[\Gamma_e A_e\frac{\phi_E^0-\phi_P^0}{(\delta x)_e}-\Gamma_w A_w\frac{\phi_P^0-\phi_W^0}{(\delta x)_w}\right] \tag{2.80}
$$

$$
+\left[f\left(S_C+S_P\phi_P\right)+\left(1-f\right)\left(S_C+S_P\phi_P^0\right)\right]\Delta V
$$

整理后得：

$$
\left[\rho\frac{\Delta V}{\Delta t}+f\left(\frac{\Gamma_e A_e}{(\delta x)_e}+\frac{\Gamma_w A_w}{(\delta x)_w}\right)+f\left(\frac{(\rho u)_e A_e}{2}-\frac{(\rho u)_w A_w}{2}\right)-fS_P\Delta V\right]\phi_P
$$

$$
=\left[\frac{\Gamma_w A_w}{(\delta x)_w}+\frac{(\rho u)_w A_w}{2}\right]\left[f\phi_W+\left(1-f\right)\phi_W^0\right]
$$

$$
+\left[\frac{\Gamma_e A_e}{(\delta x)_e}-\frac{(\rho u)_e A_e}{2}\right]\left[f\phi_E+\left(1-f\right)\phi_E^0\right] \tag{2.81}
$$

$$
+\left\{\rho\frac{\Delta V}{\Delta t}-\left(1-f\right)\left[\frac{\Gamma_e A_e}{(\delta x)_e}+\frac{(\rho u)_e A_e}{2}\right]\right.
$$

$$
\left.-\left(1-f\right)\left[\frac{\Gamma_w A_w}{(\delta x)_w}-\frac{(\rho u)_w A_w}{2}\right]+\left(1-f\right)S_P\Delta V\right\}\phi_P^0
$$

$$
+S_C\Delta V
$$

现引入式(2.17)～(2.20)中关于符号F和D的定义，并将原来的定义作一定扩展，即乘以面积A，有：

$$
F_w=(\rho u)_w A_w \tag{2.82}
$$

$$
F_e=(\rho u)_e A_e \tag{2.83}
$$

$$
D_w=\frac{\Gamma_w A_w}{(\delta x)_w} \tag{2.84}
$$

$$
D_e=\frac{\Gamma_e A_e}{(\delta x)_e} \tag{2.85}
$$

将式(2.82)～(2.85)代入式(2.81)，得：

$$\left[\rho \frac{\Delta V}{\Delta t} + f\left(D_e + D_w\right) + f\left(\frac{F_e}{2} - \frac{F_w}{2}\right) - fS_P \Delta V \right] \phi_P$$

$$= \left[D_w + \frac{F_w}{2} \right] \left[f\phi_W + (1-f)\phi_W^0 \right] + \left[D_e - \frac{F_e}{2} \right] \left[f\phi_E + (1-f)\phi_E^0 \right] \qquad (2.86)$$

$$+ \left\{ \rho \frac{\Delta V}{\Delta t} - (1-f)\left[D_e + \frac{F_e}{2} \right] - (1-f)\left[D_w - \frac{F_w}{2} \right] + (1-f)S_P \Delta V \right\} \phi_P^0$$

$$+ S_C \Delta V$$

现引入符号 a_P、a_W 和 a_E，上式变为：

$$a_P \phi_P = a_W \left[f\phi_W + (1-f)\phi_W^0 \right] + a_E \left[f\phi_E + (1-f)\phi_E^0 \right]$$

$$+ \left\{ \rho \frac{\Delta V}{\Delta t} - (1-f)\left[D_e + \frac{F_e}{2} \right] - (1-f)\left[D_w - \frac{F_w}{2} \right] + (1-f)S_P \Delta V \right\} \phi_P^0 \qquad (2.87)$$

$$+ S_C \Delta V$$

式中，

$$\left. \begin{array}{l} a_P = f\left(a_E + a_W\right) + f\left(F_e - F_w\right) + a_P^0 - fS_P \Delta V \\[2mm] a_W = D_w + \dfrac{F_w}{2} \\[2mm] a_E = D_e - \dfrac{F_e}{2} \\[2mm] a_P^0 = \dfrac{\rho \Delta V}{\Delta t} \end{array} \right\} \qquad (2.88)$$

式(2.87)是我们推导得出的瞬态问题的离散方程。通过与稳态问题的离散格式对比发现，式(2.88)中的系数 a_W 和 a_E 与式(2.29)中的结果完全一样，则说明瞬态问题与稳态问题的离散方程的系数 a_W 和 a_E 是一样的。因此，不难得出如下结论：如果我们在建立方程(2.78)时，对流项不采用中心差分格式，而采用 2.4 节中介绍的其他格式，则同样可以得到与方程(2.87)完全一样的离散方程，只不过方程的系数 a_W 和 a_E 不是按式(2.88)计算，而是依据所采用的离散格式按表 2.1 计算。为此，在下面的讨论中，在使用方程(2.87)时，并不一定局限于中心差分格式。

离散方程(2.87)的具体形式取决于 f 的值。当 $f = 0$ 时，只有老值(t 时刻的值)ϕ_P^0、ϕ_W^0 和 ϕ_E^0 出现在方程(2.87)右端，从而可直接求出在新时刻($t + \Delta t$ 时刻的值)的 ϕ_P，这种方案称为显式时间积分方案。当 $0 < f \leqslant 1$ 时，在新时刻的未知量出现在方程(2.87)的两端，需要解若干个方程组成的方程组才能求出新时刻的 ϕ_P、ϕ_E 和 ϕ_W，这种方案称为隐式时间积分方案。当 $f = 1$ 时，我们称为全隐式时间积分方案，当 $f = 1/2$ 时，称为 Crank-Nicolson 时间积分方案[11]。

2.7.3　显式时间积分方案

将 $f = 0$ 代入式(2.87)，则得到一维、瞬态、有源项的对流-扩散问题的显式时间积分方案(简称显式方案)的离散方程：

$$a_P \phi_P = a_W \phi_W^0 + a_E \phi_E^0 + \left[a_P^0 - \left(a_W + a_E \right) - \left(F_e - F_w \right) + S_P \Delta V \right] \phi_P^0 + S_C \Delta V \qquad (2.89)$$

式中，

$$\left. \begin{array}{l} a_P = a_P^0 \\ a_P^0 = \dfrac{\rho \Delta V}{\Delta t} \end{array} \right\} \qquad (2.90)$$

系数 a_W 和 a_E 取决于所使用的空间离散格式，其计算公式见表 2.1。例如，若采用中心差分格式，则有：$a_E = D_e - \dfrac{F_e}{2}$，$a_W = D_w + \dfrac{F_w}{2}$。其中的 F_w、D_w、F_e、D_w 的计算公式，见式(2.82)～(2.85)。对于一维均匀网格，有 $(\delta x)_e = (\delta x)_w = \Delta x$，界面面积 $A_w = A_e = A = 1$，控制体积的体积 $\Delta V = \Delta x \cdot A = \Delta x$。

方程(2.89)的右端只包含前一个时间步的 ϕ_P^0、ϕ_W^0 和 ϕ_E^0 等，因此，不需要解方程组即可求得当前控制体积节点在当前时刻($t + \Delta t$ 时刻)的值 ϕ_P。这样，从起始时刻开始，每隔一定的时间间隔 Δt，对所有控制体积节点求解方程(2.89)，然后，转入下一个时间步，重复对式(2.89)的计算，直到整个时间域的终点。

显式方案的编程比较简单，内存占用量较小，但它只具有一阶截差精度，且是条件稳定的，即时间步长的大小受到限制。对于时间步长的大小，我们可做如下分析：为了使离散方程具有稳定的解，要求方程中的系数为正。我们可将式(2.89)中 ϕ_P^0 的系数看成是与当前时刻 ϕ_P 在时间域上相邻的一个节点的系数，这样，就要求该系数大于 0。对于均匀网格，该要求转化为：

$$\Delta t < \frac{\rho (\Delta x)^2}{2\Gamma} \qquad (2.91)$$

式中，ρ 和 Γ 为流体的密度和相应于物理量 ϕ 的扩散系数。这就是大家熟知的有关显式方案稳定性的判定准则。如果违背了这个条件，就可能出现物理上不真实的解。

实际应用时，单元的尺寸往往是不一样的，此时，这个时间步长必须是整个计算域中当前时间步内所有限定时间步长中的最小值。

我们经常需要通过减小间距 Δx 来改进在空间上的计算精度，式(2.91)告诉我们，这时必须采用一个更小的时间步长 Δt，从而将使用比原来更多的时间步数。

为了提高显式方案的计算精度及稳定性，有多位学者对普通的显式方案进行了修正，如 Fletcher 算法[14]就取得了较好的效果，在此不做更多介绍。

显式方案主要用于捕捉运动着的波的特性，如流体振动，因为在这种情况下它可使用较小的计算量获得比隐式方法更高的精度。

2.7.4　Crank-Nicolson 时间积分方案

将 $f = 1/2$ 代入式(2.87)，则得到一维、瞬态、有源项的对流-扩散问题的 Crank-Nicolson 时间积分方案(简称 Crank-Nicolson 方案)的离散方程：

$$a_P\phi_P = a_W\left[\frac{\phi_W + \phi_W^0}{2}\right] + a_E\left[\frac{\phi_E + \phi_E^0}{2}\right]$$
$$+ \left[\rho\frac{\Delta V}{\Delta t} - \frac{1}{2}\left(D_e + D_w + \frac{F_e}{2} - \frac{F_w}{2}\right) + \frac{S_P\Delta V}{2}\right]\phi_P^0 + S_C\cdot\Delta V \tag{2.92}$$

式中，

$$\left.\begin{array}{l} a_P = \dfrac{1}{2}\left(a_E + a_W + F_e - F_w\right) + a_P^0 - \dfrac{1}{2}S_P\Delta V \\[2mm] a_P^0 = \dfrac{\rho\Delta V}{\Delta t} \end{array}\right\} \tag{2.93}$$

系数 a_W 和 a_E 取决于所使用的离散格式，其计算公式见表 2.1。其中的 F_w、D_w、F_e、D_w 的计算公式，见式(2.82)~(2.85)。

在式(2.92)所确定的离散方程组中，同时存在变量 ϕ 在新时刻及前一个时刻的值，在当前时刻所有节点的未知量是耦合在一起的，因此，在每个时间步上均需要解一个包含所有未知量的大型方程组。

虽然 Crank-Nicolson 方案在理论上是无条件稳定的，但为了保证得到真实的解，应该使方程(2.92)中 ϕ_P^0 前的系数为正。对于纯扩散问题，有[11]：

$$\Delta t < \frac{\rho(\Delta x)^2}{\Gamma}\theta \tag{2.94}$$

该条件没有显式方案中式(2.91)那样苛刻。Crank-Nicolson 方案经常与空间域上的中心差分格式一起使用。该方案在时间域上可以看作是中心差分格式，因此具有二阶截差精度。当采用同样的网格时，Crank-Nicolson 方案比显式方案要精确一些，但也需要更多的计算时间。

2.7.5　全隐式时间积分方案

将 $f = 1$ 代入式(2.87)，得到一维、瞬态、有源项的对流-扩散问题的全隐式时间积分方案(简称全隐式方案)的离散方程：

$$a_P\phi_P = a_W\phi_W + a_E\phi_E + a_P^0\phi_P^0 + S_C\cdot\Delta V \tag{2.95}$$

功赎罪　式中，

$$\left.\begin{array}{l} a_P = \left(a_E + a_W\right) + \left(F_e - F_w\right) + a_P^0 - S_P\Delta V \\[2mm] a_P^0 = \dfrac{\rho\Delta V}{\Delta t} \end{array}\right\} \tag{2.96}$$

系数 a_W 和 a_E 取决于所使用的离散格式，其计算公式见表 2.1。例如，若采用中心差分格式，则有：$a_W^{\cdot} = D_w + \dfrac{F_w}{2}$，$a_E = D_e - \dfrac{F_e}{2}$。其中的 F_w、D_w、F_e、D_w 的计算公式，见式(2.82)~(2.85)。

隐式方案实质上是假设用 ϕ_P 的新值代表整个时间步上的 ϕ_P 值，即借助新的值来估计其他与 ϕ 有关的物理量，因此，由隐式方案所确定的离散方程组，各未知量是耦合在一起的。在选择好时间步长 Δt 后，时间推进起步于初始时刻的 ϕ^0。在每个时间步上都需要解耦合的线性方程组，才能求出当前时间步上的 ϕ。在下一个时间步求解时，将当前的 ϕ 值作为 ϕ^0 使用。

可以看出，方程(2.95)中的系数均为正，因此，全隐式方案是无条件稳定的，即无论采用多大的时间步长，都不会出现解的振荡。但是，由于该方案在时间域上只具有一阶截差精度，因此需要使用小的时间步长，以保证获得精度较高的解。由于算法健壮且绝对稳定，全隐式方案在瞬态问题求解过程中，得到了最为广泛的应用。在后续各章节，凡没有特殊说明，均使用全隐式方案进行时间积分。

全隐式方案在有些文献中直接简称隐式方案，请读者注意。

2.8　关于有限体积法的进一步讨论

上面以一维问题为例，详细介绍了有限体积法的离散过程及离散结果，为了让读者更好地理解和掌握有限体积法，本节从四个方面对有限体积法的离散过程作进一步的讨论。这些内容对后面建立二维及三维问题的离散方程都有帮助。

2.8.1　被求函数的离散格式

在有限体积法中选取离散格式(插值形式)，只是为了导出离散方程，一旦离散方程建立起来，离散格式就完成了使命而不再具有任何意义。因而在选择离散格式时主要考虑的是实施的方便及所形成的离散方程具有满意的数值特性，而不必追求一致性。也就是说，同一控制方程中不同的物理量可以有不同的分布曲线，同一物理量对不同的坐标可以有不同的分布曲线，甚至同一物理量在不同项中对同一坐标的插值方式都可以不同。例如在上一节推导中，瞬态项中的 ϕ 取为阶梯分布(实际上，ϕ 不随 x 变化，在整个控制体积内为定值)，但在对流项及扩散项中则取分段线性分布。显然，如果扩散项中也取为阶梯式变化，则根本导不出离散方程。

离散格式对离散方程的求解方法及结果有很大影响。在有限体积法中，常用的空间离散格式主要包括本章介绍的中心差分格式、一阶迎风格式、二阶迎风格式和 QUICK 格式等。但需要注意的是，这些离散格式往往是针对对流项而言的，扩散项总是使用中心差分格式进行离散。

对瞬态问题在时间域上离散时，根据所假定的物理量在时间域上的分布不同，对应有显式、Crank-Nicolson 格式和隐式等三种典型时间积分方案。

2.8.2　方程组的形式

式(2.95)是采用有限体积法、在全隐式时间积分方案下得出的一维瞬态对流-扩散问题在节点 P 处的离散方程，方程中包含 $t + \Delta t$ 时刻的三个节点未知量 ϕ_P、ϕ_E 和 ϕ_W，方程可以写成如下标准形式：

$$a_P \phi_P = a_W \phi_W + a_E \phi_E + b \tag{2.97}$$

系统中有 n 个节点，就会形成 n 个在形式上与此式完全一致的方程，从而组成方程组。

以后会看到，在二维和三维的情况下，相邻节点的数目增加，但离散方程仍保持式(2.97)的基本形式，缩写后可表示为：

$$a_P \phi_P = \sum a_{nb} \phi_{nb} + b \qquad\qquad (2.98)$$

式中，下标 nb 表示相邻节点。对于一维问题，方程(2.98)中各项系数的表达式参照对式(2.95)所做的说明。下一节将给出式(2.98)在二维、三维问题下的具体形式，并在下一章介绍这种离散方程的通用数值解法。

2.8.3 源项的处理

在 2.7 节用到的源项 S 是一个广义量，它代表了那些不能包括到控制方程的非稳态项、对流项与扩散项中的所有其他各项之和。在控制方程中加入广义源项，对于扩展所讨论的算法及相应程序的通用性具有重要意义。一般情况下，源项不为常数，而是所求未知量 ϕ 的函数。此时，源项的数值处理十分重要，有时甚至是数值求解成败的关键所在。

应用较广泛的一种处理方法是把源项局部线性化，即假定在未知量微小的变动范围内，源项 S 可以表示成该未知量的线性函数。于是在控制体积 P 内，它可以表示为：

$$S = S_C + S_P \phi_P \qquad\qquad (2.99)$$

其中 S_C 为常数部分，S_P 是 S 随 ϕ 变化的曲线在 P 点的斜率。在式(2.7)中已经作过这样的处理，在建立式(2.78)时也用到了该式。

之所以做这样的处理，有两个方面的原因：第一，当源项为未知量的函数时，线性化的处理比假定源项为常数更为合理。因为如果 $S = f(\phi)$，则把各控制体积中的 S 作为常数处理就是以上一次迭代计算所得的 ϕ^* 来计算 S，这样源项相对于 ϕ 永远有一个滞后；而按式(2.99)线性化后，式中的 ϕ_P 是迭代计算的当前值，这样使 S 能更快地跟上 ϕ_P 的变化。第二，线性化处理又是建立线性代数方程所必需的。

有许多方法可以用来把给定的 S 表达式分解成 S_C 与 $S_P \phi_P$，为了保证代数方程迭代求解的收敛，要求 $S_P \leqslant 0$。例如，$S = 4 - 6T$。对此，将在 2.8.4 小节作进一步分析。

2.8.4 有限体积法的四条基本原则

在利用有限体积法建立离散方程时，必须遵守如下四条基本原则：

1. 控制体积界面上的连续性原则

当一个面为相邻的两个控制体积所共有时，在这两个控制体积的离散方程中，通过该界面的通量(包括热通量、质量通量、动量通量)的表达式必须相同。显然，通过某特定界面从一个控制体积所流出的热通量，必须等于通过该界面进入相邻控制体积的热通量，否则，总体平衡就得不到满足。

对此原则，表面看是很容易满足的，但实际操作时，经常在不经意间就违背了。例如，以下就是两种典型不满足上述原则的情况。

首先，对于图 2.4 所示的控制体积，当我们采用通过 T_W、T_P 及 T_E 的二次曲线插值公式来计算交界面的热通量(密度) $K\dfrac{\mathrm{d}T}{\mathrm{d}x}$ 时，如果下一个控制体积采用同一类公式计算，则公共

界面上的梯度 $\dfrac{\mathrm{d}T}{\mathrm{d}x}$ 系由不同的控制体积中的分布曲线算得。这样，所得到的 $\dfrac{\mathrm{d}T}{\mathrm{d}x}$ 就不是连续

的。为了避免出现这种情况，须慎重选择交界面的位置。

　　另一种不满足上述原则的做法是：当假定在控制体积的各个表面上，热通量完全为控制体积中心点的传热系数 K_P 所控制时，控制体积 P 的 e 界面处的热通量为 $K_P\left(T_P-T_E\right)/\left(\delta x\right)_e$ ，而控制体积 E 的 e 界面处的热通量为 $K_E\left(T_P-T_E\right)/\left(\delta x\right)_e$ 。从而，在同一界面上的热通量不一致。为了避免出现这种不连续的情况，必须将热通量看作是交界面本身的属性，而不是属于特定控制体积，即采用交界面处的传热系数来计算热通量。

2. 正系数原则

　　在大多数的流体动力学问题中，节点上的因变量的数值只通过对流过程和扩散过程受到相邻节点的影响，所以，当其他条件不变时，一个节点上数值的增加，必引起相邻节点数值的增加，而不是减少。在方程(2.97)中，若 T_E 的增加导致 T_P 的增加，则系数 a_E 和 a_P 必定同号。对于通用方程(2.98)，可知相邻节点系数 a_{nb} 和中心节点系数 a_P 必定同号。系数的数值可以全为正值或全为负值，我们不妨规定离散方程的系数皆为正值。于是，原则 2 可叙述为：中心节点系数 a_P 和相邻节点系数 a_{nb} 必须恒为正值。该原则是求得合理解的重要保证。但是，有许多公式经常违背这一原则，结果往往是得到物理上不真实的解。例如，如果相邻节点的系数为负值，就可能出现边界温度的增加引起相邻节点温度的降低。为此，我们只接受那些确保在所有情况下系数均为正的公式。

3. 源项的负斜率线性化原则

　　若当前速度场满足连续方程，则根据式(2.23)有 $F_e-F_w=0$ ，从而方程(2.96)中的系数 a_P 的表达式为 $a_P=\sum a_{nb}-S_P\Delta V$ (这里暂不考虑瞬态项)。可以预计，即使相邻节点的系数皆为正值，由于 S_P 项的作用，中心节点的系数 a_P 仍可能为负。如果要求 $S_P\leqslant 0$ ，便可避免这种可能。因此，将源项按(2.99)线性化时，斜率 S_P 必须为负。

　　这一原则并非只是为了计算方便提出，而是反映了物理过程的客观规律。在大多数物理过程中，源项与因变量之间的确存在负斜率关系；如果 S_P 为正值，物理过程有可能不稳定。在热传导问题中， S_P 为正，意味着 T_P 增加时，源项热源也增加，如果这时没有有效的散热机构，可能会反过来导致 T_P 的增高，如此反复进行下去，造成温度飞升的不稳定现象。从数值计算角度看来，只有负值的 S_P 才能保证所生成的线性代数方程组的系数矩阵对角占优。线性代数方程迭代求解收敛的一个充分条件是对角占优，即 $a_P\geqslant\sum a_{nb}$ ，这就要求 $S_P\leqslant 0$ 。

4. 系数 a_P 等于相邻节点系数之和原则

　　控制方程一般是微分方程，往往只包含有因变量的导数项。在这种情况下，若 T 代表因变量而满足微分方程，则 $T+C$ (C 为任意常数)也满足该方程。微分方程的这一性质也必

须反映在离散方程中。因此，当 T_p 及所有的 T_{nb} 都增加同一个常数值时，方程(2.98)(将变量 ϕ 用 T 替换，假定与源项相关的项 b 为 0)应当仍然适合。因此，中心点的系数 a_p 必须等于所有相邻节点系数之和，即 $a_p = \sum a_{nb}$。

当源项为 0 或为常数时，这一原则自然满足。但我们发现，方程(2.98)中当 b 不为 0 时，各系数不遵守该原则。但是，不能认为这种情况是对该原则的违背，而应该看成是该原则对这种情况不适用。当源项与 T 有关时，T 与 $T+C$ 两者不能同时满足微分方程。因此，也就不必要求离散方程具有同时满足的特性。在这种情况下，我们也不应当将该原则忘掉，而应该通过设想方程(2.98)的一个特殊情况来应用这个法则，即取 S_p 为 0 时，该原则就可以应用了。

还需要说明的是，当 T 与 $T+C$ 均满足微分方程时，待求的温度场不会成为多值或不确定，T 值可以由适当的边界条件来唯一地确定。遵守原则 4 就能保证：若边界温度增加某常数，则各节点温度值都增加同样的常数；还可保证在无源项且各相邻节点温度相等的情况下，中心节点的温度 T_p 等于相邻节点的温度。

这里说明的四条原则，不仅限于温度 T，对一般变量 ϕ 都是适用的。

2.9　二维与三维问题的离散方程

前面几节介绍了采用有限体积法建立一维问题离散方程的基本过程和离散结果，本节转入对二维三维问题的讨论。考虑到显式时间积分方案比较简单，对此不做讨论，本节只介绍全隐式时间积分方案下二维与三维对流-扩散问题的离散方程。

2.9.1　二维问题的基本方程

对于二维瞬态对流-扩散问题，参照式(1.19)及(1.20)，写出控制方程的通用形式：

$$\frac{\partial(\rho\phi)}{\partial t} + \mathrm{div}(\rho \boldsymbol{u}\phi) = \mathrm{div}(\Gamma\,\mathrm{grad}\,\phi) + S \tag{2.100a}$$

写成常规形式有：

$$\frac{\partial(\rho\phi)}{\partial t} + \frac{\partial(\rho u\phi)}{\partial x} + \frac{\partial(\rho v\phi)}{\partial y} = \frac{\partial}{\partial x}\left(\Gamma\frac{\partial\phi}{\partial x}\right) + \frac{\partial}{\partial y}\left(\Gamma\frac{\partial\phi}{\partial y}\right) + S \tag{2.100b}$$

这里，ϕ 是广义变量，Γ 是相应于 ϕ 的广义扩散系数，S 是与 ϕ 对应的广义源项。对于动量方程，我们把压力梯度项暂且放到源项 S 中去。

2.9.2　二维问题的控制体积

我们使用图 2.11 所示的计算网格来划分整个计算域，网格中实线的交点是计算节点，由虚线所围成的小方格是控制体积。将控制体积的界面放置在两个节点中间的位置，这样，每个节点由一个控制体积所包围。

我们用 P 来标识一个广义的节点，其东西两侧的相邻节点分别用 E 和 W 标识，南北两侧的相邻节点分别用 S 和 N 标识，与各节点对应的控制体积也用相应字符标识。图中阴影线示出了节点 P 处的控制体积 P。控制体积的东西南北四个界面分别用 e、w、s 和 n 标识。控制体积在 x 与 y 方向的宽度分别用 Δx 和 Δy 表示，控制体积的体积值 $\Delta V = \Delta x \times \Delta y$。节点 P 到 E、W、S 和 N 的距离分别用 $(\delta x)_e$、$(\delta x)_w$、$(\delta x)_s$ 和 $(\delta x)_n$ 表示，如图 2.11 所示。

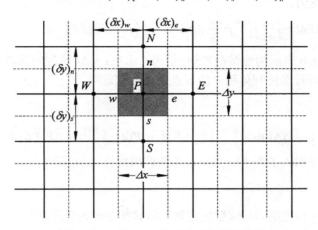

图 2.11　二维问题的计算网格及控制体积

2.9.3　二维问题控制方程的积分

针对图 2.11 所示的计算网格，在控制体积 P 及时间段 Δt (时间从 t 到 $t+\Delta t$)上积分控制方程(2.100a)，有：

$$\int_t^{t+\Delta t} \int_{\Delta V} \frac{\partial(\rho\phi)}{\partial t} \mathrm{d}V\mathrm{d}t + \int_t^{t+\Delta t} \int_{\Delta V} \mathrm{div}(\rho\boldsymbol{u}\phi)\mathrm{d}V\mathrm{d}t$$
$$= \int_t^{t+\Delta t} \int_{\Delta V} \mathrm{div}(\Gamma\,\mathrm{grad}\,\phi)\mathrm{d}V\mathrm{d}t + \int_t^{t+\Delta t} \int_{\Delta V} S\mathrm{d}V\mathrm{d}t \tag{2.101}$$

上式中的瞬态项和源项的积分计算方法，与一维问题相同。对于对流项和扩散项的积分，需要作特殊考虑。

为了得出上式中对流项及扩散项的体积分，现引入 Gauss 散度定理[6]：

$$\int_{\Delta V} \mathrm{div}(\boldsymbol{a})\mathrm{d}V = \int_{\Delta S} v \cdot \boldsymbol{a}\mathrm{d}S = \int_{\Delta S} v_i a_i \mathrm{d}S \tag{2.102a}$$

式中，ΔV 是三维积分域，ΔS 是与 ΔV 对应的闭合边界面，$\boldsymbol{a}$ 是任意矢量，v 是积分体的面元 dS 的表面外法线单位矢量，a_i 和 v_i 是矢量 $\boldsymbol{a}$ 和 v 的分量。上式服从张量的指标求和约定[6]。

上式写成常规形式有：

$$\int_{\Delta s} \left(\frac{\partial a_x}{\partial x} + \frac{\partial a_y}{\partial y} + \frac{\partial a_z}{\partial z} \right) \mathrm{d}V = \int_{\Delta S} \left(a_x v_x + a_y v_y + a_z v_z \right) \mathrm{d}S \tag{2.102b}$$

现针对式(2.101)中的各项说明如何进行积分计算。

1. 瞬态项

在处理瞬态项时，假定物理量 ϕ 在整个控制体积 P 上均具有节点处的值 ϕ_P，同时假定密度 ρ 在时间段 Δt 上的变化量极小(对此假定所产生的影响将在本节稍后进行分析)，则式(2.101)中的瞬态项变为：

$$\int_t^{t+\Delta t}\int_{\Delta V}\frac{\partial(\rho\phi)}{\partial t}\mathrm{d}V\mathrm{d}t=\int_{\Delta V}\left[\int_t^{t+\Delta t}\rho\frac{\partial\phi}{\partial t}\mathrm{d}t\right]\mathrm{d}V=\rho_P^0\left(\phi_P-\phi_P^0\right)\Delta V \tag{2.103}$$

在式(2.103)中，上标 0 表示物理量在时刻 t 的值，而在 $t+\Delta t$ 时刻的物理量没有用上标来标记，下标 P 表示物理量在控制体积 P 的节点 P 处取值。

2. 源项

$$\int_t^{t+\Delta t}\int_V S\mathrm{d}V\mathrm{d}t=\int_t^{t+\Delta t}S\Delta V\mathrm{d}t=\int_t^{t+\Delta t}\left(S_C+S_P\phi_P\right)\Delta V\mathrm{d}t=\int_t^{t+\Delta t}\left(S_C\Delta V+S_P\phi_P\Delta V\right)\mathrm{d}t \tag{2.104}$$

注意，在上式中引入了在上一节所讨论的源项线性化的结果。

3. 对流项

根据式(2.102)所给出的 Gauss 散度定理，将体积分转变为面积分后，有：

$$\begin{aligned}\int_t^{t+\Delta t}&\int_{\Delta V}\mathrm{div}(\rho\boldsymbol{u}\phi)\mathrm{d}V\mathrm{d}t\\&=\int_t^{t+\Delta t}\left[(\rho u\phi A)_e-(\rho u\phi A)_w+(\rho v\phi A)_n-(\rho v\phi A)_s\right]\mathrm{d}t\\&=\int_t^{t+\Delta t}\left[(\rho u)_e A_e\phi_e-(\rho u)_w A_w\phi_w+(\rho v)_n A_n\phi_n-(\rho v)_s A_s\phi_s\right]\mathrm{d}t\end{aligned} \tag{2.105}$$

式中，A 是控制体积界面的面积。

4. 扩散项

同样根据式(2.102)所给出的 Gauss 散度定理，将体积分转变为面积分后，有：

$$\begin{aligned}\int_t^{t+\Delta t}&\int_{\Delta V}\mathrm{div}(\Gamma\,\mathrm{grad}\,\phi)\mathrm{d}V\mathrm{d}t\\&=\int_t^{t+\Delta t}\left[\left(\Gamma\frac{\partial\phi}{\partial x}A\right)_e-\left(\Gamma\frac{\partial\phi}{\partial x}A\right)_w+\left(\Gamma\frac{\partial\phi}{\partial x}A\right)_n-\left(\Gamma\frac{\partial\phi}{\partial x}A\right)_s\right]\mathrm{d}t\\&=\int_t^{t+\Delta t}\left[\Gamma_e A_e\frac{\phi_E-\phi_P}{(\delta x)_e}-\Gamma_w A_w\frac{\phi_P-\phi_W}{(\delta x)_w}+\Gamma_n A_n\frac{\phi_N-\phi_P}{(\delta y)_n}-\Gamma_s A_s\frac{\phi_P-\phi_S}{(\delta y)_s}\right]\mathrm{d}t\end{aligned} \tag{2.106}$$

注意，在上式中使用了中心差分格式来离散界面上的 ϕ 值。这是有限体积法中一贯的作法。在前面推导一维问题的离散方程时，无论对流项采用何种离散格式，扩散项总是用中心差分格式离散。

2.9.4　二维问题的离散方程

在得到了方程(2.101)各项的单独表达式后，我们再做如下两方面的工作：

第一，在对流项中需要引入特定的离散格式将式(2.105)中界面物理量 ϕ_e、ϕ_w、ϕ_n 和 ϕ_s 用节点物理量来表示，例如，可使用一阶迎风格式。

第二，在对流项、扩散项和源项中引入全隐式的时间积分方案，例如 $\int_{t}^{t+\Delta t}\phi_P\mathrm{d}t=\phi_P\Delta t$。

这样，方程(2.101)变为：

$$a_P\phi_P=a_W\phi_W+a_E\phi_E+a_S\phi_S+a_N\phi_N+b \tag{2.107}$$

这就是在全隐式时间积分方案下得到的二维瞬态对流-扩散问题的离散方程。式中系数 a_W、a_E、a_N 和 a_S 取决于在对流项中引入的特定离散格式。若使用一阶迎风格式，有：

$$\left.\begin{aligned}
a_W &= D_w + \max\left(0, F_w\right) \\
a_E &= D_e + \max\left(0, -F_e\right) \\
a_S &= D_s + \max\left(0, F_s\right) \\
a_N &= D_n + \max\left(0, -F_n\right) \\
a_P &= a_W + a_E + a_S + a_N + \left(F_e - F_w\right) + \left(F_n - F_s\right) + a_P^0 - S_P\Delta V \\
b &= S_C\Delta V + a_P^0\phi_P^0 \\
a_P^0 &= \frac{\rho_P^0\Delta V}{\Delta t}
\end{aligned}\right\} \tag{2.108}$$

若采用其他离散格式，系数 a_W、a_E、a_N 和 a_S 的计算公式将在 2.9.6 小节给出。

2.9.5 三维问题的离散方程

从二维向三维的推广是直接了当的。在此，我们增设第三个坐标 z。相应地，控制体积由图 2.11 所示的矩形变为立方体，增加了上下方向的界面，分别用 t (top) 和 b (bottom) 表示，相应的两个邻点记为 T 和 B。全隐式时间积分方案下的三维瞬态对流-扩散问题的离散方程为：

$$a_P\phi_P=a_W\phi_W+a_E\phi_E+a_S\phi_S+a_N\phi_N+a_B\phi_B+a_T\phi_T+b \tag{2.109}$$

式中各系数的表达式在 2.9.6 小节给出。

2.9.6 离散方程的通用表达式

综合一维、二维和三维问题的离散方程，全隐式时间积分方案下的离散方程的通用形式如下：

$$a_P\phi_P=\sum a_{nb}\phi_{nb}+b \tag{2.110}$$

式中，下标 nb 表示相邻节点。对于一维问题，相邻节点包括 W 和 E；对于二维问题，相邻节点包括 W、E、S 和 N；对于三维问题，相邻节点包括 W、E、S、N、B 和 T。

在式(2.110)中，有：

$$\left.\begin{aligned}
b &= a_P^0\phi_P^0 + S_C\Delta V \\
a_P &= \sum a_{nb} + \Delta F + a_P^0 - S_P\Delta V \\
a_P^0 &= \frac{\rho_P^0\Delta V}{\Delta t}
\end{aligned}\right\} \tag{2.111}$$

系数 a_P 的具体表达式见表 2.3。

表 2.3　系数 a_P 的表达式

问题的维数	a_P
一维	$(u_w + a_E) + \Delta F + a_P^0 - Sp\Delta V$
二维	$(a_W + a_E + a_S + a_N) + \Delta F + a_P^0 - S_P\Delta V$
三维	$(a_W + a_E + a_S + a_N + a_B + a_T) + \Delta F + a_P^0 - S_P\Delta V$

式(2.111)及上表中的 ΔF 的具体表达式见表 2.4。

表 2.4　ΔF 的表达式

问题的维数	ΔF
一维	$F_e - F_w$
二维	$F_e - F_w + F_n - F_s$
三维	$F_e - F_w + F_n - F_s + F_t - F_b$

方程(2.110)中各系数的表达式所用到的参数 F 和 D 的计算式见表 2.5。

表 2.5　F 和 D 的表达式

界面	w	e	n	s	b	t
F	$(\rho u)_w A_w$	$(\rho u)_e A_e$	$(\rho u)_n A_n$	$(\rho u)_s A_s$	$(\rho u)_b A_b$	$(\rho u)_t A_t$
D	$\dfrac{\Gamma_w}{(\delta x)_w} A_w$	$\dfrac{\Gamma_e}{(\delta x)_e} A_e$	$\dfrac{\Gamma_n}{(\delta x)_n} A_n$	$\dfrac{\Gamma_s}{(\delta x)_s} A_s$	$\dfrac{\Gamma_b}{(\delta x)_b} A_b$	$\dfrac{\Gamma_t}{(\delta x)_t} A_t$

参数 A 表示控制体积的界面的面积，其计算公式见表 2.6。

表 2.6　参数 A 的表达式

问题的维数	A_w	A_e	A_n	A_s	A_b	A_t
一维	1	1	—	—	—	—
二维	Δy	Δy	Δx	Δx	—	—
三维	$\Delta y\Delta z$	$\Delta y\Delta z$	$\Delta x\Delta z$	$\Delta x\Delta z$	$\Delta x\Delta y$	$\Delta x\Delta y$

方程(2.110)中的系数 a_{nb} 的表达式取决于所采用的离散格式，系数 a_E、a_W、a_N、a_S、a_B 和 a_T 代表在六个控制体积界面上对流与扩散的影响，它们均通过界面上的对流质量流量 F 与扩散传导性 D 来计算，表 2.7 分别给出了在中心差分格式、一阶迎风格式、混合格式、指数格式和乘方格式下各系数的计算公式。

表 2.7(a)　在中心差分格式下方程 (2.110) 中的系数 a_{nb} 的表达式

	一维问题	二维问题	三维问题
a_W	$D_w + \dfrac{F_w}{2}$	$D_w + \dfrac{F_w}{2}$	$D_w + \dfrac{F_w}{2}$
a_E	$D_e - \dfrac{F_e}{2}$	$D_e - \dfrac{F_e}{2}$	$D_e - \dfrac{F_e}{2}$

续表

	一维问题	二维问题	三维问题
a_S	—	$D_s + \dfrac{F_s}{2}$	$D_s + \dfrac{F_s}{2}$
a_N	—	$D_n - \dfrac{F_n}{2}$	$D_n - \dfrac{F_n}{2}$
a_B	—	—	$D_b + \dfrac{F_b}{2}$
a_T	—	—	$D_t - \dfrac{F_t}{2}$

表 2.7(b)   在一阶迎风格式下方程(2.110)中的系数 a_{nb} 的表达式

	一维问题	二维问题	三维问题
a_W	$D_w + \max(0, F_w)$	$D_w + \max(0, F_w)$	$D_w + \max(0, F_w)$
a_E	$D_e + \max(0, -F_e)$	$D_e + \max(0, -F_e)$	$D_e + \max(0, -F_e)$
a_S	—	$D_s + \max(0, F_s)$	$D_s + \max(0, F_s)$
a_N	—	$D_n + \max(0, -F_n)$	$D_n + \max(0, -F_n)$
a_B	—	—	$D_b + \max(0, F_b)$
a_T	—	—	$D_t + \max(0, -F_t)$

表 2.7(c)   在混合格式下方程(2.110)中的系数 a_{nb} 的表达式

	一维问题	二维问题	三维问题
a_W	$\max\left[F_w, \left(D_w + \dfrac{F_w}{2}\right), 0\right]$	$\max\left[F_w, \left(D_w + \dfrac{F_w}{2}\right), 0\right]$	$\max\left[F_w, \left(D_w + \dfrac{F_w}{2}\right), 0\right]$
a_E	$\max\left[-F_e, \left(D_e - \dfrac{F_e}{2}\right), 0\right]$	$\max\left[-F_e, \left(D_e - \dfrac{F_e}{2}\right), 0\right]$	$\max\left[-F_e, \left(D_e - \dfrac{F_e}{2}\right), 0\right]$
a_S	—	$\max\left[F_s, \left(D_s + \dfrac{F_s}{2}\right), 0\right]$	$\max\left[F_s, \left(D_s + \dfrac{F_s}{2}\right), 0\right]$
a_N	—	$\max\left[-F_n, \left(D_n - \dfrac{F_n}{2}\right), 0\right]$	$\max\left[-F_n, \left(D_n - \dfrac{F_n}{2}\right), 0\right]$
a_B	—	—	$\max\left[F_b, \left(D_b + \dfrac{F_b}{2}\right), 0\right]$
a_T	—	—	$\max\left[-F_t, \left(D_t - \dfrac{F_t}{2}\right), 0\right]$

表 2.7(d)   在指数格式下方程(2.110)中的系数 a_{nb} 的表达式

	一维问题	二维问题	三维问题
a_W	$\dfrac{F_w \exp(F_w/D_w)}{\exp(F_w/D_w)-1}$	$\dfrac{F_w \exp(F_w/D_w)}{\exp(F_w/D_w)-1}$	$\dfrac{F_w \exp(F_w/D_w)}{\exp(F_w/D_w)-1}$
a_E	$\dfrac{F_e}{\exp(F_e/D_e)-1}$	$\dfrac{F_e}{\exp(F_e/D_e)-1}$	$\dfrac{F_e}{\exp(F_e/D_e)-1}$

续表

	一维问题	二维问题	三维问题
a_S	—	$\dfrac{F_s \exp(F_s/D_s)}{\exp(F_s/D_s)-1}$	$\dfrac{F_s \exp(F_s/D_s)}{\exp(F_s/D_s)-1}$
a_N	—	$\dfrac{F_n}{\exp(F_n/D_n)-1}$	$\dfrac{F_n}{\exp(F_n/D_n)-1}$
a_B	—	—	$\dfrac{F_b \exp(F_b/D_b)}{\exp(F_b/D_b)-1}$
a_T	—	—	$\dfrac{F_t}{\exp(F_t/D_t)-1}$

表 2.7(e)　在乘方格式下方程(2.110)中的系数 a_{nb} 的表达式

	一维问题	二维问题	三维问题
a_W	$D_w \max\left[0,\left(1-0.1\lvert P_{ew}\rvert\right)^5\right]$ $+\max\left[F_w,0\right]$	$D_w \max\left[0,\left(1-0.1\lvert P_{ew}\rvert\right)^5\right]$ $+\max\left[F_w,0\right]$	$D_w \max\left[0,\left(1-0.1\lvert P_{ew}\rvert\right)^5\right]$ $+\max\left[F_w,0\right]$
a_E	$D_e \max\left[0,\left(1-0.1\lvert P_{ee}\rvert\right)^5\right]$ $+\max\left[-F_e,0\right]$	$D_e \max\left[0,\left(1-0.1\lvert P_{ee}\rvert\right)^5\right]$ $+\max\left[-F_e,0\right]$	$D_e \max\left[0,\left(1-0.1\lvert P_{ew}\rvert\right)^5\right]$ $+\max\left[-F_e,0\right]$
a_S	—	$D_s \max\left[0,\left(1-0.1\lvert P_{es}\rvert\right)^5\right]$ $+\max\left[F_s,0\right]$	$D_s \max\left[0,\left(1-0.1\lvert P_{es}\rvert\right)^5\right]$ $+\max\left[F_s,0\right]$
a_N	—	$D_n \max\left[0,\left(1-0.1\lvert P_{en}\rvert\right)^5\right]$ $+\max\left[-F_n,0\right]$	$D_n \max\left[0,\left(1-0.1\lvert P_{en}\rvert\right)^5\right]$ $+\max\left[-F_n,0\right]$
a_B	—	—	$D_b \max\left[0,\left(1-0.1\lvert P_{eb}\rvert\right)^5\right]$ $+\max\left[F_b,0\right]$
a_T	—	—	$D_t \max\left[0,\left(1-0.1\lvert P_{et}\rvert\right)^5\right]$ $+\max\left[-F_t,0\right]$

表 2.7e 中的 Pelclet 数 P_e 按表 2.8 计算。

表 2.8　Pelclet 数 P_e 的表达式

名称	P_{ew}	P_{ee}	P_{es}	P_{en}	P_{eb}	P_{et}
表达式	F_w/D_w	F_e/D_e	F_s/D_s	F_n/D_n	F_b/D_b	F_t/D_t

现对方程(2.110)作如下三点说明：

第一，方程(2.110)是针对瞬态问题得到的离散方程。若是稳态问题，离散方程仍保持式(2.110)的形式，只是方程的系数 a_P 和源项 b 不再包含与 a_P^0 相关的项。在全隐式时间积分方案下稳态对流-扩散问题的离散方程为：

$$a_P\phi_P = \sum a_{nb}\phi_{nb} + b \tag{2.112}$$

其中，

$$b = S_C \Delta V$$
$$a_P = \sum a_{nb} + \Delta F - S_P \Delta V \Bigg\}$$

(2.113)

系数 a_{nb} 与瞬态问题中的表达式完全相同，即表 2.7。

第二，在生成方程(2.110)的过程中并没有考虑连续方程。若假定密度 ρ 在微小时间段内保持不变，根据连续方程有 $\Delta F = (F_e - F_w) + (F_n - F_s) + (F_t - F_b) = 0$，考虑此方程后，方程(2.110)中的系数 a_P 由式(2.111)变为：

$$a_P = \sum a_{nb} + a_P^0 - S_P \Delta V$$

(2.114)

在许多文献(如[2])中，均给出的是式(2.114)，而不是式(2.111)，特此说明。

实际上，即使不对密度 ρ 作在微小时间段内保持不变的假定，同样可以得到式(2.114)。这是由于，若取消该假定，所得到的输运方程的离散方程中将多出与 $t + \Delta t$ 时刻的密度 ρ 相关的一项，若将在此条件下得到的连续方程的离散方程各项同乘 ϕ_P，然后与输运方程的离散方程相减，则与 $t + \Delta t$ 时刻的密度 ρ 相关的一项恰好被抵消，最终结果仍为式(2.110)，其中系数 a_P 用式(2.114)计算。

在第 3 章采用 SIMPLE 算法迭代求解流场时，我们会发现，速度场经常不满足连续方程，因此，迭代计算时应使用式(2.111)计算 a_P，而不建议使用式(2.114)。

第三，方程(2.110)是采用低阶离散格式来建立的，若采用如 QUICK 格式等高阶离散格式，则得到的离散方程中将包括有更多的相邻点的未知量，即在每个坐标方向上再分别增加两个相邻点未知量。高阶离散格式所对应的离散方程由读者自行推导。

2.10　本 章 小 结

本章首先介绍了离散化的主要方法——有限体积法，然后在此基础上详细讨论了如何采用有限体积法来生成一维问题的离散方程，重点介绍了在空间域上离散控制方程所需的离散格式，接着讨论了在时间域上离散控制方程的时间积分方案，最后给出了二维问题和三维问题的离散方程。

在时间域和空间域上将原本连续的控制方程转化为离散方程，是实施 CFD 计算的第一步，也是决定后续算法精度与效率的重要环节。在离散过程中，最关键的是掌握各种不同的离散格式及对应的离散方程的形式。

本章介绍的空间离散格式(或称插值方式)包括：中心差分格式、一阶迎风格式、混合格式、指数格式、乘方格式、二阶迎风格式和 QUICK 格式等。其中，前五种属于低阶离散格式，后两种属于高阶离散格式。低阶离散格式的计算效率高，但精度稍差，而高阶离散格式的特点恰好相反。各种不同的离散格式对于不同的问题有不同的适用性。需要说明的是，这些离散格式往往是针对对流项来使用的，而扩散项一般都采用中心差分格式进行离散。

针对瞬态问题，介绍了三种时间域上的离散格式(即时间积分方案)，分别为显式方案、Crank-Nicolson 方案及全隐式方案。显式方案最为简单，不需要解方程组。全隐式方案适用性最强，尤其是时间步长不受计算稳定性的限制，使用最为广泛，但这种方案需要解方程组。本章给出了在全隐式时间积分方案下，一维、二维和三维问题在直角坐标系下的离散方程，其通用表达式为方程(2.110)，并且以列表方式给出了在不同离散格式下所生成的方程组的系数的计算公式。

下一章将针对本章所提出的建立离散方程的方法以及所得到的离散方程组，说明如何求解流场及各物理量。

2.11　复习思考题

(1)　什么叫离散化？意义是什么？

(2)　常用的离散化方法有哪些？各有何特点？

(3)　简述有限体积法的基本思想，说明其使用的网格有何特点？

(4)　简述在空间域上离散控制方程的基本做法，说明对流项及扩散项在离散处理时的异同，给出所生成的二维稳态对流-扩散问题的离散方程的形式。

(5)　简述瞬态问题与稳态问题之控制方程的区别，说明在时间域上离散控制方程的基本思想及方法，对比显式及全隐式时间积分方案的异同，给出这两种方案下所生成的一维瞬态对流-扩散问题的离散方程。

(6)　分析比较中心差分格式、一阶迎风格式、混合格式、指数格式、二阶迎风格式、QUICK 格式各自的特点及适用场合。

(7)　在建立离散方程(2.110)的过程中，纳入连续方程与不纳入连续方程有何区别？对最后生成的离散方程的系数有何影响？

(8)　对方程 $K\dfrac{\mathrm{d}^2 T}{\mathrm{d}x^2}+\dfrac{\mathrm{d}K}{\mathrm{d}x}\dfrac{\mathrm{d}T}{\mathrm{d}x}+S=0$，采用均匀网格 $\left[\Delta x=(\delta x)_e=(\delta x)_w\right]$ 推导有限体积法的离散方程。其中 K 是 x 的函数，$\dfrac{\mathrm{d}K}{\mathrm{d}x}$ 为已知，可令 $\dfrac{\mathrm{d}T}{\mathrm{d}x}=\dfrac{T_E-T_W}{2\Delta x}$。

(9)　有一个二维稳态的对流-扩散问题，其网格形状如图 2.12 所示。变量 ϕ 受下列方程支配：$\dfrac{\partial(\rho u\phi)}{\partial x}+\dfrac{\partial(\rho v\phi)}{\partial y}=\dfrac{\partial}{\partial x}\left(\Gamma\dfrac{\partial\phi}{\partial x}\right)+\dfrac{\partial}{\partial y}\left(\Gamma\dfrac{\partial\phi}{\partial y}\right)+a-b\phi$。式中，$\rho=1$，$G=1$，$a=10$，$b=2$，流场流速为 $u=1$，$v=4$，网格间距 $\Delta x=\Delta y=1$，在四条边界上的 ϕ 值为已知(见图 2.12)。试分别利用下列方案计算节点 1、2、3 和 4 上的 ϕ 值：

①　中心差分格式

②　指数格式

③　一阶迎风格式

④　二阶迎风格式

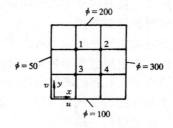

图 2.12　二维稳态对流-扩散问题
所使用的网格

第3章 基于 SIMPLE 算法的流场数值计算

第2章建立了与控制方程相应的离散方程,即代数方程组。但是,除了如已知速度场求温度分布这类简单的问题外,所生成的离散方程不能直接用来求解,还必须对离散方程进行某种调整,并且对各未知量(速度、压力、温度等)的求解顺序及方式进行特殊处理。为此,本章先对流场计算中的背景知识作一简要介绍,然后讨论基于交错网格与同位网格的控制方程离散方式,最后详细介绍工程上应用最广泛的流场计算方法——压力耦合方程组的半隐式方法(SIMPLE 算法),并讨论其各种修正方法,特别是 SIMPLEC 算法。本章暂不考虑湍流特性,第4章将专门讨论湍流的数值解法。

3.1 流场数值解法概述

3.1.1 常规解法存在的主要问题

我们知道,一个标量型变量(如温度 T)的对流传输取决于当地速度场的大小和方向。在第2章,我们推导了通用微分方程(1.19)所对应的离散方程。可以设想,如果通用微分方程中的通用变量 ϕ 用温度 T 替代,在流场(u、v、w)已知的情况下,直接求解温度 T 的离散方程组,可得到 T 的分布。例如,在第2章所给出的复习思考题9中,我们根据给定的速度场,可求出空间各计算点处的温度。但是,一般来讲,速度场并不总是已知的,有时会是我们求解的对象之一。例如,对于工程界中典型的自然对流问题,流场的求解与温度场的计算必须同时进行。因此,必须有专门的办法来求解流场中的速度值。本章的重点就是解决如何求解速度未知量。

每个坐标方向上的速度分量的输运方程,即动量方程,可通过在通用微分方程(1.19)中将变量 ϕ 分别用 u、v 和 w 替代来得到。当然,速度场也必须满足连续方程。让我们来考察一个二维层流稳定流动的基本控制方程:

- x 动量方程

$$\frac{\partial(\rho u)}{\partial t} + \frac{\partial(\rho u u)}{\partial x} + \frac{\partial(\rho u v)}{\partial y} = \frac{\partial}{\partial x}\left(\mu \frac{\partial u}{\partial x}\right) + \frac{\partial}{\partial y}\left(\mu \frac{\partial u}{\partial y}\right) - \frac{\partial p}{\partial x} + S_u \tag{3.1}$$

- y 动量方程

$$\frac{\partial(\rho v)}{\partial t} + \frac{\partial(\rho v u)}{\partial x} + \frac{\partial(\rho v v)}{\partial y} = \frac{\partial}{\partial x}\left(\mu \frac{\partial v}{\partial x}\right) + \frac{\partial}{\partial y}\left(\mu \frac{\partial v}{\partial y}\right) - \frac{\partial p}{\partial y} + S_v \tag{3.2}$$

- 连续方程

$$\frac{\partial \rho}{\partial t} + \frac{\partial(\rho u)}{\partial x} + \frac{\partial(\rho v)}{\partial y} = 0 \tag{3.3}$$

在式(3.1)和式(3.2)中，压力梯度也应该在源项中，但由于其在动量方程中占有重要位置，为了下面讨论方便，我们将压力梯度项从源项中分离出来，单独写出。

考虑到已经在第 2 章研究了通用微分方程离散化的过程，我们容易想到，用求解温度 T 的离散方程的同样办法，来求解速度未知量 u 和 v。但事实上，事情并没有这样简单。若用数值方法直接求解由式(3.1)、(3.2)和(3.3)所组成的控制方程，将会出现如下两个主要问题：

第一，动量方程中的对流项包含非线性量，如方程(3.1)中的第二项是 ρu^2 对 x 的导数。

第二，由于每个速度分量既出现在动量方程中，又出现在连续方程中，这样，导致各方程错综复杂地耦合在一起。同时，更为复杂的是压力项的处理，它出现在两个动量方程中，但却没有可用以直接求解压力的方程。

对于第一个问题，实际上我们可以通过迭代的办法加以解决。迭代法是处理非线性问题经常采用的方法。从一个估计的速度场开始，我们可以迭代求解动量方程，从而得到速度分量的收敛解。

对于第二个问题，如果压力梯度已知，我们就可按标准过程依据动量方程生成速度分量的离散方程，就如同第 2 章构造标量(如温度 T)的离散方程时的过程。但一般情况下，压力场也是待求的未知量，在求解速度场之前，p 是不知道的。考虑到压力场间接地通过连续方程规定，因此，最直接的想法是求解由动量方程与连续方程所推得的整个离散方程组，这一离散方程组在形式上是关于(u、v、p)的复杂方程组。这种方法虽然是可行的，但即便是单个因变量的离散化方程组，也需要大量的内存及时间，因此，解如此大且复杂的方程组，只有对小规模问题才可以使用。

如果流动是可压的，我们可把密度 ρ 视作连续方程中的独立变量进行求解，即以连续方程作为一个普通的关于密度 ρ 的输运方程，而在方程(3.1)、(3.2)和(3.3)之外，将能量方程作为另一个关于温度 T 的输运方程，从而按第 2 章介绍的方法生成相对简单的离散方程组，求解关于 u、v、ρ、T 共四个变量的方程组，而压力 p 根据气体的状态方程 $p = p(\rho, T)$ 来得到。可是，对于不可压流动，如水的流动问题，密度是常数，这样，就不可能将密度与压力相联系。因此，将密度 ρ 作为基本未知量的方法不可行。我们只能想办法找到确定压力场的方法。

为了解决因压力所带来的流场求解难题，人们提出了若干从控制方程中消去压力的方法。这类方法称为非原始变量法，这是因为求解未知量中不再包括原始未知量(u、v、p)中的压力项 p。例如，在二维问题中，通过交叉微分，从两个动量方程中可消去压力，然后可取涡量和流函数作为变量来求解流场。涡量-流函数方法成功地解决了直接求解压力所带来的问题，且在某些边界上，可较容易地给定边界条件，但它也存在一些明显的弱点，如壁面上的涡量值很难给定，计算量及存储空间都很大，对于三维问题，自变量为 6 个，其复杂性可能超过上述直接求解(u、v、p)的方程组。因此，这类方法在目前工程中使用并不普遍，而使用最广泛的是求解原始变量(u、v、p)的分离式解法。基于原始变量的分离式解法的主要思路是：顺序地、逐个地求解各变量代数方程组，这是相对于联立求解方程组的耦合式解法而言的。目前使用最为广泛的是 1972 年由 Patanker 和 Splding 提出的

SIMPLE 算法[30]。这种方法将是本章重点介绍的方法。

3.1.2　流场数值计算的主要方法

流场计算的基本过程是在空间上用有限体积法或其他类似方法将计算域离散成许多小的体积单元，在每个体积单元上对离散后的控制方程组进行求解。流场计算方法的本质就是对离散后的控制方程组的求解。根据上面的分析，对离散后的控制方程组的求解可分为耦合式解法(coupled method)和分离式解法(segregated method)，归纳后如图 3.1 所示。

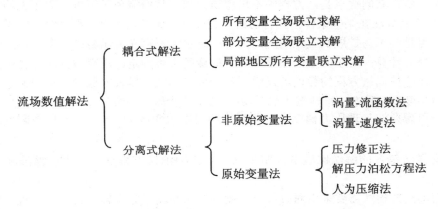

图 3.1　流场数值计算方法分类图

1.　耦合式解法

耦合式解法同时求解离散化的控制方程组，联立求解出各变量(u、v、w、p 等)，其求解过程如下：

(1)　假定初始压力和速度等变量，确定离散方程的系数及常数项等。

(2)　联立求解连续方程、动量方程、能量方程。

(3)　求解湍流方程及其他标量方程。

(4)　判断当前时间步上的计算是否收敛。若不收敛，返回到第(2)步，迭代计算。若收敛，重复上述步骤，计算下一时间步的物理量。

耦合式解法可以分为所有变量整场联立求解(隐式解法)、部分变量整场联立求解(显隐式解法)、在局部地区(如一个单元上)对所有变量联立求解(显式解法)。对于第三种联立求解方法，是在一个单元上求解所有变量后，逐一地在其他单元上求解所有的未知量。这种方法在求解某个单元时，要求相邻单元的变量都是已知的。

当计算中流体的密度、能量、动量等参数存在相互依赖关系时，采用耦合式解法具有很大优势，如在 3.1.1 节中提到的求解关于 u、v、ρ、T 共 4 个变量的方程组。其主要应用包括高速可压流动、有限速率反应模型等。耦合式解法中，所有变量整场联立求解应用较普遍，求解速度较快，而在局部对所有变量联立求解仅用于声变量动态性极强的场合，如激波捕捉。

设计算区域内的节点数为 N，则每一时间步内须求解 $4N$ 个方程构成的代数方程组(三个速度方程及一个压力或密度方程)。总体而言，耦合式解法计算效率较低、内存消耗大。

2. 分离式解法

分离式解法不直接解联立方程组，而是顺序地、逐个地求解各变量代数方程组。依据是否直接求解原始变量 u、v、w 和 p，分离式解法分为原始变量法和非原始变量法。

涡量-速度法与前面介绍的涡量-流函数法是两种典型的非原始变量法。涡量-流函数法不直接求解原始变量 u、v、w 和 p，而是求解旋度 ω 和流函数 ψ。涡量-速度法不直接求解流场的原始变量 p，而是求解旋度 ω 和速度 u、v、w。这两种方法的本质、求解过程和特点基本一致，共同优点是：方程中不出现压力项，从而避免了因求压力带来的问题。另外，涡量-流函数法在某些条件下，容易给定旋度值，比给定速度值要容易。这类非原始变量法的缺点是：不易扩展到三维情况，因为三维水流不存在流函数；当需要得到压力场时，需要额外的计算；对于固壁面边界，其上的旋度极难确定，没有适宜的固体壁面上的边界条件，往往使涡量方程的数值解发散或不合理。因此，尽管非原始变量的解法巧妙地消去了压力梯度项，且在二维情况下涡量-流函数法要少解一个方程，却未能得到广泛的应用。人们宁可想办法处理压力梯度项，即直接利用原始变量 u、v、和 p 作为因变量进行求解。

原始变量法包含的解法比较多，常用的有解压力泊松方程法、人为压缩法和压力修正法。

解压力泊松方程法需要采用对方程取散度等方法将动量方程转变为泊松方程，然后对泊松方程进行求解。与这种方法对应的是著名的 MAC 方法和分布法。

人为压缩法主要是受可压的气体可以通过联立求解速度分量与密度的方法来求解的启发，引入人为压缩性和人为状态方程，以此对不可压流体的连续方程施加干扰，将连续方程写为包含有人为密度的项，而人为密度前有一个极小的系数，这样，方程可转化为求解人为密度的基本方程。但是，这种方法要求时间步长必须很小，因此，限制了它的广泛应用。

目前工程上使用最为广泛的流场数值计算方法是压力修正法。压力修正法的实质是迭代法。在每一时间步长的运算中，先给出压力场的初始猜测值，据此求出猜测的速度场。再求解根据连续方程导出的压力修正方程，对猜测的压力场和速度场进行修正。如此循环往复，可得出压力场和速度场的收敛解。其基本思路是：

(1) 假定初始压力场。

(2) 利用压力场求解动量方程，得到速度场。

(3) 利用速度场求解连续方程，使压力场得到修正。

(4) 根据需要，求解湍流方程及其他标量方程。

(5) 判断当前时间步上的计算是否收敛。若不收敛，返回到第(2)步，迭代计算。若收敛，重复上述步骤，计算下一时间步的物理量。

压力修正法有多种实现方式，其中，压力耦合方程组的半隐式方法(SIMPLE 算法)应用最为广泛，也是各种商用 CFD 软件普遍采纳的算法。在这种算法中，流过每个单元面上的对流通量是根据所谓的"猜测"速度来估算的。首先使用一个猜测的压力场来解动量方程，得到速度场；接着求解通过连续方程所建立的压力修正方程，得到压力场的修正值；然后利用压力修正值更新速度场和压力场；最后检查结果是否收敛，若不收敛，以得到的压力场作为新的猜测的压力场，重复该过程。为了启动该迭代过程，需要提供初始的、带有猜测性的压力场与速度场。随着迭代的进行，这些猜测的压力场与速度场不断改善，所得到的压力与速度分量值逐渐逼近真解。

　　SIMPLE 算法及其改进算法将作为本章的核心来介绍。由于这类算法一般要依赖于交错网格，因此，3.2 节将先讨论交错网格，然后讨论 SIMPLE 算法及其改进算法。

3.2　交错网格及其应用

　　所谓交错网格，是指将速度分量与压力在不同的网格系统上离散。使用交错网格的目的，是为了解决在普通网格上离散控制方程时给计算带来的严重问题。交错网格也是 SIMPLE 算法实现的基础。本节将首先对使用普通网格所出现的问题进行分析，引出使用交错网格的必要性，然后介绍交错网格的特点，接着介绍在交错网格上建立离散方程的过程。在 3.3 节将全面介绍基于交错网格的 SIMPLE 算法。

3.2.1　使用普通网格计算流场时遇到的困难

　　从第 2 章及 3.1 节的分析可知，对广义变量 ϕ 的输运方程的求解，因涉及到速度分量，因此，必然涉及求解动量方程。但是，动量方程的源项包含有压力，如果不做特殊处理，会带来相关的问题。下面对此予以分析。

　　在使用有限体积法时，总是要先将计算域划分成若干个单元，然后在各个单元及节点上离散相关的控制方程，即式(3.1)、(3.2)和(3.3)。在离散控制方程时，我们首先需要决定在哪个位置上存储速度分量值。表面看来，将速度与其他标量(如压力、温度、密度等)在同一空间位置处进行定义和存储是合情合理的。但是，对于任意给定的一个控制体积，如果将速度与压力在同样的节点上定义和存储，即把 u、v、p 均存于同一套网格的节点上，则有可能出现以下情况：一个高度非均匀的压力场在离散后的动量方程中的作用，与均匀压力场的作用一致。这可以通过图 3.2 所示的一个二维棋盘形压力场来说明。

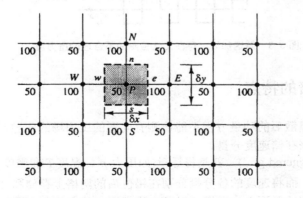

图 3.2　棋盘形压力场示例

　　假定有如图 3.2 所示的棋盘式压力场存在，各节点处的压力值示于图中。现考虑均匀网格，如果界面 e 和 w 处的压力通过线性插值所得到的，则 x 方向动量方程中的压力梯度 $\dfrac{\partial p}{\partial x}$ 为：

$$\frac{\partial p}{\partial x} = \frac{p_e - p_w}{\delta x} = \frac{\left(\dfrac{p_E + p_P}{2}\right) - \left(\dfrac{p_P + p_W}{2}\right)}{\delta x} = \frac{p_E - p_W}{2\delta x} \tag{3.4}$$

同样地，y 方向动量方程中的压力梯度 $\dfrac{\partial p}{\partial y}$ 为：

$$\frac{\partial p}{\partial y} = \frac{p_N - p_S}{2\delta y} \tag{3.5}$$

　　我们注意到，中心节点 P 处的压力值没有出现在式(3.4)或(3.5)中。将图 3.2 所示的压力场分布代入式(3.4)和(3.5)，我们发现，离散后的压力梯度在任何节点处均为 0，尽管实际上在空间两个方向上均存在明显的压力振荡。这样，该压力场将导致在离散后的动量方程中，由压力产生的源项为 0，与均匀压力场所产生的结果完全一样。这显然是不符合实际的。很明显，如果速度也在相同的标量网格节点(即存储压力的网格节点)上定义，则压力的影响将不可能正确地在离散的动量方程中得到表示。

　　同样地，若在流场迭代求解过程的某一层次上，在压力场的当前值中加上一个锯齿状的压力波(如图 3.3 所示)，则动量方程的离散形式无法把这一不合理的分量检测出来。它会一直保留到迭代过程收敛而且被作为正确的压力场输出(图 3.3 中的虚线)。因此如何建立和使用动量方程中的网格系统，使动量方程的离散形式可以检测出不合理的压力场，是动量方程离散中首先需要解决的问题。

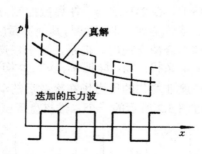

图 3.3　解迭加后，存在无法检测的不合理的压力波

3.2.2　交错网格的特点

　　解决上面提到的离散后的动量方程不能检测有问题的压力场的问题，一种非常有效的办法是使用交错网格来存储速度分量。

　　所谓交错网格(staggered grid)，就是将标量(如压力 p、温度 T 和密度 ρ 等)在正常的网格节点上存储和计算，而将速度的各分量分别在错位后的网格上存储和计算，错位后网格的中心位于原控制体积的界面上。这样，对于二维问题，就有三套不同的网格系统，分别

用于存储 p、u 和 v。而对于三维问题，就有四套网格系统，分别用于存储 p、u、v 和 w。

图 3.4 给出了二维流动计算的交错网格系统示例。其中，主控制体积为求解压力 p 的控制体积，称为标量控制体积(scalar control volume) p 控制体积，控制体积的节点 P 称为主节点或标量节点(scalar node)，如图 3.4(a)所示。速度 u 在主控制体积的东、西界面 e 和 w 上定义和存储，速度 v 在主控制体积的南、北界面 s 和 n 上定义和存储。u 和 v 各自的控制体积则是分别以速度所在位置(界面 e 和界面 n)为中心的，分别称为 u 控制体积(u-control volume)和 v 控制体积(v-control volume)，如图 3.4(b)和图 3.4(c)所示。可以看到，u 控制体积和 v 控制体积是与主控制体积不一致的，u 控制体积与主控制体积在 x 方向有半个网格步长的错位，而 v 控制体积与主控制体积则在 y 方向上有半个步长的错位。

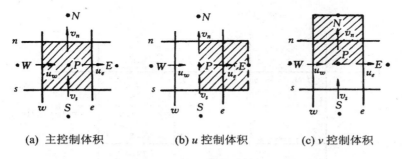

(a) 主控制体积　　　(b) u 控制体积　　　(c) v 控制体积

图 3.4　交错网格示意图

需要注意的是，为了描述不同的变量在空间的分布，不必对不同的变量采取同样的网格系统，可以为每一个变量建立一个不同的计算网格。这一点是交错网格建立的基础。

在交错网格系统中，关于 u 和 v 的离散方程可通过对 u 和 v 各自的控制体积作积分而得出。这时，由于有交错网格的安排，压力节点与 u 控制体积的界面相一致，x 方向动量方程中的压力梯度 $\dfrac{\partial p}{\partial x}$ 为：

$$\frac{\partial p}{\partial x} = \frac{p_E - p_P}{(\delta x)_e} \tag{3.6}$$

其中，$(\delta x)_e$ 是 u 控制体积的宽度。同样地，则 y 方向动量方程中的压力梯度 $\dfrac{\partial p}{\partial y}$ 为：

$$\frac{\partial p}{\partial y} = \frac{p_N - p_P}{(\delta y)_n} \tag{3.7}$$

可以看出，此时的压力梯度 $\dfrac{\partial p}{\partial x}$ 和 $\dfrac{\partial p}{\partial y}$，是通过相邻两个节点间的压力差，而不是相间两个节点间的压力差来描述了。

现在，如果我们重新考虑图 3.2 所示的棋盘式压力分布，将相应的节点压力代入式(3.6)和(3.7)之中，将产生有意义的非 0 压力梯度项。从而，对于振荡式的棋盘压力场，速度的错位避免了离散后的动量方程出现不真实特性。网格交错排列所带来的另一个好处是，它在恰当的位置产生速度，这一位置正好是在标量输运计算时所需的位置，因此，不需要任何插值就可得到压力控制体积界面上的速度。

当然，使用交错网格也要付出一定的代价。首先增加了计算工作量，所有存储于主节点上的物性值在求解 u、v 方程时，必须通过插值才能得出 u、v 位置上的数据。同时由于 u、v、p 及一般变量不在同一网格上，在求解各自的离散方程时往往要做一些插值。其次，程序编制的工作量也有所增加，三套网格中节点的编号必须仔细处理方可协调一致。但由于交错网格能成功地解决压力梯度离散时所遇到的问题，该方法得到了广泛应用。

3.2.3　动量方程的离散

为了便于编程计算，下面针对图 3.5 所示的网格图来说明基于交错网格的动量方程的离散过程。为使说明更直接，本节只讨论稳态问题的动量方程。

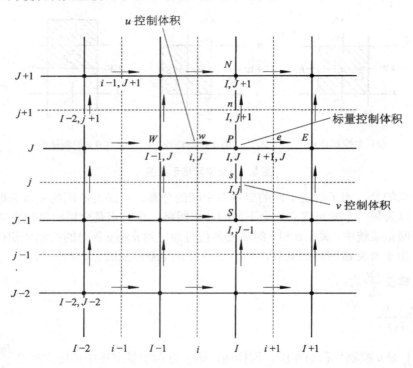

图 3.5　交错网格及其编码系统

在图 3.5 中，实线表示原始的计算网格线，实心小圆点表示计算节点(即主控制体积的中心)，虚线表示主控制体积的界面。这里，实线所表示的网格线用大写字母标识，如在 x 方向上各条实竖线的号码分别是 $...,I-1,I,I+1,...$ ，在 y 方向上各条实横线的号码分别是 $...,J-1,J,J+1,...$ ；用于限定各标量控制体积界面的虚线用小写字母标识，如在 x 方向上各条虚竖线的号码分别是 $...,i-1,i,i+1,...$ ，在 y 方向上各条虚横线的号码分别是 $...,j-1,j,j+1,...$ 。

上述编码系统可让我们准确地表示任何一个网格节点和控制体积界面的位置。用于存储标量的节点，在本书中称为标量节点，它是两条网格线(实线)交点，用两个大写字母表示，如对图 3.5 中的 P 点通过 (I,J) 表示。在标量节点 (I,J) 上定义并存储压力值 $p_{I,J}$ 等，包围标量节点 (I,J) 的矩形区域(由图 3.5 右上部的四个阴影方格组成)是标量控制体积。u 速度存储在标量控制体积的 e 界面和 w 界面上，这些位置是标量控制体积界面线与网格线的交点，我们称该位置为 u 速度节点，简称速度节点(velocity node)，由一小写字母和一大写字母的组合来表示，例如，w 界面由 (i,J) 来定义。包围速度节点 (i,J) 的矩形区域(由图 3.5 左上部的四个阴影方格组成)是 u 控制体积。同样，v 速度存储位置称为 v 速度节点，由一大写字母和一小写字母的组合来表示，例如，s 界面由 (I,j) 来定义。包围速度节点 (I,j) 的矩形区域(由图 3.5 右下部的四个阴影方格组成)是 v 控制体积。

我们可以使用向前错位，也可使用向后错位的速度网格。图 3.5 所示的均匀网格是向后错位的，因为 u 速度 $u_{i,J}$ 的 i 位置到标量节点 (I,J) 的距离是 $-1/2\delta x_u$；同样，v 速度 $v_{I,j}$ 的 j 位置到标量节点 (I,J) 的距离是 $-1/2\delta y_v$。

在使用了上述交错网格后，生成离散方程的方法与过程，与第 2 章介绍的基于普通网格的方法和过程完全一样，只是需要注意所使用的控制体积有所变化。在交错网格中，由于所有标量(如压力、温度、密度等)仍然在主控制体积上存储，因此，以这些标量为因变量的输运方程的离散过程及离散结果仍与第 2 章完全一样。在交错网格中生成 u 和 v 两个动量方程的离散方程时，主要的变化是积分用的控制体积不再是原来的主控制体积，而是 u 和 v 各自的控制体积，同时压力梯度项从源项中分离出来。例如对 u 控制体积，该项积分为 $\int_{y_j}^{y_{j+1}} \int_{x_{i-1}}^{x_i} (-\dfrac{\partial p}{\partial x})\mathrm{d}x\mathrm{d}y \cong (p_{I-1,J} - p_{I,J})A_{i,J}$。从而，按照第 2 章建立离散方程(2.110)的方法和过程(对于稳态问题，忽略对时间的积分)，并考虑到 u 方向的动量方程使用 u 控制体积，我们可写出在位置 (i,J) 处的关于速度 $u_{i,J}$ 的动量方程的离散形式：

$$a_{i,J}u_{i,J} = \sum a_{nb}u_{nb} + (p_{I-1,J} - p_{I,J})A_{i,J} + b_{i,J} \tag{3.8}$$

式中，$A_{i,J}$ 是 u 控制体积的东界面或西界面的面积，在二维问题中实际是 Δy，即：

$$A_{i,J} = \Delta y = y_{j+1} - y_j \tag{3.9}$$

式(3.8)中的 b 为 u 动量方程的源项部分(不包括压力在内)。对于稳态问题，参考式(2.113)，有：

$$b_{i,J} = S_{uC}\Delta V_u \tag{3.10}$$

式 (3.10) 中的 S_{uC} 是基于式 (3.1) 中的源项 S_u 可以按式 (2.99) 线性化分解为 $S_u = S_{uC} + S_{uP}u_P$ 的结果，若 S_u 不随速度 u 而变化，则有 $S_{uC} = S_u$，$S_{uP} = 0$。式(3.10)中的 ΔV_u 是 u 控制体积的体积。式(3.8)中的压力梯度项已经按线性插值的方式进行了离散，线性插值时使用了 u 控制体积边界上的两个节点间的压力差。

在求和记号 $\sum a_{nb}u_{nb}$ 中所包含的 E、W、N 和 S 四个邻点是 $(i-1,J)$，$(i+1,J)$，$(i,J+1)$ 和 $(i,J-1)$，它们的位置及主速度在图 3.6 中示出。图中阴影部分是 u 控制体积。图 3.6 中 u 控制体积与图 3.5 是一致的，这可从节点的编号中看出。但是，图 3.6 中 u 控制体积的中心也用 P 来标记，其界面点也用 e、w、n 和 s 来标记，这里的标记与图 3.5 中的同名标记并不是指同一位置。特提醒读者注意。

系数 $a_{i,J}$ 由式(2.113)给定，即：

$$a_{i,J} = \sum a_{nb} + \Delta F - S_{uP}\Delta V_u \tag{3.11}$$

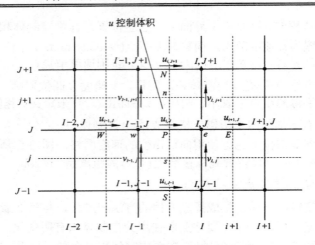

图 3.6 u 控制体积及其邻点的速度分量

系数 a_{nb} 取决于所采用的离散格式，表 2.7 给出了与不同离散格式相对应的系数 a_W、a_E、a_N 和 a_S 的计算式。在计算式中包有 u 控制体积界面上的对流质量流量 F 与扩散传导性 D，虽然在表 2.5 中给出了其计算式，但为了编程方便，现给出与本节采用的新编号系统相对应的计算公式：

$$F_w = \left(\rho u\right)_w = \frac{F_{i,J} + F_{i-1,J}}{2} = \frac{1}{2}\left(\frac{\rho_{I,J} + \rho_{I-1,J}}{2}u_{i,J} + \frac{\rho_{I-1,J} + \rho_{I-2,J}}{2}u_{i-1,J}\right) \tag{3.12a}$$

$$F_e = \left(\rho u\right)_e = \frac{F_{i+1,J} + F_{i,J}}{2} = \frac{1}{2}\left(\frac{\rho_{I+1,J} + \rho_{I,J}}{2}u_{i+1,J} + \frac{\rho_{I,J} + \rho_{I-1,J}}{2}u_{i,J}\right) \tag{3.12b}$$

$$F_s = \left(\rho v\right)_s = \frac{F_{I,j} + F_{I-1,j}}{2} = \frac{1}{2}\left(\frac{\rho_{I,J} + \rho_{I,J-1}}{2}v_{I,j} + \frac{\rho_{I-1,J} + \rho_{I-1,J-1}}{2}v_{I-1,j}\right) \tag{3.12c}$$

$$F_n = \left(\rho v\right)_n = \frac{F_{I,j+1} + F_{I-1,j+1}}{2} = \frac{1}{2}\left(\frac{\rho_{I,J+1} + \rho_{I,J}}{2}v_{I,j+1} + \frac{\rho_{I-1,J+1} + \rho_{I-1,J}}{2}v_{I-1,j+1}\right) \tag{3.12d}$$

$$D_w = \frac{\Gamma_{I-1,J}}{x_i - x_{i-1}} \tag{3.12e}$$

$$D_e = \frac{\Gamma_{I,J}}{x_{i+1} - x_i} \tag{3.12f}$$

$$D_s = \frac{\Gamma_{I-1,J} + \Gamma_{I,J} + \Gamma_{I-1,J-1} + \Gamma_{I,J-1}}{4(y_J - y_{J-1})} \tag{3.12g}$$

$$D_n = \frac{\Gamma_{I-1,J+1} + \Gamma_{I,J+1} + \Gamma_{I-1,J} + \Gamma_{I,J}}{4(y_{J+1} - y_J)} \tag{3.12h}$$

采用交错网格对动量方程离散时，涉及不同类别的控制体积，不同的物理量分别在各自相应的控制体积的节点上定义和存储，例如，密度是在标量控制体积的节点上存储的，如图 3.6 中的标量节点 (I,J)；而速度分量却是在错位后的速度控制体积的节点上存储的，如图 3.6 中的速度节点 (i,J)，这样就会出现这种情况：在速度节点处不存在密度值，而在标量节点处找不到速度值，当在某个确定位置处的某个复合物理量(如上式中的流通量 F)

同时需要该处的密度及速度时，要么找不到该处的密度，要么找不到该处的速度。为此，需要在计算过程中通过插值来解决。上式表明，标量(密度)及速度分量在 u 控制体积的界面上是不存在的，这时，根据周边的最近邻点的信息，使用二点或四点平均的办法来处理。

在每次迭代过程中，用于估计上述各表达式的速度分量 u 和速度分量 v 是上一次迭代后的数值(在首次迭代时是初始猜测值)。需要特殊说明的是，这些"已知的"速度值 u 和 v 也用于计算方程(3.8)中的系数 a，但是，它们与方程(3.8)中的待求未知量 $u_{i,j}$ 和 u_{nb} 是完全不同的。

还需要说明的是，上式中的线性插值是基于均匀网格而言的，若网格是不均匀的，应该将式(3.12)中的系数 2 或 4 等改为相应的网格长度或宽度值的组合。例如，对于不均匀网格上的 F_w，按下式计算：

$$
\begin{aligned}
F_w = \left(\rho u\right)_w &= \frac{x_i - x_{I-1}}{x_i - x_{i-1}} F_{i,J} + \frac{x_{I-1} - x_{i-1}}{x_i - x_{i-1}} F_{i-1,J} \\
&= \frac{x_i - x_{I-1}}{x_i - x_{i-1}} \left(\frac{x_I - x_i}{x_I - x_{I-1}} \rho_{I,J} + \frac{x_i - x_{I-1}}{x_I - x_{I-1}} \rho_{I-1,J} \right) u_{i,J} \\
&\quad + \frac{x_{I-1} - x_{i-1}}{x_i - x_{i-1}} \left(\frac{x_{I-1} - x_{i-1}}{x_{I-1} - x_{I-2}} \rho_{I-1,J} + \frac{x_{i-1} - x_{I-2}}{x_{I-1} - x_{I-2}} \rho_{I-2,J} \right) u_{i-1,J}
\end{aligned}
\tag{3.13}
$$

按上述同样的方式，可写出在新的编号系统中，对于在位置 (I, j) 处的关于速度 $v_{I,j}$ 的离散动量方程：

$$
a_{I,j} v_{I,j} = \sum a_{nb} v_{nb} + \left(p_{I,J-1} - p_{I,J}\right) A_{I,j} + b_{I,j}
\tag{3.14}
$$

建立式(3.14)所使用的 v 控制体积表示在图 3.7 中。

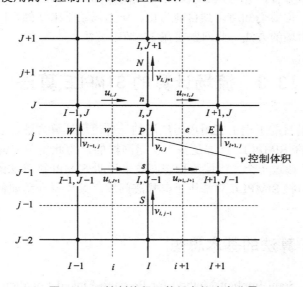

图 3.7　v 控制体积及其邻点的速度分量

在求和记号 $\sum a_{nb} u_{nb}$ 中所包含的四个邻点及其主速度也在图 3.7 中示出。在系数 $a_{I,j}$ 和 a_{nb} 中，同样包含在 v 控制体积界面上的对流质量流量 F 与扩散传导性 D，计算公式如下：

$$F_w = (\rho u)_w = \frac{F_{i,J} + F_{i,J-1}}{2} = \frac{1}{2}\left(\frac{\rho_{i,J} + \rho_{i-1,J}}{2} u_{i,J} + \frac{\rho_{i-1,J-1} + \rho_{i,J-1}}{2} u_{i,J-1} \right) \tag{3.15a}$$

$$F_e = (\rho u)_e = \frac{F_{i+1,J} + F_{i+1,J-1}}{2} = \frac{1}{2}\left(\frac{\rho_{i+1,J} + \rho_{i,J}}{2} u_{i+1,J} + \frac{\rho_{i,J-1} + \rho_{i+1,J-1}}{2} u_{i+1,J-1} \right) \tag{3.15b}$$

$$F_s = (\rho v)_s = \frac{F_{I,j-1} + F_{I,j}}{2} = \frac{1}{2}\left(\frac{\rho_{I,j-1} + \rho_{I,j-2}}{2} v_{I,j-1} + \frac{\rho_{I,j} + \rho_{I,j-1}}{2} v_{I,j} \right) \tag{3.15c}$$

$$F_n = (\rho v)_n = \frac{F_{I,j} + F_{I,j+1}}{2} = \frac{1}{2}\left(\frac{\rho_{I,j} + \rho_{I,j-1}}{2} v_{I,j} + \frac{\rho_{I,j+1} + \rho_{I,j}}{2} v_{I,j+1} \right) \tag{3.15d}$$

$$D_w = \frac{\Gamma_{I-1,J-1} + \Gamma_{I,J-1} + \Gamma_{I-1,J} + \Gamma_{I,J}}{4(x_I - x_{I-1})} \tag{3.15e}$$

$$D_e = \frac{\Gamma_{I,J-1} + \Gamma_{I+1,J-1} + \Gamma_{I,J} + \Gamma_{I+1,J}}{4(x_{I+1} - x_I)} \tag{3.15f}$$

$$D_s = \frac{\Gamma_{I,J-1}}{y_j - y_{j-1}} \tag{3.15g}$$

$$D_n = \frac{\Gamma_{I,J}}{y_{j+1} - y_j} \tag{3.15h}$$

　　同样，在每个迭代层次上，用于估计上述各表达式的速度分量 u 和速度分量 v 均取上一次迭代后的数值(在首次迭代时是初始猜测值)。

　　给定一个压力场 p，我们便可针对每个 u 控制体积和 v 控制体积写出式(3.8)和(3.14)所示的动量方程的离散方程，并可从中求解出速度场。如果压力场是正确的，所得到的速度场将满足连续方程。但我们知道，到目前为止，压力场还是未知的，因此，我们剩下的任务就是寻求计算压力场的方法。此问题将在 3.3 节中解决。

3.3　流场计算的 SIMPLE 算法

　　SIMPLE 算法是目前工程上应用最为广泛的一种流场计算方法，它属于压力修正法的一种。传统意义上的 SIMPLE 算法是基于交错网格的，为此本节先介绍基于交错网格的 SIMPLE 算法。本节通过一个二维层流稳态问题来说明 SIMPLE 算法的原理及使用方法，在本章最后介绍如何将 SIMPLE 算法用于非稳态问题。第 4 章介绍如何将 SIMPLE 算法用于湍流计算。

3.3.1　SIMPLE 算法的基本思想

　　SIMPLE 是英文 Semi-Implicit Method for Pressure-Linked Equations 的缩写，意为"求解压力耦合方程组的半隐式方法"。该方法由 Patankar 与 Spalding 于 1972 年提出[30]，是一种主要用于求解不可压流场的数值方法(也可用于求解可压流动)。它的核心是采用"猜测-修正"的过程，在交错网格的基础上来计算压力场，从而达到求解动量方程(Navier-Stokes

方程)的目的。

　　SIMPLE 算法的基本思想可描述如下：对于给定的压力场(它可以是假定的值，或是上一次迭代计算所得到的结果)，求解离散形式的动量方程，得出速度场。因为压力场是假定的或不精确的，这样，由此得到的速度场一般不满足连续方程，因此，必须对给定的压力场加以修正。修正的原则是：与修正后的压力场相对应的速度场能满足这一迭代层次上的连续方程。据此原则，我们把由动量方程的离散形式所规定的压力与速度的关系代入连续方程的离散形式，从而得到压力修正方程，由压力修正方程得出压力修正值。接着，根据修正后的压力场，求得新的速度场。然后检查速度场是否收敛。若不收敛，用修正后的压力值作为给定的压力场，开始下一层次的计算。如此反复，直到获得收敛的解。

　　在上述求解过程中，如何获得压力修正值(即如何构造压力修正方程)，以及如何根据压力修正值确定"正确"的速度(即如何构造速度修正方程)，是 SIMPLE 算法的两个关键问题。为此，下面先解决这两个问题，然后给出 SIMPLE 算法的求解步骤。

3.3.2　速度修正方程

　　现考察一直角坐标系下的二维层流稳态问题。设有初始的猜测压力场 p^*，我们知道，动量方程的离散方程可借助该压力场得以求解，从而求出相应的速度分量 u^* 和 v^*。

　　根据动量方程的离散方程(3.8)和(3.14)，有：

$$a_{i,J}u^*_{i,J} = \sum a_{nb}u^*_{nb} + (p^*_{I-1,J} - p^*_{I,J})A_{i,J} + b_{i,J} \tag{3.16}$$

$$a_{I,j}v^*_{I,j} = \sum a_{nb}v^*_{nb} + (p^*_{I,J-1} - p^*_{I,J})A_{I,j} + b_{I,j} \tag{3.17}$$

　　现在，我们定义压力修正值 p' 为正确的压力场 p 与猜测的压力场 p^* 之差，有：

$$p = p^* + p' \tag{3.18}$$

　　同样地，我们定义速度修正值 u' 和 v'，以联系正确的速度场 (u,v) 与猜测的速度场 (u^*,v^*)，有：

$$u = u^* + u' \tag{3.19}$$

$$v = v^* + v' \tag{3.20}$$

　　将正确的压力场 p 代入动量离散方程(3.8)与(3.14)，得到正确的速度场 (u,v)。现在，从方程(3.8)和(3.14)中减去方程(3.16)和(3.17)，并假定源项 b 不变，有：

$$a_{i,J}\left(u_{i,J} - u^*_{i,J}\right) = \sum a_{nb}\left(u_{nb} - u^*_{nb}\right) + \left[\left(p_{I-1,J} - p^*_{I-1,J}\right) - \left(p_{I,J} - p^*_{I,J}\right)\right]A_{i,J} \tag{3.21}$$

$$a_{I,j}\left(v_{I,j} - v^*_{I,j}\right) = \sum a_{nb}\left(v_{nb} - v^*_{nb}\right) + \left[\left(p_{I,J-1} - p^*_{I,J-1}\right) - \left(p_{I,J} - p^*_{I,J}\right)\right]A_{I,j} \tag{3.22}$$

　　引入压力修正值与速度修正值的表达式(3.18)、(3.19)和(3.20)，方程(3.21)和(3.22)可写成：

$$a_{i,J}u'_{i,J} = \sum a_{nb}u'_{nb} + (p'_{I-1,J} - p'_{I,J})A_{i,J} \tag{3.23}$$

$$a_{I,j}v'_{I,j} = \sum a_{nb}v'_{nb} + (p'_{I,J-1} - p'_{I,J})A_{I,j} \tag{3.24}$$

　　可以看出，由压力修正值 p' 可求出速度修正值 (u',v')。上式还表明，任一点上速度的修正值由两部分组成：一部分是与该速度在同一方向上的相邻两节点间压力修正值之差，这是产生速度修正值的直接的动力；另一部分是由邻点速度的修正值所引起的，这又可以视为四周压力的修正值对所讨论位置上速度改进的间接影响。

为了简化式(3.23)和(3.24)的求解过程，在此，我们引入如下近似处理：略去方程中与速度修正值相关的 $\sum a_{nb}u'_{nb}$ 和 $\sum a_{nb}v'_{nb}$。该近似是 SIMPLE 算法的重要特征。略去后的影响将在下一节要介绍的 SIMPLEC 算法中讨论。于是有：

$$u'_{i,J} = d_{i,J}(p'_{I-1,J} - p'_{I,J}) \tag{3.25}$$
$$v'_{I,j} = d_{I,j}(p'_{I,J-1} - p'_{I,J}) \tag{3.26}$$

其中，

$$d_{i,J} = \frac{A_{i,J}}{a_{i,J}}, \quad d_{I,j} = \frac{A_{I,j}}{a_{I,j}} \tag{3.27}$$

将式(3.25)和(3.26)所描述的速度修正值，代入式(3.19)和(3.20)，有：

$$u_{i,J} = u^*_{i,J} + d_{i,J}(p'_{I-1,J} - p'_{I,J}) \tag{3.28}$$
$$v_{I,j} = v^*_{I,j} + d_{I,j}(p'_{I,J-1} - p'_{I,J}) \tag{3.29}$$

对于 $u_{i+1,J}$ 和 $v_{I,j+1}$，存在类似的表达式：

$$u_{i+1,J} = u^*_{i+1,J} + d_{i+1,J}(p'_{I,J} - p'_{I+1,J}) \tag{3.30}$$
$$v_{I,j+1} = v^*_{I,j+1} + d_{I,j+1}(p'_{I,J} - p'_{I,J+1}) \tag{3.31}$$

其中，

$$d_{i+1,J} = \frac{A_{i+1,J}}{a_{i+1,J}}, \quad d_{I,j+1} = \frac{A_{I,j+1}}{a_{I,j+1}} \tag{3.32}$$

式(3.28)～(3.31)表明，如果已知压力修正值 p'，便可对猜测的速度场 (u^*, v^*) 作出相应的速度修正，得到正确的速度场 (u, v)。

3.3.3　压力修正方程

在上面的推导中，我们只考虑了动量方程，其实，如前所述，速度场还受连续方程(3.3)的约束。按本节开头的约定，这里暂不讨论瞬态问题。对于稳态问题，连续方程可写为：

$$\frac{\partial(\rho u)}{\partial x} + \frac{\partial(\rho v)}{\partial y} = 0 \tag{3.33}$$

针对图 3.8 所示的标量控制体积，连续方程(3.33)满足如下离散形式：

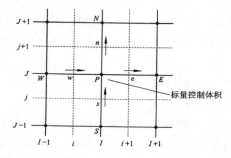

图 3.8　用于离散连续方程的标量控制体积

$$[(\rho uA)_{i+1,J} - (\rho uA)_{i,J}] + [(\rho vA)_{I,j+1} - (\rho vA)_{I,j}] = 0 \tag{3.34}$$

将正确的速度值，即式(3.28)～(3.31)，代入连续方程的离散方程(3.34)，有：

$$
\begin{aligned}
&\{\rho_{i+1,J}A_{i+1,J}[u^{*}_{i+1,J} + d_{i+1,J}(p'_{I,J} - p'_{I+1,J})] \\
&- \rho_{i,J}A_{i,J}[u^{*}_{i,J} + d_{i,J}(p'_{I-1,J} - p'_{I,J})]\} \\
&+ \{\rho_{I,j+1}A_{I,j+1}[v^{*}_{I,j+1} + d_{I,j+1}(p'_{I,J} - p'_{I,J+1})] \\
&- \rho_{I,j}A_{I,j}[v^{*}_{I,j} + d_{I,j}(p'_{I,J-1} - p'_{I,J})]\} = 0
\end{aligned}
\tag{3.35}
$$

整理后，得：

$$
\begin{aligned}
&[(\rho dA)_{i+1,J} + (\rho dA)_{i,J} + (\rho dA)_{I,j+1} + (\rho dA)_{I,j}]p'_{I,J} \\
&= (\rho dA)_{i+1,J}\,p'_{I+1,J} + (\rho dA)_{i,J}\,p'_{I-1,J} + (\rho dA)_{I,j+1}\,p'_{I,J+1} + (\rho dA)_{I,j}\,p'_{I,J-1} \\
&+ [(\rho u^{*}A)_{i,J} - (\rho u^{*}A)_{i+1,J} + (\rho v^{*}A)_{I,j} - (\rho v^{*}A)_{I,j+1}]
\end{aligned}
\tag{3.36}
$$

该式可简记为：

$$a_{I,J}\,p'_{I,J} = a_{I+1,J}\,p'_{I+1,J} + a_{I-1,J}\,p'_{I-1,J} + a_{I,J+1}\,p'_{I,J+1} + a_{I,J-1}\,p'_{I,J-1} + b'_{I,J} \tag{3.37}$$

其中，

$$a_{I+1,J} = (\rho dA)_{i+1,J} \tag{3.38a}$$

$$a_{I-1,J} = (\rho dA)_{i,J} \tag{3.38b}$$

$$a_{I,J+1} = (\rho dA)_{I,j+1} \tag{3.38c}$$

$$a_{I,J-1} = (\rho dA)_{I,j} \tag{3.38d}$$

$$a_{I,J} = a_{I+1,J} + a_{I-1,J} + a_{I,J+1} + a_{I,J-1} \tag{3.38e}$$

$$b'_{I,J} = (\rho u^{*}A)_{i,J} - (\rho u^{*}A)_{i+1,J} + (\rho v^{*}A)_{I,j} - (\rho v^{*}A)_{I,j+1} \tag{3.38f}$$

式(3.37)表示连续方程的离散方程，即压力修正值 p' 的离散方程。方程中的源项 b' 是由于不正确的速度场 (u^{*}, v^{*}) 所导致的"连续性"不平衡量。通过求解方程(3.37)，可得到空间所有位置的压力修正值 p'。

如同处理式(3.12)中的密度一样，式(3.38)中的 ρ 是标量控制体积界面上的密度值，同样需要通过插值得到，这是因为密度 ρ 是在标量控制体积中的节点(即控制体积的中心)定义和存储的，在标量控制体积界面上不存在可直接引用的值。无论采用何种插值方法，对于交界面所属的两个控制体积，必须采用同样的 ρ 值。

为了求解方程(3.37)，还必须对压力修正值的边界条件作出说明。实际上，压力修正方程是动量方程和连续方程的派生物，不是基本方程，故其边界条件也与动量方程的边界条件相联系。在一般的流场计算中，动量方程的边界条件通常有两类：第一，已知边界上的压力(速度未知)；第二，已知沿边界法向的速度分量。若已知边界压力 $\bar{p}$，可在该段边界上令 $p^{*} = \bar{p}$，则该段边界上的压力修正值 p' 应为零。这类边界条件类似于热传导问题中已知温度的边界条件。若已知边界上的法向速度，在设计网格时，最好令控制体积的界面与边界相一致，这样，控制体积界面上的速度为已知。

3.3.4　SIMPLE 算法的计算步骤

　　至此，我们已经得出了求解速度分量和压力所需要的所有方程。根据 3.3.1 小节介绍的 SIMPLE 算法的基本思想，我们可给出 SIMPLE 算法的计算流程，如图 3.9 所示。

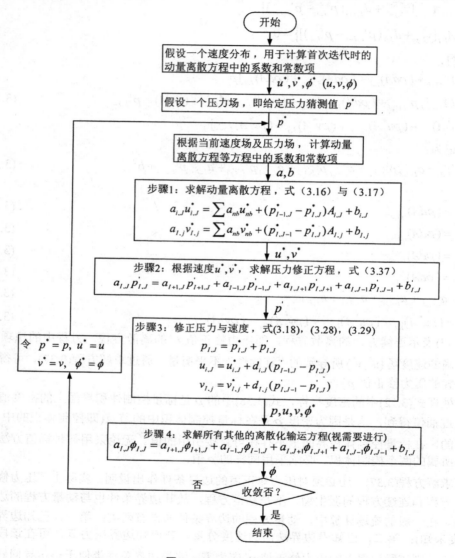

图 3.9　SIMPLE 算法流程图

3.3.5　SIMPLE 算法应用实例

　　SIMPLE 算法目前已被广泛用于流动及传热问题的数值模拟。为了说明 SIMPLE 算法的具体用法，这里给出两个简单的应用实例。

例 1　在图 3.10 所示的情形中，已知：$p_W = 60$，$p_S = 40$，$u_e = 20$，$v_n = 7$。又给定 $u_w = 0.7(p_W - p_P)$，$v_s = 0.6(p_S - p_P)$。以上各量的单位都是协调的。试采用 SIMPLE 算法确定 p_P，u_w 和 v_s 的值。

解：假设 $p_P = 20$，则可以利用给定的 u_w 和 v_s 的计算式(即 u 和 v 动量方程离散形式在该控制体积上的具体表达式)获得 u_w^* 和 v_s^* 之值：

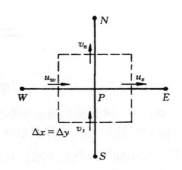

图 3.10　例 1 所使用的计算节点图

$$u_w^* = 0.7(60 - 20) = 28$$
$$v_s^* = 0.6(40 - 20) = 12$$

设在 w 和 s 两界面上满足连续性条件的速度为 u_w 及 v_s，则连续性方程为：

$$u_w + v_s = u_e + v_n$$

按 SIMPLE 算法，u_w，v_s 可表示为：

$$u_w = u_w^* + d_w(p_W' - p_P')$$
$$v_s = v_s^* + d_s(p_S' - p_P')$$

按已知条件，$d_w = 0.7$，$d_s = 0.6$，$p_W' = 0$，$p_S' = 0$ (因为 p_W 和 p_S 为已知)，得：

$$u_w = 28 - 0.7p_P'$$
$$v_s = 12 - 0.6p_P'$$

将此两式代入连续性方程得 p_P' 的方程：

$$40 - 1.3p_P' = 27$$

由此得：

$$p_P' = 10$$
$$p_P = p_P^* + p_P' = 20 + 10 = 30$$
$$u_w = u_w^* - 0.7p'_P = 28 - 7 = 21$$
$$v_s = v_s^* - 0.6p_P' = 12 - 6 = 6$$

至此，连续性方程已满足，而且给定的动量离散方程都是线性的，因而上述值即为所求解。

在实际求解动量方程时，由于方程离散形式中的各个系数均与流速有关，是非线性的，因而在获得了本层次连续性方程的速度场后还必须用新得到的速度去更新动量方程的系数，并重新求解动量方程，只有同时满足质量守恒和动量守恒的速度场才是所求的速度场。

例 2　设流经某多孔介质的一维流动的控制方程为：

$$C|u|u + \mathrm{d}p/\mathrm{d}x = 0$$
$$\mathrm{d}(uF)/\mathrm{d}x = 0$$

其中，系数 C 与空间位置有关，F 为流道的有效截面积。对于图 3.11 所示的均匀网格，已知：$C_B = 0.25$，$C_C = 0.2$，$F_B = 5$，$F_C = 4$，$p_1 = 200$，$p_3 = 38$，$\Delta x = 2$。以上各量的单位都是协调的，试采用 SIMPLE 算法确定 p_2、u_B 和 u_C 的值。

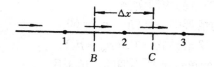

图 3.11　例 2 所使用的计算网格

解： 在一维无源的流动中要使连续方程得到满足，不同几何位置上的流速必是同向的，故 $|u|u$ 实际是 u^2 项。在作数值计算时，变量的平方项需要作线性化处理。为加速迭代收敛过程，采用如下线性化方法：设 u^0 为上一次计算值(或初始假定值)，u 为本次计算值，则：

$$u^2 \cong 2u^0u^2 - (u^0)^2$$

此式的导出过程与导出 Newton 迭代法求根公式相类似。于是，对于 B、C 界面，有：

$$u_B^* = \frac{u_B^0}{2} - \frac{p_2 - p_1}{2u_B^0 C_B \Delta x} \tag{a}$$

$$u_C^* = \frac{u_C^0}{2} - \frac{p_3 - p_2}{2u_C^0 C_C \Delta x} \tag{b}$$

而与压力修正值 p_2' 相应的速度修正值则为：

$$u'_B = \frac{-p_2'}{2u_B^0 C_B \Delta x} \tag{c}$$

$$u'_C = \frac{p_2'}{2u_C^0 C_C \Delta x} \tag{d}$$

利用这些公式，即可进行关于 u_B、u_C 及 p_2 的迭代计算。设 $u_B^0 = u_C^0 = 15$，$p_2^0 = 120$，则由式(a)与(b)得：

$$u_B^* = \frac{15}{2} - \frac{-80}{0.5 \times 15 \times 2} = 7.5 + 5.333 = 12.833$$

$$u_C^* = \frac{15}{2} + \frac{82}{0.2 \times 4 \times 15} = 7.5 + 6.833 = 14.333$$

这两个速度值不满足连续方程。计算修正后的速度：

$$u_B = u_B^* + u'_B = 12.833 - \frac{p_2'}{0.25 \times 4 \times 15} = 12.833 - 0.06666 p_2'$$

$$u_C = u_C^* + u'_C = 14.333 + \frac{p_2'}{0.2 \times 4 \times 15} = 14.333 + 0.08333 p_2'$$

代入连续方程，得：

$$5(12.833 - 0.06666 p_2') = 4(14.3333 + 0.08333 p_2')$$

$$0.6666 p_2' = 6.833$$

$$p_2' = 10.251$$

$$u_B = 12.833 - 0.06666 \times 10.251 = 12.150$$

$$u_C = 14.333 + 0.08333 \times 10.251 = 15.187$$

虽然这两个速度值已使连续方程得到满足，但由于动量方程的非线性特性(离散化时作了局部线性化处理)，还需要以 $p_2^0 = 130.251$，$u_B^0 = 12.150$，$u_C^0 = 15.187$ 开始进行第二个层次的迭代，直到连续方程与动量方程均满足为止。迭代过程所得结果列于表 3.1 中。这一问题的收敛解为 $p_2 = 128$，$u_B = 12$，$u_C = 15$。

表 3.1　例 2 的迭代计算结果

迭代层次	1	2	3
u_B^0	15	12.150	128.003
u_C^0	15	15.187	12.001
p_2^0	120	130.251	15.002
u_B^*	12.833	11.816	11.9998
u_C^*	14.833	15.186	15.0003
$p_2^{'}$	10.251	-2.2485	-0.00293
$u_B^{'}$	-0.6833	0.1851	0.000244
$u_C^{'}$	0.8542	-0.1851	-0.000244
u_B	12.150	12.001	12.000
u_C	15.187	15.002	15.000
p_2	130.251	128.003	128.000

3.3.6　对 SIMPLE 算法的讨论

为了更好地运用 SIMPLE 算法，现对该算法的使用注意事项作如下说明。

1.　关于算法中的简化处理

在建立 SIMPLE 算法的过程中，为了导出式(3.23)和(3.24)，假定动量方程中的各个系数及源项 b 为定值，但实际上这些参数是与速度相关的。不过作为非线性问题迭代求解的中间过程，在每个迭代层次上，它们的值被固定下来，会使计算大大简化，对最后收敛的结果不会有影响，但会影响收敛速度。如果在速度进行修正时，能对源项 b 同步修正，可能会使源项与速度场之间的同步性得到改善。

此外，为了得出简化的速度修正方程(3.25)和(3.26)，在式(3.23)和(3.24)中曾经略去了 $\sum a_{nb} u'_{nb}$ 和 $\sum a_{nb} v'_{nb}$ 项。这样处理后，对计算结果的精度并无影响。这是因为，如果保留 $\sum a_{nb} u'_{nb}$，就必须用 u_{nb} 的相邻点压力修正值和速度修正值表示这些项。这些邻点转而又引入邻点的邻点，如此等等。最后，速度修正公式将包含计算区域内所有节点的压力修正，这导致求解动量方程和连续方程的完整方程组。略去 $\sum a_{nb} u'_{nb}$，使我们能够把 p' 的方程写成通用微分方程的形式，因而可以利用逐次求解的过程，一次求解一个变量，实现了变量之间的解耦。$\sum a_{nb} u'_{nb}$ 等项代表着压力修正对速度的一种间接的、隐含的影响。计算实践已经证明，采用 SIMPLE 方法得出的收敛解，其压力场的解能使速度场(u^*, v^*)得到不断改进，最终满足连续方程，略去 $\sum a_{nb} u'_{nb}$ 等项不会导致任何误差。因为如果迭代趋于收敛时，则 u' 趋于零，因而 $\sum a_{nb} u'_{nb}$ 自然也应趋于零。

2. 加快迭代过程收敛的欠松弛技术

前已提到，由于在压力修正方程中略去了部分项，因此，计算过程的收敛速度受到一定影响。如果略去的项过多，有可能导致迭代过程发散。为此，出于加快收敛速度的目的，需要对压力修正方程的具体形式作进一步探讨。

实践表明，欠松弛技术是使压力修正方程稳定地趋于收敛的一种有效办法。在实施 **SIMPLE** 算法的过程中，速度与压力的修正值都应作欠松弛处理，但实施的方式有所不同。对于压力来讲，如果不作任何欠松弛处理，则可能导致迭代过程发散。借助欠松弛技术，改进后的压力按如下公式计算：

$$p^{new} = p^* + \alpha_p p' \tag{3.39}$$

其中，α_p 是压力欠松弛因子，取值范围为 0～1。总体而言，大的 α_p 可加快收敛速度，小的 α_p 会使计算的稳定性增加。如果 α_p 取为 1，则猜测压力场 p^* 直接用 p' 来修正，此时若猜测值 p^* 距离真解相差较远时，可能出现 p' 过大的现象，导致系统很难得到稳定的解；如果所取的 α_p 过小，虽然可以保证得到稳定的解，但收敛速度可能过慢。因此，α_p 一般可先试取 0.8，然后通过试算找到与所求解的问题的最适合的 α_p。

这样，式(3.39)所对应的压力 p^{new} 作为当前迭代层次的压力值来使用。

除了压力之外，对速度一般也要作欠松弛处理，这主要是为了防止相邻两个迭代层次之间的变化过大，从而改善非线性问题的收敛性。经迭代改进后的速度分量 u^{new} 和 v^{new} 可按下式计算：

$$u^{new} = \alpha_u u + (1 - \alpha_u)u^{(n-1)} \tag{3.40}$$

$$v^{new} = \alpha_v v + (1 - \alpha_v)v^{(n-1)} \tag{3.41}$$

式中，α_u 和 α_v 分别是速度 u 和速度 v 的欠松弛因子，二者均是 0～1 之间的数。u 和 v 是没有欠松弛条件下得到的修正后的速度。$u^{(n-1)}$ 和 $v^{(n-1)}$ 表示在上次迭代后的速度值。在经过一定的代数运算后，我们可以得到在欠松弛条件下的 u 动量方程的离散方程：

$$\frac{a_{i,J}}{\alpha_u}u_{i,J} = \sum a_{nb}u_{nb} + (p_{I-1,J} - p_{I,J})A_{i,J} + b_{i,J} + \left[(1 - \alpha_u)\frac{a_{i,J}}{\alpha_u}\right]u_{i,J}^{(n-1)} \tag{3.42}$$

同样，v 动量方程的离散方程为：

$$\frac{a_{I,j}}{\alpha_v}v_{I,j} = \sum a_{nb}v_{nb} + (p_{I,J-1} - p_{I,J})A_{I,j} + b_{I,j} + \left[(1 - \alpha_v)\frac{a_{I,j}}{\alpha_v}\right]v_{I,j}^{(n-1)} \tag{3.43}$$

速度的欠松弛处理也要影响到压力修正方程，压力修正方程中的系数 d 变为：

$$d_{i,J} = \frac{A_{i,J}\alpha_u}{a_{i,J}}, \quad d_{i+1,J} = \frac{A_{i+1,J}\alpha_u}{a_{i+1,J}}, \quad d_{I,j} = \frac{A_{I,j}\alpha_v}{a_{I,j}}, \quad d_{I,j+1} = \frac{A_{I,j+1}\alpha_v}{a_{I,j+1}} \tag{3.44}$$

在上面的表达式中，系数 a 的下标表示位置，需要参照上一节介绍过的图 3.5 来选取，在此不作详述。

选择一个比较准确的欠松弛因子，对流动计算的效率有着至关重要的影响。过大的值可能导致解的振荡或发散，过小的值可能导致解的收敛特别慢。由于合理的欠松弛因子取决于所要解决的流动问题本身，因此，还没有一种办法找出最优的欠松弛因子，只能靠用户逐个算例地去试验。多数情况下，用户可初选速度的欠松弛因子为 0.5，然后进行试验，观察迭代收敛的情况，最后选定符合特定问题的欠松弛因子。

3.　压力参考点的选取

对于不可压流体的流场计算，一般情况下我们关心的是流场中各点之间的压力差，而不是其绝对数值，因而也不是压力修正值 p' 的绝对数值。一般情况下，压力绝对值常比流经计算域的压差要高几个数量级，如果采用压力绝对值进行计算，则会导致压差的计算存在较大误差。例如在计算压差 $p_P - p_E$ 时，就会产生舍入误差。为了减少 p' 计算中的舍入误差，可以适当地取流场中某点作为参考点，令该点 $p = 0$，将其他节点的压力作为相对于参照值的相对压力。

3.4　SIMPLER / SIMPLEC / PISO 算法

SIMPLE 算法自问世以来，在被广泛应用的同时，也以不同方式不断地得到改善和发展，其中最著名的改进算法包括 SIMPLEC、SIMPLER 和 PISO 算法。本节介绍这些改进算法，并对各种算法作一对比。

3.4.1　SIMPLER 算法

SIMPLER 是英文 SIMPLE Revised 的缩写，顾名思义是 SIMPLE 算法的改进版本。它是由 SIMPLE 算法的创始者之一 Patanker 完成的[12]。

我们知道，在 SIMPLE 算法中，为了确定动量离散方程的系数，一开始就假定了一个速度分布，同时又独立地假定了一个压力分布，两者之间一般是不协调的，从而影响了迭代计算的收敛速度。实际上，不必在初始时刻单独假定一个压力场，因为与假定的速度场相协调的压力场是可以通过动量方程求出的。另外，在 SIMPLE 算法中对压力修正值 p' 采用了欠松弛处理，而欠松弛因子是比较难确定的，因此，速度场的改进与压力场的改进不能同步进行，最终影响收敛速度。于是，Patanker 便提出了这样的想法：p' 只用来修正速度，压力场的改进则另谋更合适的方法。将上述两方面的思想结合起来，就构成了 SIMPLER 算法。

在 SIMPLER 算法中，经过离散后的连续方程(3.34)用于建立一个压力的离散方程，而不像在 SIMPLE 算法中用来建立压力修正方程。从而，可直接得到压力，而不需要修正。但是，速度仍然需要通过 SIMPLE 算法中的修正方程(3.28)～(3.31)来修正。

将离散后的动量方程(3.8)和(3.14)重新改写后，有：

$$u_{i,J} = \frac{\sum a_{nb} u_{nb} + b_{i,J}}{a_{i,J}} + \frac{A_{i,J}}{a_{i,J}} (p_{I-1,J} - p_{I,J}) \tag{3.45}$$

$$v_{I,j} = \frac{\sum a_{nb} v_{nb} + b_{I,j}}{a_{I,j}} + \frac{A_{I,j}}{a_{I,j}} (p_{I,J-1} - p_{I,J}) \tag{3.46}$$

在 SIMPLER 算法中，定义伪速度 $\hat{u}$ 与 $\hat{v}$ 如下：

$$\hat{u} = \frac{\sum a_{nb} u_{nb} + b_{i,J}}{a_{i,J}} \tag{3.47}$$

$$\hat{v} = \frac{\sum a_{nb} v_{nb} + b_{I,j}}{a_{I,j}} \tag{3.48}$$

这样，式(3.45)与(3.46)可写为：

$$u_{i,J} = \hat{u}_{i,J} + d_{i,J}(p_{I-1,J} - p_{I,J}) \tag{3.49}$$

$$v_{I,j} = \hat{v}_{I,j} + d_{I,j}(p_{I,J-1} - p_{I,J}) \tag{3.50}$$

以上两式中的系数 d，仍沿用 3.3 节所给出的计算公式。同样可写出 $u_{i+1,J}$ 与 $v_{I,j+1}$ 的表达式。然后，将 $u_{i,J}$、$v_{I,j}$、$u_{i+1,J}$ 与 $v_{I,j+1}$ 的表达式代入离散后的连续方程(3.34)，有：

$$
\begin{aligned}
&\left\{ \rho_{i+1,J} A_{i+1,J} [\hat{u}_{i+1,J} + d_{i+1,J}(p_{I,J} - p_{I+1,J})] \right. \\
&\left. - \rho_{i,J} A_{i,J} [\hat{u}_{i,J} + d_{i,J}(p_{I-1,J} - p_{I,J})] \right\} \\
&+ \left\{ \rho_{I,j+1} A_{I,j+1} [\hat{v}_{I,j+1} + d_{I,j+1}(p_{I,J} - p_{I,J+1})] \right. \\
&\left. - \rho_{I,j} A_{I,j} [\hat{v}_{I,j} + d_{I,j}(p_{I,J-1} - p_{I,J})] \right\} = 0
\end{aligned} \tag{3.51}
$$

整理后，得到离散后的压力方程：

$$a_{I,J} p_{I,J} = a_{I+1,J} p_{I+1,J} + a_{I-1,J} p_{I-1,J} + a_{I,J+1} p_{I,J+1} + a_{I,J-1} p_{I,J-1} + b_{I,J} \tag{3.52}$$

其中，

$$a_{I+1,J} = (\rho d A)_{i+1,J} \tag{3.53a}$$

$$a_{I-1,J} = (\rho d A)_{i,J} \tag{3.53b}$$

$$a_{I,J+1} = (\rho d A)_{I,j+1} \tag{3.53c}$$

$$a_{I,J-1} = (\rho d A)_{I,j} \tag{3.53d}$$

$$a_{I,J} = a_{I+1,J} + a_{I-1,J} + a_{I,J+1} + a_{I,J-1} \tag{3.53e}$$

$$b_{I,J} = (\rho \hat{u} A)_{i,J} - (\rho \hat{u} A)_{i+1,J} + (\rho \hat{v} A)_{I,j} - (\rho \hat{v} A)_{I,j+1} \tag{3.53f}$$

我们注意到，方程(3.52)中的系数与压力修正方程(3.37)中的系数是一样的，差别仅在于源项 b。这里的源项 b 是用伪速度来计算的。因此，离散后的动量方程(3.16)和(3.17)，可借助上面得到的压力场来直接求解。这样，可求出速度分量 u^* 与 v^*。

在 SIMPLER 算法中，继续使用速度修正方程，即式(3.28)~(3.31)，来得出修正后的速度值。因此，也必须使用 p' 的方程，即式(3.37)，来获取修正速度时所需的压力修正量。SIMPLER 算法的流程见图 3.12。

在 SIMPLER 算法中，初始的压力场与速度场是协调的，且由 SIMPLER 方法算出的压力场不必作欠松弛处理，迭代计算时比较容易得到收敛解。但在 SIMPLER 的每一层迭代中，要比 SIMPLE 算法多解一个关于压力的方程组，一个迭代步内的计算量较大。总体而言，SIMPLER 的计算效率要高于 SIMPLE 算法。

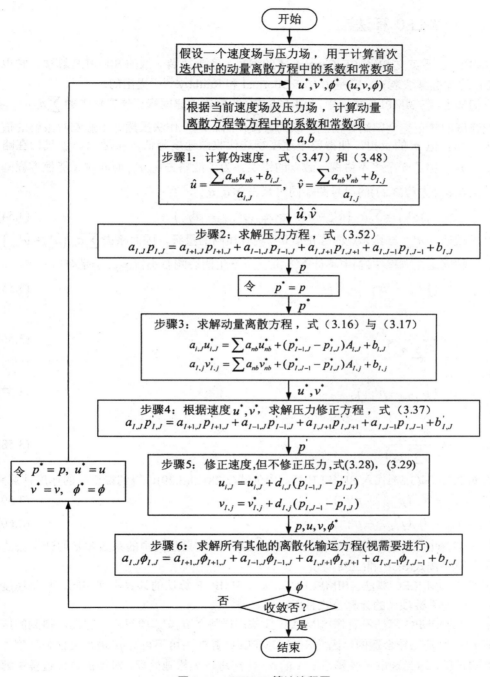

图 3.12 SIMPLER 算法流程图

3.4.2　SIMPLEC 算法

SIMPLEC 是英文 SIMPLE Consistent 的缩写，意为协调一致的 SIMPLE 算法。它也是 SIMPLE 的改进算法之一。它是由 Van Doormal 和 Raithby[25]所提出的。

我们知道，在 SIMPLE 算法中，为求解的方便，略去了速度修正值方程中的 $\sum a_{nb} u'_{nb}$ 项，从而把速度的修正完全归结为由压差项的直接作用。这一作法虽然并不影响收敛解的值，但加重了修正值 p' 的负担，使得整个速度场迭代收敛速度降低。实际上，当我们在略去 $\sum a_{nb} u'_{nb}$ 时，犯了一个"不协调一致"的错误。为了能略去 $a_{nb} u'_{nb}$ 而同时又能使方程基本协调，试在 $u'_{i,J}$ 方程(3.23)的等号两端同时减去 $\sum a_{nb} u'_{i,J}$，有：

$$\left(a_{i,J} - \sum a_{nb}\right) u'_{i,J} = \sum a_{nb}\left(u'_{nb} - u'_{i,J}\right) + A_{i,J}\left(p'_{I-1,J} - p'_{I,J}\right) \tag{3.54}$$

可以预期，$u'_{i,J}$ 与其邻点的修正值 u'_{nb} 具有相同的量级，因而略去 $\sum a_{nb}\left(u'_{nb} - u'_{i,J}\right)$ 所产生的影响远比在方程(3.23)中不计 $\sum a_{nb} u'_{nb}$ 所产生的影响要小得多。于是有：

$$u'_{i,J} = d_{i,J}\left(p'_{I-1,J} - p'_{I,J}\right) \tag{3.55}$$

其中，

$$d_{i,J} = \frac{A_{i,J}}{\left(a_{i,J} - \sum a_{nb}\right)} \tag{3.56}$$

类似地，有：

$$v'_{I,j} = d_{I,j}\left(p'_{I,J-1} - p'_{I,J}\right) \tag{3.57}$$

其中，

$$d_{I,j} = \frac{A_{I,j}}{\left(a_{I,j} - \sum a_{nb}\right)} \tag{3.58}$$

将式(3.56)和(3.58)代入 SIMPLE 算法中的式(3.28)和(3.29)，得到修正后的速度计算式：

$$u_{i,J} = u^*_{i,J} + d_{i,J}(p'_{I-1,J} - p'_{I,J}) \tag{3.59}$$

$$v_{I,j} = v^*_{I,j} + d_{I,j}(p'_{I,J-1} - p'_{I,J}) \tag{3.60}$$

式(3.59)和(3.60)在形式上与式(3.28)和(3.29)一致，只是其中的系数项 d 的计算公式不同，现在需要按式(3.56)和(3.58)计算。

这就是 SIMPLEC 算法。SIMPLEC 算法与 SIMPLE 算法的计算步骤相同，只是速度修正值方程中的系数项 d 的计算公式有所区别。

由于 SIMPLEC 算法没有像 SIMPLE 算法那样将 $\sum a_{nb} u'_{nb}$ 项忽略，因此，得到的压力修正值 p' 一般是比较合适的，因此，在 SIMPLEC 算法中可不再对 p' 进行欠松弛处理。但据作者的试验，适当选取一个稍小于 1 的 α_p 对 p' 进行欠松弛处理，对加快迭代过程中解的收敛也是有效的。

为便于初学者熟悉和掌握 SIMPLEC 算法，在图 3.13 中给出了 SIMPLEC 算法的流程图。

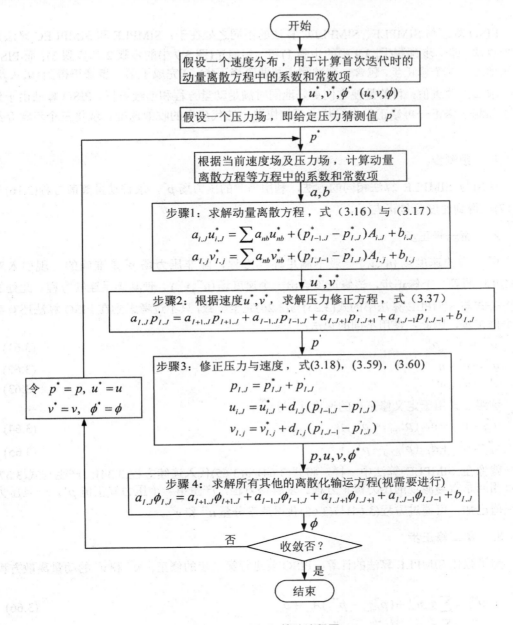

图 3.13　SIMPLEC 算法流程图

3.4.3　PISO 算法

PISO 是英文 Pressure Implicit with Splitting of Operators 的缩写，意为压力的隐式算子分割算法。PISO 算法是 Issa 于 1986 年提出的[26]，起初是针对非稳态可压流动的无迭代计算所建立的一种压力速度计算程序，后来在稳态问题的迭代计算中也较广泛地使用了该算法。

PISO 算法与 SIMPLE、SIMPLEC 算法的不同之处在于：SIMPLE 和 SIMPLEC 算法是两步算法，即一步预测(图 3.9 中的步骤 1)和一步修正(图 3.9 中的步骤 2 和步骤 3)；而 PISO 算法增加了一个修正步，包含一个预测步和两个修正步，在完成了第一步修正得到 (u, v, p) 后寻求二次改进值，目的是使它们更好地同时满足动量方程和连续方程。PISO 算法由于使用了预测—修正—再修正三步，从而可加快单个迭代步中的收敛速度。现将三个步骤介绍如下。

1. 预测步

使用与 SIMPLE 算法相同的方法，利用猜测的压力场 p^*，求解动量离散方程(3.16)与(3.17)，得到速度分量 u^* 与 v^*。

2. 第一修正步

所得到的速度场 (u^*, v^*) 一般不满足连续方程，除非压力场 p^* 是准确的。现引入对 SIMPLE 的第一个修正步，该修正步给出一个速度场 (u^{**}, v^{**})，使其满足连续方程。此处的修正公式与 SIMPLE 算法中的式(3.25)与(3.26)完全一致，只不过考虑到在 PISO 算法还有第二个修正步，因此，使用不同的记法：

$$p^{**} = p^* + p' \tag{3.61}$$
$$u^{**} = u^* + u' \tag{3.62}$$
$$v^{**} = v^* + v' \tag{3.63}$$

这组公式用于定义修正后的速度 u^{**} 与 v^{**}：

$$u_{i,J}^{**} = u_{i,J}^* + d_{i,J}(p'_{I-1,J} - p'_{I,J}) \tag{3.64}$$
$$v_{I,j}^{**} = v_{I,j}^* + d_{I,j}(p'_{I,J-1} - p'_{I,J}) \tag{3.65}$$

就像在 SIMPLE 算法中一样，将式(3.64)与(3.65)代入连续方程(3.34)，产生与式(3.37)具有相同系数与源项的压力修正方程。求解该方程，产生第一个压力修正值 p'。一旦压力修正值已知，可通过方程(3.64)与(3.65)获得速度分量 u^{**} 和 v^{**}。

3. 第二修正步

为了强化 SIMPLE 算法的计算，PISO 要进行第二步的修正。u^{**} 和 v^{**} 的动量离散方程是：

$$a_{i,J}u_{i,J}^{**} = \sum a_{nb}u_{nb}^* + (p_{I-1,J}^{**} - p_{I,J}^{**})A_{i,J} + b_{i,J} \tag{3.66}$$
$$a_{I,j}v_{I,j}^{**} = \sum a_{nb}v_{nb}^* + (p_{I,J-1}^{**} - p_{I,J}^{**})A_{I,j} + b_{I,j} \tag{3.67}$$

注意这两式实际就是式(3.16)和(3.17)。为引用方便，给出新的编号。

再次求解动量方程，可以得到两次修正的速度场 (u^{***}, v^{***})：

$$a_{i,J}u_{i,J}^{***} = \sum a_{nb}u_{nb}^{**} + (p_{I-1,J}^{***} - p_{I,J}^{***})A_{i,J} + b_{i,J} \tag{3.68}$$
$$a_{I,j}v_{I,j}^{***} = \sum a_{nb}v_{nb}^{**} + (p_{I,J-1}^{***} - p_{I,J}^{***})A_{I,j} + b_{I,j} \tag{3.69}$$

注意修正步中的求和项是用速度分量 u^{**} 和 v^{**} 来计算的。

现在，从式(3.68)中减去式(3.66)，从式(3.69)中减去式(3.67)，有：

$$u_{i,J}^{***} = u_{i,J}^{**} + \frac{\sum a_{nb}\left(u_{nb}^{**} - u_{nb}^{*}\right)}{a_{i,J}} + d_{i,J}\left(p"_{I-1,J} - p"_{I,J}\right) \tag{3.70}$$

$$v_{I,j}^{***} = v_{I,j}^{**} + \frac{\sum a_{nb}\left(v_{nb}^{**} - v_{nb}^{*}\right)}{a_{I,j}} + d_{I,j}\left(p"_{I,J-1} - p"_{I,J}\right) \tag{3.71}$$

其中，记号 $p"$ 是压力的二次修正值。有了该记号，p^{***} 可表示为：

$$p^{***} = p^{**} + p" \tag{3.72}$$

将 u^{***} 和 v^{***} 的表达式(3.70)和(3.71)，代入连续方程(3.34)，得到二次压力修正方程：

$$a_{I,J}p"_{I,J} = a_{I+1,J}p"_{I+1,J} + a_{I-1,J}p"_{I-1,J} + a_{I,J+1}p"_{I,J+1} + a_{I,J-1}p"_{I,J-1} + b"_{I,J} \tag{3.73}$$

其中，$a_{I,J} = a_{I+1,J} + a_{I-1,J} + a_{I,J+1} + a_{I,J-1}$。读者可参考建立方程(3.37)同样的过程，写出各系数如下：

$$a_{I+1,J} = (\rho d A)_{i+1,J} \tag{3.74a}$$

$$a_{I-1,J} = (\rho d A)_{i,J} \tag{3.74b}$$

$$a_{I,J+1} = (\rho d A)_{I,j+1} \tag{3.74c}$$

$$a_{I,J-1} = (\rho d A)_{I,j} \tag{3.74d}$$

$$b_{I,J}^{"} = \left(\frac{\rho A}{a}\right)_{i,J}\sum a_{nb}\left(u_{nb}^{**} - u_{nb}^{*}\right) - \left(\frac{\rho A}{a}\right)_{i+1,J}\sum a_{nb}\left(u_{nb}^{**} - u_{nb}^{*}\right)$$
$$+ \left(\frac{\rho A}{a}\right)_{I,j}\sum a_{nb}\left(v_{nb}^{**} - v_{nb}^{*}\right) - \left(\frac{\rho A}{a}\right)_{I,j+1}\sum a_{nb}\left(v_{nb}^{**} - v_{nb}^{*}\right) \tag{3.74e}$$

下面对源项 $b"$ 为何是式(3.74e)的形式，作一简要分析和解释。

对比建立方程(3.37)的过程，我们可以发现，式(3.74e)中的各项，是因在 u^{***} 和 v^{***} 的表达式(3.70)和(3.71)中存在 $\dfrac{\sum a_{nb}\left(u_{nb}^{**} - u_{nb}^{*}\right)}{a_{i,J}}$ 和 $\dfrac{\sum a_{nb}\left(v_{nb}^{**} - v_{nb}^{*}\right)}{a_{I,j}}$ 项所导致的，而在 u 和 v 的表达式(3.28)和(3.29)中没有这样的项，因此，式(3.37)不存在类似式(3.74e)中的各项。但式(3.37)存在另外一个源项，即 $\left[(\rho u^{*}A)_{i,J} - (\rho u^{*}A)_{i+1,J} + (\rho v^{*}A)_{I,j} - (\rho v^{*}A)_{I,j+1}\right]$，这是因速度 u 和 v 的表达式(3.28)和(3.29)中的 u^{*} 与 v^{*} 项所导致的。按此推断，在式(3.74e)中也应该存在类似表达式 $\left[(\rho u^{**}A)_{i,J} - (\rho u^{**}A)_{i+1,J} + (\rho v^{**}A)_{I,j} - (\rho v^{**}A)_{I,j+1}\right]$。但是，由于 u^{**} 和 v^{**} 满足连续方程，因此，$\left[(\rho u^{**}A)_{i,J} - (\rho u^{**}A)_{i+1,J} + (\rho v^{**}A)_{I,j} - (\rho v^{**}A)_{I,j+1}\right]$ 为 0。

现在，求解方程(3.73)，就可得到二次压力修正值 $p"$。这样，通过下式就可得到二次修正的压力场：

$$p^{***} = p^{**} + p" = p^{*} + p' + p" \tag{3.75}$$

最后，求解方程(3.70)与(3.71)，得到二次修正的速度场。

在瞬态问题的非迭代计算中，压力场 p^{***} 与速度场 (u^{***}, v^{***}) 被认为是准确的。对于稳态流动的迭代计算，PISO 算法的实施过程示于图 3.14 所示。

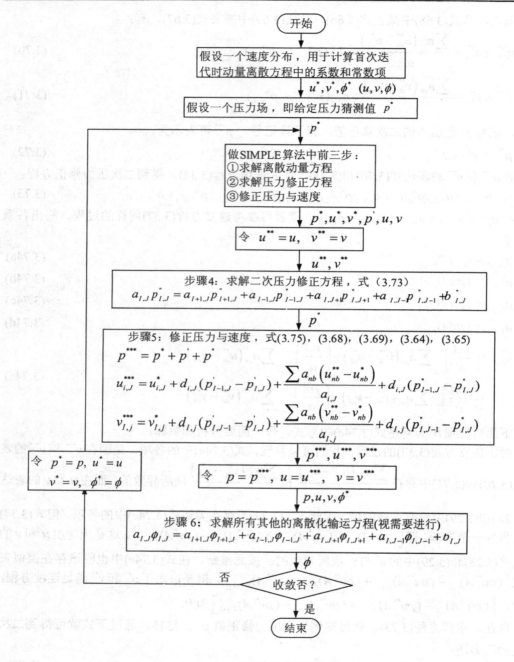

图 3.14   PISO 算法的流程图

　　PISO 算法要两次求解压力修正方程，因此，它需要额外的存储空间来计算二次压力修正方程中的源项。尽管该方法涉及较多的计算，但对比发现，它的计算速度很快，总体效率比较高。FLUENT 的用户手册[7]推荐，对于瞬态问题，PISIO 算法有明显的优势；而对于稳态问题，可能选 SIMPLE 或 SIMPLEC 算法更合适。

3.4.4　SIMPLE 系列算法的比较

SIMPLE 算法是 SIMPLE 系列算法的基础，目前在各种 CFD 软件中均提供这种算法。SIMPLE 的各种改进算法，主要是提高了计算的收敛性，从而缩短计算时间。

在 SIMPLE 算法中，压力修正值 p' 能够很好地满足速度修正的要求，但对压力修正不是十分理想。改进后的 SIMPLER 算法只用压力修正值 p' 来修正速度，另外构建一个更加有效的压力方程来产生"正确"的压力场。由于在推导 SIMPLER 算法的离散化压力方程时，没有任何项被省略，因此所得到的压力场与速度场相适应。在 SIMPLER 算法中，正确的速度场将导致正确的压力场，而在 SIMPLE 算法中则不是这样。所以 SIMPLER 算法是在很高的效率下正确计算压力场的，这一点在求解动量方程时有明显优势。虽然 SIMPLER 算法的计算量比 SIMPLE 算法高出 30%左右，但其较快的收敛速度使得计算时间减少 30～50%[11]。

SIMPLEC 和 PISO 算法总体上与 SIMPLER 具有同样的计算效率，相互之间很难区分谁高谁低，对于不同类型的问题每种算法都有自己的优势。一般来讲，动量方程与标量方程(如温度方程)如果不是耦合在一起的，则 PISO 算法在收敛性方面显得很健壮，且效率较高。而在动量方程与标量方程耦合非常密切时，SIMPLEC 和 SIMPLER 的效果可能更好些。

3.5　瞬态问题的数值计算

前面两节介绍的 SIMPLE 算法及其改进算法，均是针对稳态问题的，而多数工程实际问题是瞬态问题，或称非稳态问题。瞬态问题因场变量与时间有关，因此，计算相对复杂。本节介绍如何将 SIMPLE 算法及其改进算法用到瞬态问题上。本节所介绍的方法仍基于交错网格。

3.5.1　瞬态问题的 SIMPLE 算法

在第 2 章给出了瞬态问题通用控制方程在常规网格(非交错网格)上的离散方程(2.110)，在 3.2 节针对稳态问题讨论了在交错网格上进行动量方程离散的过程，将这两部分内容结合起来，我们可直接写出针对瞬态问题的动量方程(3.1)在交错网格(参见图 3.5)上、在位置 (i,J) 处的 $u_{i,J}$ 动量离散方程：

$$a_{i,J}u_{i,J} = \sum a_{nb}u_{nb} + (p_{I-1,J} - p_{I,J})A_{i,J} + b_{i,J} \tag{3.76}$$

实际上，该方程与稳态问题的离散方程(3.8)在形式上是一样的，区别只在于系数项 $a_{i,J}$ 和 $b_{i,J}$ 的计算公式不一样。在瞬态问题中，这两个系数项中增加了瞬态项。根据式(2.111)、(3.10)和(3.11)，可直接写出 $a_{i,J}$ 和 $b_{i,J}$ 如下：

$$\left. \begin{array}{l} a_{i,J} = \sum a_{nb} + \Delta F - S_{uP}\Delta V_u + a_{i,J}^0 \\ b_{i,J} = S_{uC}\Delta V_u + a_{i,J}^0 u_{i,J}^0 \end{array} \right\} \tag{3.77}$$

其中，

$$a_{i,J}^0 = \frac{\rho_{i,J}^0 \Delta V_u}{\Delta t} \tag{3.78}$$

式中 Δt 表示时间步长，上标 0 表示在上个时间步结束时取值，其余符号已在式(3.8)中作了说明。方程组系数 a_{nb} 取决于所采用的离散格式，其表达式与稳态问题时完全相同。

同样，v 动量方程也有类似关系。

在瞬态问题中，动量方程变化不大，压力修正方程需要重新建立。将式(3.3)所示的连续方程在二维空间的一个标量控制体积上进行积分，有：

$$\frac{(\rho_P - \rho_P^0)}{\Delta t} \Delta V + [(\rho u A)_w - (\rho u A)_w] + [(\rho v A)_n - (\rho v A)_s] = 0 \tag{3.79}$$

从上式导出的压力修正方程，自然要包含代表瞬态特性的项。按照推导稳态问题压力修正方程(3.37)同样的过程，我们可得瞬态问题压力修正方程如下：

$$a_{I,J} p_{I,J}' = a_{I+1,J} p_{I+1,J}' + a_{I-1,J} p_{I-1,J}' + a_{I,J+1} p_{I,J+1}' + a_{I,J-1} p_{I,J-1}' + b_{I,J}' \tag{3.80}$$

其中，

$$a_{I+1,J} = (\rho dA)_{i+1,J} \tag{3.81a}$$

$$a_{I-1,J} = (\rho dA)_{i,J} \tag{3.81b}$$

$$a_{I,J+1} = (\rho dA)_{I,j+1} \tag{3.81c}$$

$$a_{I,J-1} = (\rho dA)_{I,j} \tag{3.81d}$$

$$a_{I,J} = a_{I+1,J} + a_{I-1,J} + a_{I,J+1} + a_{I,J-1} \tag{3.81e}$$

$$b_{I,J}' = (\rho u^* A)_{i,J} - (\rho u^* A)_{i+1,J} + (\rho v^* A)_{I,J} - (\rho v^* A)_{I,j+1} + \frac{(\rho_P - \rho_P^0)\Delta V}{\Delta t} \tag{3.81f}$$

对瞬态问题的流动计算，借助隐式时间积分方案，在每个时间步内进行迭代，就好像在调用 SIMPLE 算法进行普通的稳态问题的迭代计算一样，直到取得本时间步的收敛解，然后转入下个时间步继续重复上述过程。

在每个时间步内调用 SIMPLE 算法进行迭代计算时，注意调用本节介绍的动量离散方程与压力修正方程，而不要调用在前面几节介绍的用于稳态问题的离散方程。

本节只讨论了 SIMPLE 算法在瞬态问题中所涉及的动量离散方程和压力修正方程，对于 SIMPLER 和 SIMPLEC 算法在瞬态问题中的对应方程，读者自己不难直接写出。

图 3.15 给出了调用 SIMPLE、SIMPLEC、SIMPLER 算法进行瞬态问题数值模拟的工作流程。

3.5.2 瞬态问题的 PISO 算法

PISO 算法原本就是为瞬态问题所建立的，是一种无迭代的瞬态计算程序。它的精度依赖于所选取的时间步长。与 3.4 节在稳态问题中使用 PISO 算法相比，在瞬态问题中使用 PISO 算法，其离散后的动量方程及两个压力修正方程有如下变化(读者可参照 3.5.1 小节同样的处理方式推出)：

● 在离散后的 u 动量方程和 v 动量方程中，参见式(3.16)与(3.17)，系数 a_P (即 $a_{i,J}$ 和

$a_{I,j}$)都增加了 $a_P^0 = \rho_P^0 \Delta V / \Delta t$。源项 b (即 $b_{i,J}$ 和 $b_{I,j}$)都增加了 $a_P^0 u_P^0$ 和 $a_P^0 v_P^0$。

● 在离散后的一次和二次压力修正方程中，参见式(3.37)与(3.73)，源项都增加了
$(\rho_P^0 - \rho_P)\Delta V / \Delta t$。

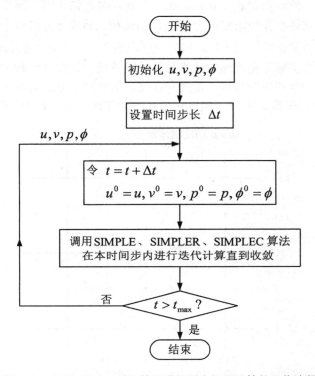

图 3.15　调用 SIMPLE 系列算法进行瞬态问题计算的工作流程

考虑上面这两条变化，沿用在 3.4 节给出的 PISO 的计算步骤，可在每个时间步内调用 PISO 算法计算出速度场与压力场。计算流程与图 3.15 基本一致，只要用 PISO 代替其中的 SIMPLE 算法即可。当然还需要注意，与稳态问题的计算相区别，在瞬态计算的每个时间步内，利用 PISO 算法计算时不需要迭代。

PISO 算法的精度取决于时间步长，在预测修正过程中，压力修正与动量方程计算所达到的精度分别是 $3(\Delta t^3)$ 和 $4(\Delta t^4)$ 的量级。可以看出，使用越小的时间步长，可取得越高的计算精度。当步长比较小时，不进行迭代也可保证计算有足够的精度。

3.6　基于同位网格的 SIMPLE 算法

前面介绍的 SIMPLE 算法及其改进的 SIMPLER、SIMPLEC、PISO 算法，均是基于交错网格的。交错网格在编程时相对比较复杂，因此，近年来出现了基于同位网格的 SIMPLE 算法。这种方法不必为速度和压力构造不同的控制体积，编程较简单，特别适合于三维复杂问题的计算。同位网格的成功应用，还为目前基于非结构网格的流场模拟奠定了基础。本节先介绍同位网格及其应用，3.7 节介绍非结构网格的应用。

3.6.1　同位网格简介

所谓同位网格，就是指把速度 u、v 及压力 p 同时存储在同一网格节点上，而不像交错网格那样将主控制体积作为求解压力 p 的控制体积、将在 x 方向有半个网格步长错位的控制体积作为求解速度 u 的控制体积。同位网格取自英文 collocated grid，是相对于交错网格而言的。同位网格实际上是普通的网格系统，即系统中只存在一种类型的控制体积，所有的变量均在此控制体积的中心点处定义和存储，所有控制方程均在该控制体积上进行离散，如图 3.16 所示。在图 3.16 中，速度 u、v、压力 p 和温度 T 均在控制体积 P 上存储。

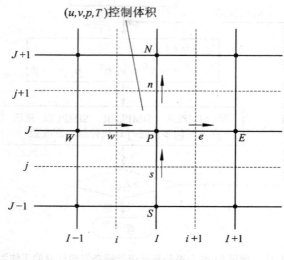

图 3.16　同位网格

根据 3.2.1 小节的分析我们知道，交错网格之所以成功，是因为它克服了 3.2.1 小节提到的当使用普通网格计算流场时所遇到的困难。也就是说，在基于交错网格的动量离散方程中使用了相邻节点而不是相间节点的压差。在有的文献中，将相邻节点之间的压差称为 $1-\delta$ 压差，而将相间节点之间的压差称为 $2-\delta$ 压差[2]。在同位网格系统中，如果我们也能在离散的动量方程或动量方程的某种特定形式上引入相邻节点压差，而不是相间节点压差，则同位网格同样能成功用于流场计算。

为此，下面围绕寻找在哪个环节可以引入相邻节点压差来建立基于同位网格的 SIMPLE 方法。

3.6.2　动量方程的离散

参照在交错网格中建立动量离散方程(3.8)的同样作法，在图 3.16 所示的同位网格上将稳态问题的 u 动量方程对控制体积 P 作积分，有：

$$a_{I,J}u_{I,J} = \sum a_{nb}u_{nb} + (p_{I,J} - p_{I+1,J})A_{I,J} + b_{I,J} \tag{3.82}$$

式(3.82)即为在同位网格上的动量离散方程。式中，系数 $a_{I,J}$、a_{nb} 和 $b_{I,J}$ 参照式(3.8)中的相应项计算。

在式(3.82)中，$p_{i,J}$ 和 $p_{i+1,J}$ 分别为界面 w 和界面 e 处的压力。在已知压力场的情况下，$p_{i,J}$ 和 $p_{i+1,J}$ 可通过线性插值得出。$A_{I,J}$ 为 P 点压力作用的面积，实际为控制体积在 y 向的高度 $(y_{j+1} - y_j)$。

需要说明的是，界面压力 $p_{i,J}$ 和 $p_{i+1,J}$ 需要通过插值得出，此时，仍要用到相间节点的压力，而不是相邻节点的压力。但稍后将为界面上的速度计算建立新的插值公式，那时将体现相邻节点压差。

改写式(3.82)，有：

$$u_{I,J} = \left(\frac{\sum a_{nb} u_{nb} + b_{I,J}}{a_{I,J}} \right) - \frac{A_{I,J}}{a_{I,J}} (p_{i+1,J} - p_{i,J}) \tag{3.83}$$

简记为：

$$u_{I,J} = \tilde{u}_{I,J} - \frac{A_{I,J}}{a_{I,J}} (p_{i+1,J} - p_{i,J}) \tag{3.84}$$

类似地，写出 P 点的 v 动量离散方程为：

$$a_{I,J} v_{I,J} = \sum a_{nb} v_{nb} + (p_{I,j} - p_{I,j+1}) A_{I,J} + b_{I,J} \tag{3.85}$$

注意，该方程的系数项虽然在形式上与方程(3.82)一致，但内容是不一样的。

在利用 SIMPLE 系列算法进行求解时，需要利用连续方程来导出压力修正值方程。不计非稳态项时，连续性方程在 P 控制体积上离散后得：

$$[(\rho u A)_{i+1,J} - (\rho u A)_{i,J}] + [(\rho v A)_{I,j+1} - (\rho v A)_{I,j}] = 0 \tag{3.86}$$

上式中出现的界面流速，在交错网格上是可以自然地获得的。但在同位网格上，则需要由节点的速度值来插值得到。而正是这一环节给我们提供了引入相邻节点压差的机会。

在此，我们参照 P 点流速 $u_{I,J}$ 的表达式(3.84)，界面 e 的速度 $u_{i+1,J}$ 可写成：

$$u_{i+1,J} = \tilde{u}_{i+1,J} - \left(\frac{A_{I,J}}{a_{I,J}} \right)_{i+1,J} (p_{I+1,J} - p_{I,J}) = \tilde{u}_{i+1,J} - d_{i+1,J}(p_{I+1,J} - p_{I,J}) \tag{3.87}$$

其中，$d_{i+1,J} = \left(A_{I,J} / a_{I,J} \right)_{i+1,J}$。

这里，我们需要对式(3.87)予以特殊关注。正是在这一表达式中引入了相邻节点压差，而且它出现在界面动量方程的压力梯度的线性差分中，满足了我们在 3.6.1 小节提出的要求。这种方法被称为动量插值法(Momentum Interpolation Method，简称 MIM)，它是由 Rhie 和 Chow 于 1983 年提出的[27]，目前被广泛引用，几乎所有基于非交错网格的数值计算方法均使用该动量插值方程。该方法的实质是利用动量方程的形式来插值。

3.6.3　压力修正方程的建立

在动量插值方程(3.87)中，界面上的速度 $\tilde{u}_{i+1,J}$ 及系数 $d_{i+1,J}$ 均需要通过线性插值的方法由节点上的值来表示。参考图 3.16，有：

$$\tilde{u}_{i+1,J} = \tilde{u}_{I,J} \frac{x_{I+1} - x_{i+1}}{x_{I+1} - x_I} + \tilde{u}_{I+1,J} \frac{x_{i+1} - x_I}{x_{I+1} - x_I} \tag{3.88}$$

$$d_{i+1,J} = \left(\frac{A_{I,J}}{a_{I,J}}\right)_{i+1,J} = \left(\frac{A_{I,J}}{a_{I,J}}\right) \frac{x_{I+1} - x_{i+1}}{x_{I+1} - x_I} + \left(\frac{A_{I+1,J}}{a_{I+1,J}}\right) \frac{x_{i+1} - x_I}{x_{I+1} - x_I} \tag{3.89}$$

类似地，对其他几个界面，可以写出：

$$u_{i,J} = \tilde{u}_{i,J} - \left(\frac{A_{I,J}}{a_{I,J}}\right)_{i,J} (p_{I,J} - p_{I-1,J}) = \tilde{u}_{i,J} - d_{i,J}(p_{I,J} - p_{I-1,J}) \tag{3.90}$$

$$v_{I,j+1} = \tilde{v}_{I,j+1} - \left(\frac{A_{I,J}}{a_{I,J}}\right)_{I,j+1} (p_{I,J+1} - p_{I,J}) = \tilde{v}_{I,j+1} - d_{I,j+1}(p_{I,J+1} - p_{I,J}) \tag{3.91}$$

$$v_{I,j} = \tilde{v}_{I,j} - \left(\frac{A_{I,J}}{a_{I,J}}\right)_{I,j} (p_{I,J} - p_{I,J-1}) = \tilde{v}_{I,j} - d_{I,j}(p_{I,J} - p_{I,J-1}) \tag{3.92}$$

按照在交错网格上推导 u' 和 v' 的同样过程，现引入 SIMPLE 算法中略去邻点速度修正值的思想，有：

$$u'_{i+1,J} = \left(\frac{A_{I,J}}{a_{I,J}}\right)_{i+1,J} (p'_{I,J} - p'_{I+1,J}) = d_{i+1,J}(p'_{I,J} - p'_{I+1,J}) \tag{3.93a}$$

$$u'_{i,J} = \left(\frac{A_{I,J}}{a_{I,J}}\right)_{i,J} (p'_{I-1,J} - p'_{I,J}) = d_{i,J}(p'_{I-1,J} - p'_{I,J}) \tag{3.93b}$$

$$v'_{I,j+1} = \left(\frac{A_{I,J}}{a_{I,J}}\right)_{I,j+1} (p'_{I,J} - p'_{I,J+1}) = d_{I,j+1}(p'_{I,J} - p'_{I,J+1}) \tag{3.93c}$$

$$v'_{I,j} = \left(\frac{A_{I,J}}{a_{I,J}}\right)_{I,j} (p'_{I,J-1} - p'_{I,J}) = d_{I,j}(p'_{I,J-1} - p'_{I,J}) \tag{3.93d}$$

现在，我们以式(3.82)所求出的速度 u 为 u^*，与式(3.93a)计算的结果相加，得到 $u_{i+1,J} = u^*_{i+1,J} + u'_{i+1,J}$，代入式(3.35)后，得出与交错网格中形式上完全一样的压力修正方程：

$$a_{I,J} p'_{I,J} = a_{I+1,J} p'_{I+1,J} + a_{I-1,J} p'_{I-1,J} + a_{I,J+1} p'_{I,J+1} + a_{I,J-1} p'_{I,J-1} + b'_{I,J} \tag{3.94}$$

其中，

$$a_{I+1,J} = (\rho d A)_{i+1,J} \tag{3.95a}$$

$$a_{I-1,J} = (\rho d A)_{i,J} \tag{3.95b}$$

$$a_{I,J+1} = (\rho d A)_{I,j+1} \tag{3.95c}$$

$$a_{I,J-1} = (\rho d A)_{I,j} \tag{3.95d}$$

$$a_{I,J} = a_{I+1,J} + a_{I-1,J} + a_{I,J+1} + a_{I,J-1} \tag{3.95e}$$

$$b'_{I,J} = (\rho u^* A)_{i,J} - (\rho u^* A)_{i+1,J} + (\rho v^* A)_{I,j} - (\rho v^* A)_{I,j+1} \tag{3.95f}$$

将式(3.94)、(3.95)与交错网格上的式(3.37)、(3.38)对比，发现两组公式是一致的，即 a 及源项 b' 在交错网格与同位网格上的计算公式在形式上是相同的，二者的差别在于：

(1)　这里 d 的值需要按式(3.89)由相邻节点上的值线性插值而得；

(2)　式(3.95)中的界面速度 u^* 与 v^* 应采用动量插值公式计算。

3.6.4　同位网格上 SIMPLE 算法的计算步骤

在同位网格上实施 SIMPLE 算法的步骤如下：

(1)　根据经验假设一个压力场的初始猜测值，记为 p^*。

(2)　将 p^* 代入动量离散方程(3.82)、(3.85)，求出相应的速度 u^*、v^*。

(3)　计算各界面处的 d 值。

(4)　根据动量插值公式(3.87)、(3.90)、(3.91)、(3.92)，计算界面流速 $u^*_{i+1,J}$、$u^*_{i,J}$、$v^*_{I,j+1}$ 和 $v^*_{I,j}$，从而可得出压力修正方程的源项以及各系数。

(5)　求解压力修正值方程(3.94)，得到压力修正值 p'。

(6)　参照用于计算界面速度修正值 $u'_{i+1,J}$ 的式(3.93a)，按下式计算节点的速度修正值 $u'_{I,J}$ 与 $v'_{I,J}$：

$$u'_{I,J} = \left(\frac{A_{I,J}}{a_{I,J}}\right)^u_{I,J} (p'_{i,J} - p'_{i+1,J}) \tag{3.96}$$

$$v'_{I,J} = \left(\frac{A_{I,J}}{a_{I,J}}\right)^v_{I,J} (p'_{I,j} - p'_{I,j+1}) \tag{3.97}$$

其中，上标 u 和 v 分别表示 $\left(\dfrac{A_{I,J}}{a_{I,J}}\right)$ 是 u 方程和 v 方程的值。界面上的压力修正值需采用线性插值公式来确定，即：

$$\left(p'_{i,J} - p'_{i+1,J}\right) = \left(p'_{I-1,J} \frac{x_I - x_i}{x_I - x_{I-1}} + p'_{I,J} \frac{x_i - x_{I-1}}{x_I - x_{I-1}}\right)$$
$$- \left(p'_{I,J} \frac{x_{I+1} - x_{i+1}}{x_{I+1} - x_I} + p'_{I+1,J} \frac{x_{i+1} - x_I}{x_{I+1} - x_I}\right) \tag{3.98}$$

$$\left(p'_{I,j} - p'_{I,j+1}\right) = \left(p'_{I,J-1} \frac{y_J - y_j}{y_J - y_{J-1}} + p'_{I,J} \frac{y_j - y_{J-1}}{y_J - y_{J-1}}\right)$$
$$- \left(p'_{I,J} \frac{y_{J+1} - y_{j+1}}{y_{J+1} - y_J} + p'_{I,J+1} \frac{y_{j+1} - y_J}{y_{J+1} - y_J}\right) \tag{3.99}$$

(7)　将 $(u^* + u')$、$(v^* + v')$ 及 $(p^* + \alpha_p p')$ 作为修正后的 u、v 和 p，重新回到第(2)步，开始下一层次的迭代计算，直到得出收敛解。注意，这里的压力修正使用了欠松弛因子 α_p。

用流程图表示，在图 3.17 中给出了同位网格上的 SIMPLE 算法。

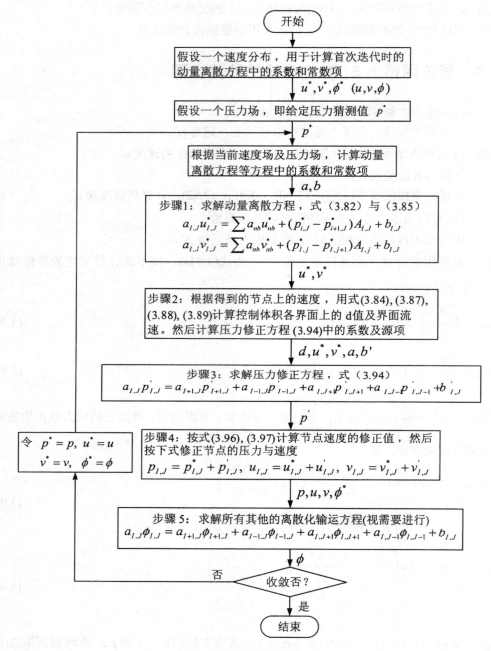

图 3.17   同位网格上的 SIMPLE 算法

3.6.5   关于同位网格应用的几点说明

(1)   在基于同位网格的 SIMPLE 算法中，同样可以使用欠松弛因子，以加快迭代计算的收敛速度。

(2)　数值计算实践表明，对于二维问题，在同位网格上计算所得的解在时间及解的准确度方面大致与交错网格求解的结果相当，有时可能还要稍为逊色。但对于三维问题，特别是针对复杂区域的三维计算，同位网格在计算速度上的优势是明显的[2]。

(3)　若在生成式(3.93a)～(3.93d)的过程中，保留邻点的速度修正值，则可参照 3.5 节中的同样方法，建立基于同位网格的 SIMPLEC 算法。实际上，基于同位网格的 SIMPLEC 算法与 SIMPLE 算法在计算步骤上完全一样，只是用 $\left[\dfrac{A_{I,J}}{(a_{I,J}-\sum a_{nb})}\right]_{i+1,J}$ 代替式(3.93a)中的 $\left(\dfrac{A_{I,J}}{a_{I,J}}\right)_{i+1,J}$，在式(3.93b)～(3.93d)中也进行类似替代即可。这种替代，相当于用新方法计算其中的系数 d。注意，在式(3.96)和(3.97)中也要进行此替代。

(4)　对于瞬态问题，所得到的动量离散方程及压力修正方程与式(3.82)及(3.94)在形式上相同。对于动量离散方程(3.82)，系数 a_{nb} 不变，而 $a_{I,J}$ 和 $b_{I,J}$ 参照式(3.77)计算。对于压力修正方程(3.94)，系数 a 不变，源项 b 增加瞬态项 $\dfrac{(\rho_P-\rho_P^0)\Delta V}{\Delta t}$，即具有式(3.81f)的形式。求解方法与 3.5.1 小节一致。

3.7　基于非结构网格的 SIMPLE 算法

前面讨论的交错网格和同位网格，都属于结构网格。随着 CFD 的发展，近几年，出现了一种形式上更加灵活的网格，非结构网格。它适用性强，特别适用于边界比较复杂的问题，因此，得到了广泛应用。本节介绍如何在非结构网格上利用 SIMPLE 系列算法进行流动计算。

3.7.1　非结构网格及控制体积的定义

在 2.2 节对结构网格(structured grid)及非结构网格(unstructured grid)作了简要介绍。总体来讲，在结构网格中，各网格单元和节点的排列是规则的，就像本章前面几节所看到的那样；而非结构网格在网格和节点排列方式上没有特定的规则，不同类型、形状和大小的网格可能出现在一个计算问题中，在流场变化比较大的地方，进行局部网格加密。

非结构网格虽然给流场计算方法及编程带来一定困难，但因其适用性强，尤其是解决复杂问题时，有突出优点，因此，近几年得到广泛应用，如 FLUENT 自 5.5 版之后，便采用了非结构网格。由于非结构网格兼容结构网格，因此，研究非结构网格上的流场解法，更具普遍意义。

图 3.18 是一个在二维非结构网格上使用有限体积法的示意图。图中左侧是控制体积 P，右侧是控制体积 E。这里的控制体积可以是任意多边形(在三维问题中可以任意多面体)，为了叙述方便，这里用四边形来表示控制体积，控制体积的各个面(边)可以是任意方向，

不要求与坐标轴平行。与同位网格一样，所有物理量(速度 u、v、压力 p、温度 T 和密度 ρ 等)均在控制体积中心节点上定义和存储。在图 3.18 中，控制体积 P 与控制体积 E 相邻，点 1 与点 2 的连线是两个控制体积的界面。

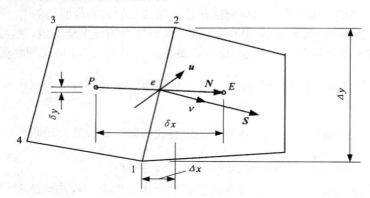

图 3.18　非结构网格中控制体积 P 及其相邻控制体积 E

在非结构网格中，与某一控制体积相邻的控制体积数 N_s 可能多于该控制体积的面数 N_s'，即某一个面(边)的不同部位可能分别与不同的控制体积相邻，这在局部网格加密时经常出现。这时，我们将该控制体积按具有 N_s 个面来对待。在二维问题中，它就是一个具有 N_s 条边的多边形。

现假定图 3.18 中的控制体积 P 是一 N_s 多边形。控制体积 P 的中心为节点 P，控制体积 E 的中心为节点 E，两个控制体积的界面为 e，两个节点通过矢量 N 连接，$N = \delta x i + \delta y j$。在界面 e 的面积矢量(界面的外法线矢量)是 S，$S = \Delta y i - \Delta x j$。界面 e 的单位法向矢量为 v，$N = v_x i + v_y j$ (实际上，v 是 S 的单位矢量)。在控制体积的界面 e 上，假定流速及压力没有变化，流速为 u，$u = u i + v j$。

下面所要建立的所有公式均遵从上述约定。

3.7.2　通用控制方程的离散

在第 1 章给出了通用形式的控制方程，式(1.19)，重写如下：

$$\frac{\partial(\rho\phi)}{\partial t} + \mathrm{div}(\rho u \phi) = \mathrm{div}(\Gamma \,\mathrm{grad}\, \phi) + S \tag{3.100}$$

该方程属于守恒型的控制方程，可以用来直接在时间域和控制体积上积分。为说明更直接，现暂不考虑对时间域的积分，只考虑对控制体积的积分。对图 3.18 所示的任意控制体积 P 积分，有[24]：

$$\int_{\Delta V} \frac{\partial(\rho\phi)}{\partial t} \mathrm{d}V + \int_{\Delta V} \mathrm{div}(\rho u \phi) \mathrm{d}V = \int_{\Delta V} \mathrm{div}(\Gamma \,\mathrm{grad}\, \phi) \mathrm{d}V + \int_{\Delta V} S \mathrm{d}V \tag{3.101}$$

为了得出上式中对流项及扩散项的体积分，就象式(2.102)中那样，再次引入 Gauss 散度定理[6]：

$$\int_{\Delta V} \mathrm{div}(a) \mathrm{d}V = \int_{\Delta S} v \cdot a \mathrm{d}S = \int_{\Delta S} v_i a_i \mathrm{d}S = \int_{\Delta S} (a_x v_x + a_y v_y + a_z v_z) \mathrm{d}S \tag{3.102}$$

式中，ΔV 是三维积分域，ΔS 是与 ΔV 对应的闭合边界面，a 是任意矢量，v 是积分体的面元 $\mathrm{d}S$ 的表面外法线单位矢量，a_i 和 v_i 是矢量 a 和 v 的分量。上式服从张量的指标求和约定。

将式(3.101)按照式(3.102)所给出的散度定理进行变换，有：

$$\int_{\Delta V} \frac{\partial(\rho\phi)}{\partial t}\mathrm{d}V + \int_{\Delta S} \rho\phi u_i v_i \mathrm{d}S = \int_{\Delta S} \Gamma \frac{\partial\phi}{\partial x_i} v_i \mathrm{d}S + \int_{\Delta V} S\mathrm{d}V \tag{3.103}$$

式中，ΔV 表示图 3.18 所示控制体积 P 的体积，ΔS 表示该控制体积的表面积(在二维问题中是多边形的边长)，x_i 表示坐标方向，$x_1 = x$，$x_2 = y$，v_i 表示控制体积各边的单位法向矢量，$v_1 = v_x$，$v_2 = v_y$，u_i 表示速度分量，$u_1 = u$，$u_2 = v$。

现对方程(3.103)中各项讨论如下。

1.　瞬态项

$$\int_{\Delta V} \frac{\partial(\rho\phi)}{\partial t}\mathrm{d}V = \frac{(\rho\phi)_P - (\rho\phi)_P^0}{\Delta t}\Delta V \tag{3.104}$$

式中，上标 0 代表在前个时间步的值，Δt 是时间步长，ϕ_P 是变量 ϕ 在控制体积中心点 P 的值。

2.　源项

$$\int_{\Delta V} S\mathrm{d}V = S\Delta V = (S_C + S_P\phi_P)\Delta V = S_C\Delta V + S_P\phi_P\Delta V \tag{3.105}$$

注意在上式中引入了在第 2 章所讨论的源项线性化的结果，将源项线性化是多数 CFD 软件常用的处理模式。

3.　扩散项

$$\int_{\Delta S} \Gamma \frac{\partial\phi}{\partial x_i} v_i \mathrm{d}S = \sum_{E=1}^{N_S} \left\{ (\phi_E - \phi_P) \Big/ \sqrt{\delta x^2 + \delta y^2} \times \Big[\Gamma(v_x\Delta y - v_y\Delta x) \Big] \right\}_E + C_{diff} \tag{3.106}$$

式中，N_S 是控制体积 P 的总面数，也就相邻控制体积的数量。变量 E 表示与控制体积 P 有公共界面的各个控制体积，符号 v_x 和 v_y 表示控制体积各界面的单位法向矢量的分量，符号 Δx 和 Δy 表示界面的外法线矢量的分量，符号 δx 和 δy 是两个控制体积之间节点 P 到节点 E 的矢量分量。C_{diff} 是公共界面上的交叉扩散项[31]，当图 3.18 中矢量 N 与界面 e 垂直时，通过该界面的交叉扩散量 C_{diff} 等于 0；对于一般的准正交网格，C_{diff} 是小量，可按 0 处理；若网格高度奇异，则 C_{diff} 不可忽略，但目前还没有办法准确计算出这一项[24]。因此，为避免计算 C_{diff}，在构建网格时尽量选择正交网格。

实际上，式(3.106)中 $\partial\phi/\partial x_i$ 的计算使用了线性插值(中心差分格式)。

4.　对流项

$$\int_S \rho\phi u_i v_i \mathrm{d}S = \sum_{E=1}^{N_s} \Big[\rho\phi(u\Delta y - v\Delta x) \Big]_E \tag{3.107}$$

注意，上式中界面处的 ϕ 值要通过插值公式(空间离散格式)计算。在 2.4 节讨论的各种低阶离散格式，都可直接用于界面处 ϕ 值的计算。

将式(3.104)～(3.107)代入(3.103)，接着对方程在时间域上进行积分，然后参照建立式(2.107)同样的办法，在时间域上引入全隐式时间积分方案，得到式(3.100)在非结构网格上的离散方程[24]：

$$a_P \phi_P = \sum_{E}^{N_s} a_E \phi_E + b_P \tag{3.108}$$

式中，系数

$$a_P = \sum_{E}^{N_s} a_E + \frac{(\rho_P \Delta V)^0}{\Delta t} - S_P \Delta V \tag{3.109}$$

$$b_P = \frac{(\rho_P \phi_P \Delta V)^0}{\Delta t} + S_c \Delta V \tag{3.110}$$

注意在系数 a_P 中，不像式(2.108)那样含有 ΔF，这是由于当流场满足连续方程时有 $\Delta F = 0$，对此曾在 2.9.6 小节结合式(2.114)做过说明。

此外，系数 a_E 取决于对流项所使用的离散格式。如果对流项使用一阶迎风格式，有：

$$a_E = D_e + \max(0, -F_e) \tag{3.111a}$$

对于中心差分格式有：

$$a_E = D_e - \frac{F_e}{2} \tag{3.111b}$$

在其他离散格式下的 a_E 计算公式，读者可自己推导。

在式(3.111)中，符号 e 表示控制体积 P 与 E 相邻的界面，F_e 和 D_e 分别是界面 e 上的对流质量流量与扩散传导性，计算公式如下：

$$F_e = \rho \boldsymbol{u} \cdot \boldsymbol{S} \tag{3.112}$$

$$D_e = \Gamma_\phi \frac{\boldsymbol{S} \cdot \boldsymbol{N}}{|\boldsymbol{N}|^2} \tag{3.113}$$

式中各矢量的定义见图 3.18。这里的 F_e 和 D_e 均是矢量的点积，是有正负之分的，例如，当 $\boldsymbol{u}$ 与 $\boldsymbol{S}$ 同向时，F_e 为正；当 $\boldsymbol{u}$ 与 $\boldsymbol{S}$ 反向时，F_e 为负。需要说明的是，为了得到界面上的 F_e 和 D_e，需要根据相应控制体积节点上的 u、v、ρ 和 Γ_ϕ 值作线性插值。线性插值的方法见 3.7.7 小节。

3.7.3　动量方程的离散

现将本章开头给出的动量方程(3.1)和(3.2)按散度形式重写如下：

$$\frac{\partial(\rho u)}{\partial t} + \text{div}(\rho \boldsymbol{u} u) = \text{div}(\mu \, \text{grad} \, u) - \frac{\partial p}{\partial x} + S_u \tag{3.114}$$

$$\frac{\partial(\rho v)}{\partial t} + \text{div}(\rho \boldsymbol{u} v) = \text{div}(\mu \, \text{grad} \, v) - \frac{\partial p}{\partial y} + S_v \tag{3.115}$$

从形式上讲，动量方程是通用控制方程(3.100)的特例，只不过压力从源项中分离出来单独表示。有了 3.6 节在同位网格上建立动量离散方程的基础，参照 3.7.2 小节所得到的基于非结构网格的通用控制方程的离散形式，我们可直接写出在非结构网格上的 u 动量离散方程如下：

$$a_p u_P = \sum_{E=1}^{N_S} a_E u_E - \sum_{e=1}^{N_S} p_e \left(\Delta y \right)_e + b_P \tag{3.116}$$

式中，符号 e 表示控制体积 P 的各个界面，p_e 代表界面 e 上的压力，系数 $(\Delta y)_e$ 是界面 e 的终点与起点的 y 坐标之差，它是有正负的。在一个二维的控制体积中，各界面(边)的起点及终点次序按逆时针排列。例如，对于图 3.18 所示控制体积 P，界面 1-2 的 (Δy) 为 $(y_2 - y_1)$，而界面 4-1 的 (Δy) 为 $(y_1 - y_4)$。式(3.116)中的其他系数同式(3.108)，只不过将原式中的通用变量 ϕ 用速度 u 替代。

需要说明的是，界面 e 上的压力 p_e 需要通过控制体积 P 与控制体积 E 中心节点处的压力线性插值得出。

按照同样办法，可得到 v 动量方程的离散形式：

$$a_P v_P = \sum_{E=1}^{N_S} a_E v_E - \sum_{e=1}^{N_S} p_e \left(\Delta x \right)_e + b_P \tag{3.117}$$

注意，该方程中的各系数在形式及计算方法上与方程(3.116)中的系数是一样的，只不过是要用与速度 v 相关的参数代入。

借用 3.6 节在同位网格上建立控制体积界面速度的方程(3.87)，即动量插值方程，我们可写出在非结构网格上的界面速度方程：

$$u_e = \left(\frac{\sum\limits_{E=1}^{N_S} a_E u_E + b_P}{a_P} \right)_e - \left(\frac{\Delta y}{a_P} \right)_e \left(p_E - p_P \right) \tag{3.118}$$

$$v_e = \left(\frac{\sum\limits_{E=1}^{N_S} a_E v_E + b_P}{a_P} \right)_e - \left(\frac{\Delta x}{a_P} \right)_e \left(p_E - p_P \right) \tag{3.119}$$

注意，界面上的物理量通过控制体积 P 与控制体积 E 中心节点处的物理量线性插值得出。

3.7.4　速度修正方程的建立

假设压力修正值 p' 已知(将在 3.7.5 小节给出确定 p' 的方法)，现引入 SIMPLE 算法中略去邻点速度修正值的思想，得到界面上的速度修正方程如下：

$$u'_e = \left(\frac{\Delta y}{a_P} \right)_e \left(p'_P - p'_E \right) \tag{3.120}$$

$$v'_e = \left(\frac{\Delta x}{a_P} \right)_e \left(p'_P - p'_E \right) \tag{3.121}$$

按照同样思路，得到控制体积节点上的速度修正方程：

$$u'_P = \sum_{e=1}^{N_S} \left[-p'_e \left(\frac{\Delta y}{a_P} \right)_e \right] \tag{3.122}$$

$$v'_P = \sum_{e=1}^{N_s}\left[-p'_e\left(\frac{\Delta x}{a_P}\right)_e \right] \tag{3.123}$$

其中，这两式中的 a_P 分别表示 u 动量方程(3.116)和 v 动量方程(3.117)中的值。各个界面上的压力 p'_e 通过通过控制体积 P 与控制体积 E 中心节点处的压力修正值线性插值得出。

针对一给定的压力场 p^*，通过动量离散方程(3.116)和(3.117)可求得速度 u_P 和 v_P，将这两个速度标记为 u_P^* 和 v_P^*，再考虑式(3.122)和(3.123)，得到控制体积节点上的"正确"速度如下：

$$u_P = u_P^* + u'_P \tag{3.124}$$

$$v_P = v_P^* + v'_P \tag{3.125}$$

将 u_P^* 和 v_P^* 代入式(3.118)与(3.119)，可以得到界面上的速度 u_e^* 和 v_e^*，再考虑式(3.120)和(3.121)，得到控制体积界面上的"正确"速度如下：

$$u_e = u_e^* + u'_e = u_e^{*'} + \left(\frac{\Delta y}{a_P}\right)_e \left(p'_P - p'_E \right) \tag{3.126}$$

$$v_e = v_e^* + v'_e = v_e^{*'} + \left(\frac{\Delta x}{a_P}\right)_e \left(p'_P - p'_E \right) \tag{3.127}$$

3.7.5　压力修正方程的建立

现将本章开头给出的连续方程(3.3)按散度形式重写如下：

$$\frac{\partial \rho}{\partial t} + \mathrm{div}(\rho \boldsymbol{u}) = 0 \tag{3.128}$$

在时间间隔 Δt 内对控制体积 P 作积分，且以 $\frac{\rho_P - \rho_P^0}{\Delta t}$ 代替 $\frac{\partial \rho}{\partial t}$，采用全隐式格式，可得：

$$\frac{\rho_P - \rho_P^0}{\Delta t}\Delta V + \sum_{e=1}^{N_s}(\rho \boldsymbol{u} \cdot \boldsymbol{S})_e = 0 \tag{3.129}$$

考虑界面上的速度表达式(3.126)和(3.127)，及界面的法向矢量 $\boldsymbol{S} = \Delta y \boldsymbol{i} - \Delta x \boldsymbol{j}$，单个界面 e 上的 $(\rho \boldsymbol{u} \cdot \boldsymbol{S})_e$ 如下：

$$\left(\rho \boldsymbol{u} \cdot \boldsymbol{S}\right)_e = \left(\rho u^* \Delta y\right)_e - \left(\rho v^* \Delta x\right)_e + \left(\frac{\rho \Delta y^2}{a^u} + \frac{\rho \Delta x^2}{a^v}\right)_e \left(p'_P - p'_E \right) \tag{3.130}$$

式中，a^u 和 a^v 分别是 u 动量方程(3.116)和 v 动量方程(3.117)中的值 a_P 值。

将控制体积各个界面对应的式(3.130)写出，然后代入(3.129)，得到压力修正方程：

$$a_P p'_P = \sum_E^{N_s} a_E p'_E + b_P \tag{3.131}$$

式中，系数

$$a_E = \left[\left(\frac{\rho \Delta y^2}{a^u} + \frac{\rho \Delta x^2}{a^v} \right)_e \right]_E \tag{3.132}$$

$$a_P = \sum_E^{N_S} a_E \tag{3.133}$$

$$b_P = \sum_E^{N_S} \left[\left(\rho u^* \Delta y \right)_e - \left(\rho v^* \Delta x \right)_e \right]_E + \frac{\rho_P - \rho_P^0}{\Delta t} \Delta V \tag{3.134}$$

注意，式(3.132)及(3.134)中的物理量因有下标 e，因此都是界面上的值，另外一个下标 E 代表该界面是与控制体积 E 相邻的界面。在式(3.132)中，界面 e 上的 a 值需要通过控制体积 P 和控制体积 E 的两个节点的值线性插值得到。

从方程(3.131)可解出节点上的压力修正值 p_P'，再通过线性插值可得出界面上的压力修正值 p_e'。按下式得到修正后的压力场：

$$p_P = p_P^* + p_P' \tag{3.135}$$

3.7.6 非结构网格上 SIMPLE 算法的计算步骤

在非结构网格上实施 SIMPLE 算法，与在 3.6 节介绍的在同位网格上实施 SIMPLE 算法相比，过程几乎是一样的。

在本节建立的动量离散方程及压力修正方程，均是针对瞬态问题的。若所求解的问题是稳态问题，则所得到的离散方程仍具有式(3.108)的形式，只不过在其系数计算式(3.109)和(3.110)中去掉与时间相关的项即可。注意在动量离散方程(3.116)和(3.117)作同样调整。此外，在压力修正方程(3.131)的系数计算式(3.134)中，同样去掉与时间相关的一项。

现参照 3.6 节的叙述，给出在非结构网格上分析稳态问题(或瞬态问题的一个时间步)的 SIMPLE 算法计算步骤：

(1) 根据经验假设一个压力场的初始猜测值，记为 p^*。

(2) 将 p^* 代入动量离散方程(3.116)和(3.117)，求出相应的速度 u^* 和 v^*。注意，对于稳态问题，在通过式(3.109)和(3.110)计算方程的系数 a_P 和源项 b_P 时，需要去掉瞬态项。

(3) 根据动量插值公式，式(3.118)和(3.119)，计算界面流速 u_e^* 和 v_e^*。

(4) 根据式(3.132)、(3.132)和(3.134)计算压力修正方程的系数及源项。注意，对于稳态问题，在通过式(3.134)计算源项 b_P 时，需要去掉瞬态项。

(5) 求解压力修正值方程(3.131)，得到节点上的压力修正值 p_P'。

(6) 通过插值方式计算各界面上的压力修正值 p_e'。然后根据式(3.122)和(3.123)，计算节点速度修正值 u_P' 与 v_P'。

(7) 根据式(3.124)、(3.125)及(3.135)，计算修正后的速度 u、v 和压力 p。

(8) 检查结果是否收敛。若不收敛，重新回到第 2 步，开始下一层次的迭代计算，直到得出收敛解。

在图 3.19 中给出了在非结构网格上实施 SIMPLE 算法的流程。

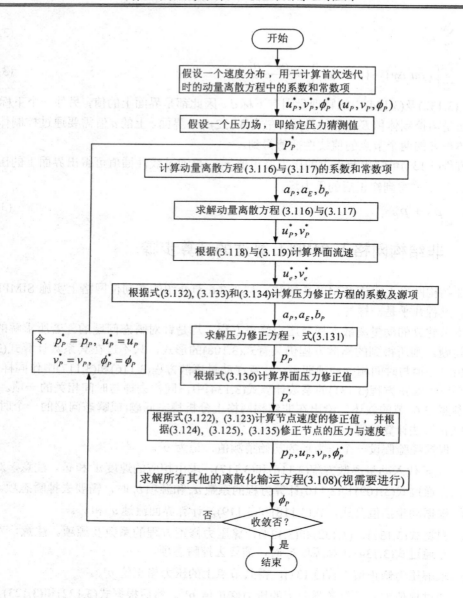

图 3.19　非结构网格上的 SIMPLE 算法流程

3.7.7　关于非结构网格应用的几点说明

1.　物理量的线性插值

在上述计算过程中多次提到，在界面 e 上的物理量，如压力修正值 p'_e 和方程的系数 $(a_P)_e$ 等，只能通过控制体积 P 和控制体积 E 的两个节点的值插值得到。下面以计算界面压力修正值 p'_e 为例，给出相应的插值公式。

参考图 3.18，假定控制体积 P 和控制体积 E 的两个节点处的压力修正值分别为 p'_P 和 p'_E，又假定点 P 到点 E 的距离由两段构成，即界面 e 到点 P 的距离为 Δ_P 和界面 e 到点 E 的距离为 Δ_E，则界面 e 上的压力修正值 p'_e 为：

$$p'_e = \left(p'_P \frac{\Delta_E}{\Delta_P + \Delta_E} + p'_E \frac{\Delta_P}{\Delta_P + \Delta_E} \right) \tag{3.136}$$

2.　非结构网格上的 SIMPLEC 算法

若在生成式(3.120)和(3.121)的过程中，保留邻点的速度修正值，则可参照 3.4 节同样方法，建立基于非结构网格的 SIMPLEC 算法。

基于非结构网格的 SIMPLEC 算法与 SIMPLE 算法在计算步骤上完全一样，只是用 $\left[\Delta y \Big/ \left(a_P - \sum\limits_{E=1}^{N_S} a_E \right) \right]_e$ 代替式(3.120)中的 $\left(\dfrac{\Delta y}{a_P} \right)_e$，$\left[\Delta x \Big/ \left(a_P - \sum\limits_{E=1}^{N_S} a_E \right) \right]_e$ 代替式(3.120)中的 $\left(\dfrac{\Delta y}{a_P} \right)_e$ 即可。注意，在式(3.122)和(3.123)中也要进行此替代。

3.　欠松弛处理

为了加快收敛，或避免产生的振荡，在(3.135)所示的压力计算公式中，可以使用欠松弛技术。有关欠松弛技术见前面各节中的介绍。

3.8　离散方程组的基本解法

无论采用何种离散格式，也无论采用什么算法，最终都要生成离散方程组。除非对瞬态问题采用显式解法，都需要求解离散方程组。虽然许多介绍数值方法的教科书中都有关于代数方程组的解法，但因有限体积法所生成的离散方程组往往是三对角或五对角的方程组，因此有必要探寻更简洁的解法。

3.8.1　对流-扩散问题的离散方程组的特点

在采用有限体积法离散计算区域后，所生成的对流-扩散问题的离散方程组，具有如下形式：

$$a_P \phi_P = \sum a_{nb} \phi_{nb} + b \tag{3.137}$$

式中，ϕ_P 是控制体积 P 上的待求物理量。ϕ_P 可以是速度 u、v、w、压力 p，还可以是温度 T 等。每个未知量都对应一个方程总数为 N_p 的方程组(N_p 为系统中控制体积的总数)。一个二维的流体动力学问题往往至少要求解关于 u、v 和 p 三个方程组。

在结构网格下，与一维流动问题相对应的每个方程组是一个三对角方程组；在二维、三维问题中，分别是五对角和七对角方程组(对应于一阶离散格式)。而在非结构网格上，因为一个控制体积周围的相邻控制体积的数量不是固定的，因此，所生成的方程组不一定是严格的三对角、五对角和七对角形式的，可能个别方程中含有较多控制体积的节点未知量。

在考虑代数方程组的解法时，应当考虑其系数矩阵的特点。

3.8.2　代数方程组的基本解法

代数方程的求解可以分成直接解法及迭代法两大类。所谓直接解法是指通过有限步的数值计算获得代数方程真解的方法。而迭代法往往是先假定一个关于求解变量的场分布，然后通过逐次迭代的方法，得到所有变量的解。用迭代法得到的解一般是近似解。

最基本的直接解法是 Cramer 矩阵求逆法和 Gauss 消去法。Cramer 矩阵求逆法只适用于方程组规模非常小的情况。Gauss 消去法先要把系数矩阵通过消元而化为上三角阵，然后逐一回代，从而得到方程组的解。Gauss 消去法虽然比 Cramer 矩阵求逆法能够适应较大规模的方程组，但还是不如迭代法效率高。

目前最基本的迭代法是 Jacobi 迭代法和 Gauss-Seidel 迭代法。这二者均可非常容易地在计算机上实现。但当方程组规模较大时，要获得收敛解，往往速度很慢。因此，一般的 CFD 软件都不使用这类方法。

Tomas 在较早以前开发了一种能快速求解三对角方程组的解法 TDMA(Tri-Diagonal Matrix Algorithm)，目前在 CFD 软件中得到了较广泛应用。对于一维 CFD 问题，TDMA 实际上是一种直接解法。但它可以迭代使用，从而用于求解二维和三维问题中非三对角方程组。它最大的特点是速度快、占用的内存空间小。后来，该算法又针对不同的问题得到了改进，出现了如 CTDMA(循环三对角阵算法)和 DTDMA(双三对角阵算法)等等。本节只介绍基本的 TDMA 解法。

3.8.3　TDMA 解法

1.　TDMA 在三对角方程中的应用

考虑方程组具有如下的三对角形式：

$$
\begin{aligned}
\phi_1 &= C_1 \\
-\beta_2\phi_1 + D_2\phi_2 - \alpha_2\phi_3 &= C_2 \\
-\beta_3\phi_2 + D_3\phi_3 - \alpha_3\phi_4 &= C_3 \\
-\beta_4\phi_3 + D_4\phi_4 - \alpha_4\phi_5 &= C_4 \\
&\cdots\cdots \\
-\beta_n\phi_{n-1} + D_n\phi_n - \alpha_n\phi_{n+1} &= C_n \\
\phi_{n+1} &= C_{n+1}
\end{aligned}
\tag{3.138}
$$

在上式中，假定 ϕ_1 和 ϕ_{n+1} 是边界上的值，为已知。上式中任一方程都可写成：

$$
-\beta_j\phi_{j-1} + D_j\phi_j - \alpha_j\phi_{j+1} = C_j
\tag{3.139}
$$

方程组(3.138)中，除第一及最后一个方程外，其余方程可写为：

$$\phi_2 = \frac{\alpha_2}{D_2}\phi_3 + \frac{\beta_2}{D_2}\phi_1 + \frac{C_2}{D_2}$$

$$\phi_3 = \frac{\alpha_3}{D_3}\phi_4 + \frac{\beta_3}{D_3}\phi_2 + \frac{C_3}{D_3}$$

$$\phi_4 = \frac{\alpha_4}{D_4}\phi_5 + \frac{\beta_4}{D_4}\phi_3 + \frac{C_4}{D_4} \tag{3.140}$$

$$\cdots\cdots$$

$$\phi_n = \frac{\alpha_n}{D_n}\phi_{n+1} + \frac{\beta_n}{D_n}\phi_{n-1} + \frac{C_n}{D_n}$$

这些方程可通过消元和回代两个过程来求解。消元步起自于从方程(3.140)第二式中消去 ϕ_2，我们将方程(3.140)第一式代入第二式，有：

$$\phi_3 = \left(\frac{\alpha_3}{D_3 - \beta_3\frac{\alpha_2}{D_2}}\right)\phi_4 + \left(\frac{\beta_3\left(\frac{\beta_2}{D_2}\phi_1 + \frac{C_2}{D_2}\right) + C_3}{D_3 - \beta_3\frac{\alpha_2}{D_2}}\right) \tag{3.141}$$

现引入记号：

$$A_2 = \frac{\alpha_2}{D_2}, \qquad C_2' = \frac{\beta_2}{D_2}\phi_1 + \frac{C_2}{D_2} \tag{3.142}$$

方程(3.141)写为：

$$\phi_3 = \left(\frac{\alpha_3}{D_3 - \beta_3 A_2}\right)\phi_4 + \left(\frac{\beta_3 C_2' + C_3}{D_3 - \beta_3 A_2}\right) \tag{3.143}$$

如果令：

$$A_3 = \frac{\alpha_3}{D_3 - \beta_3 A_2}, \quad C_3' = \frac{\beta_3 C_2' + C_3}{D_3 - \beta_3 A_2} \tag{3.144}$$

方程(3.143)写为：

$$\phi_3 = A_3\phi_4 + C_3' \tag{3.145}$$

这样，式(3.145)可用于从方程(3.140)第三式中消去 ϕ_3。此过程重复进行，直到最后一个方程。这样就完成了消去过程。

对于回代，我们重复使用式(3.145)的关系，即

$$\phi_j = A_j\phi_{j+1} + C_j' \tag{3.146}$$

式中：

$$A_j = \frac{\alpha_j}{D_j - \beta_j A_{j-1}}, \quad C_j' = \frac{\beta_j C_{j-1}' + C_j}{D_j - \beta_j A_{j-1}} \tag{3.147}$$

通过为 A 和 C' 设置如下的值，式(3.146)可用于边界点 $j=1$ 和 $j=n+1$

$$A_0 = 0, \quad C_1' = \phi_1 \tag{3.148a}$$

$$A_{n+1} = 0, \quad C_{n+1}' = \phi_{n+1} \tag{3.148b}$$

为了求解方程组，首先要对方程组按(3.139)的形式编排，并明确其中的系数 α_j、β_j、

D_j 和 C_j。然后，从 $j=2$ 起，利用式(3.147)顺序计算系数 A_j 和 C_j'，直到 $j=n$。由于在边界位置 $(n+1)$ 的 ϕ 值是已知的，因此，根据式(3.146)按 $(\phi_n, \phi_{n-1}, \phi_{n-2}, ..., \phi_2)$ 的顺序，可连续计算出 ϕ_j。

2.　TDMA 在二维问题中的应用

前已所述，CFD 计算的二维问题一般对应于五对角方程组，而不是一维问题中的三对角方程组。我们可以通过迭代方式来使用 TDMA，来求解二维问题的方程组。

假定有图 3.20 所示的二维计算网格，对应的离散后的输运方程为：

$$-a_S\phi_S + a_P\phi_P + a_N\phi_N = a_W\phi_W + a_E\phi_E + b \tag{3.149}$$

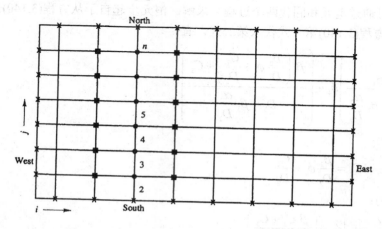

图 3.20　使用 TDMA 方法求解二维问题的计算网格

我们暂且假定式(3.149)的右端项是已知的，这样，方程(3.149)具有方程(3.140)的形式，其中，$\alpha_j \equiv a_N$、$\beta_j \equiv a_S$、$D_j \equiv a_P$ 和 $C_j \equiv a_W\phi_W + a_E\phi_E + b$。现在，我们可沿着某一条所选定的线(如图 3.20 中标识为 South-North 的一条竖线)的 $n-s$ 方向求解出 $j=2,3,4,...,n$ 的 ϕ 值。

接下来，转入下一条竖线。这样，可以将各条竖线均扫一遍。如果我们的计算是从西(West)到东(East)进行，则当前这条竖线的西侧的值 ϕ_W 就是已知的，因为可从前一条竖线的计算结果中找到，而东侧的值 ϕ_E 是未知的，因此，该求解过程必须迭代进行。在每个迭代步循环之内，ϕ_E 的值可以取自在上一个迭代循环结束之后的值或给定的初值(在首次迭代时要用初值，可以将初值设为 0)。该迭代过程称为逐行迭代，直到收敛为止。

与之类似，对于三维过程的 TDMA 迭代计算，先在一选择的平面上按上述过程进行逐行迭代计算，完成后，转入下个平面。

对此感兴趣的读者，可参考文献[11]。

3.9　本 章 小 结

本章讨论了基于有限体积法的各种流行的流场数值解法，这些解法以 SIMPLE 为代表，具有以下特征：

- 与动量方程非线性特性有关的问题，输运方程间存在耦合的问题，均可通过迭代的方式，借助这些解法来计算。
- 为避免出现不能检测振荡压力场的问题，在本章引入了交错网格，所有 SIMPLE 系列算法起初均基于这种网格来构建。
- 在交错网格中，存在不同类型的控制体积，包括标量控制体积和速度控制体积两类。标量控制体积仍是原来的主控制体积，而速度控制体积在坐标方向上与主控制体积有一定的错位。速度分量在速度控制体积上定义和存储，即速度值被存储在标量控制体积的界面上。而压力等标量在标量控制体积上定义和存储。标量节点落在速度控制体积的界面上。
- SIMPLE 算法是一个用于压力场与速度场计算的迭代过程，后来的改进算法，如 SIMPLER、SIMPLEC、PISO 都明显加快了收敛速度，使得计算效率提高。

为了避免采用交错网格时存在的编程复杂等困难，本章给出了在同位网格上的 SIMPLE 算法。基于同位网格的 SIMPLE 算法在解决三维问题时可明显比交错网格提高效率。

对于在 CFD 领域最新出现的非结构网格，本章也给予了足够的关注，给出了在非结构网格上的 SIMPLE 算法计算公式及计算过程。

此外，本章还介绍了瞬态问题的数值解法。对于瞬态问题的求解，在第个时间步内相当于求解一个稳态问题。

本章的内容是 CFD 计算的核心，是求解任何流动问题均需要涉及的内容，应该全面掌握。本章没有谈到湍流问题的解法，下一章将引入湍流的附加方程，即在现有控制方程的基础上，再适当增加标量方程的数量，然后按本章同样解法来求解。

3.10　复习思考题

(1) 流场数值计算的目的是什么？包括哪些常见的内容？常用的计算方法如何分类？

(2) 可压流动与不可压流动，在数值解法上各有何特点，为何不可压流动在求解时反而比可压流动有更多的困难？

(3) 压力修正法在流场数值计算方法中占用什么样的地位？

(4) 为何要使用交错网格？交错网格的特点及用法如何？

(5) 在交错网格上，有限体积法如何实施？标量控制体积与速度控制体积有何区别和联系？各有什么作用？

(6) 在交错网格上如何生成动量方程的离散方程？所生成的离散方程的形式怎样？方程的系数如何计算？

(7) SIMPLE 算法的基本思想是什么？动量方程和连续方程在其中是如何得到满足的？在交错网格上如何实施 SIMPLE 算法？

(8) SIMPLEC 算法与 SIMPLE 算法相比有何改进？效果在哪里？请给出 SIMPLEC 算法的具体实施条件和步骤。

(9) 请编写一个一维的 SIMPLEC 算法程序，并参照本章的例题 2 自行设计一个简单的流动问题，用你所编写的程序进行求解。

(10) SIMPLER 和 PISO 的主要特点是什么？与 SIMPLE 算法的区别在哪里？

(11) 什么是同位网格？在同位网格上进行流场计算的好处是什么？如何在同位网格上实施 SIMPLE 算法？

(12) 研究在非结构网格上的 SIMPLE 算法有何好处？详细叙述在非结构网格上的 SIMPLE 算法的计算步骤。

(13) 瞬态问题与稳态问题在流场计算方面的主要联系和区别是什么？如何在瞬态问题中利用 SIMPLEC 算法求解基于非结构网格的流场？

第4章　三维湍流模型及其在CFD中的应用

湍流流动是自然界常见的流动现象,在多数工程问题中流体的流动往往处于湍流状态,湍动特性在工程中占有重要的地位,因此,湍流研究一直被研究者高度重视。但由于湍流本身的复杂性,直到现在仍有一些基本问题尚未解决。本章不深入涉及湍流的结构及发生的机理,主要从工程实际应用的观点介绍不可压流体湍流流动与换热的常用数值模拟方法。

4.1　湍流及其数学描述

4.1.1　湍流流动的特征

流体试验表明,当 Reynolds 数小于某一临界值时,流动是平滑的,相邻的流体层彼此有序地流动,这种流动称作层流(laminar flow)。当 Reynolds 数大于临界值时,会出现一系列复杂的变化,最终导致流动特征的本质变化,流动呈无序的混乱状态。这时,即使是边界条件保持不变,流动也是不稳定的,速度等流动特性都随机变化,这种状态称为湍流(turbulent flow)。图 4.1 是在湍流状态下在某一点测得的速度随时间的变化情况。可以看出,速度值的脉动性很强。湍流中的脉动现象对工程设计有直接影响,压力的脉动增大了建筑物上承受的风载的瞬时载荷,有可能引起建筑物的有害振动[35];对于水轮机而言,脉动压力最大的负波峰则增加了发生空化的可能性[33,34]。

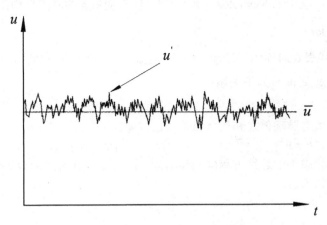

图 4.1　湍流某特定点的实测速度

观测表明,湍流带有旋转流动结构,这就是所谓的湍流涡(turbulent eddies),简称涡

(eddy)。从物理结构上看，可以把湍流看成是由各种不同尺度的涡叠合而成的流动，这些涡的大小及旋转轴的方向分布是随机的。大尺度的涡主要由流动的边界条件所决定，其尺寸可以与流场的大小相比拟，它主要受惯性影响而存在，是引起低频脉动的原因；小尺度的涡主要是由粘性力所决定，其尺寸可能只有流场尺度的千分之一的量级，是引起高频脉动的原因。大尺度的涡破裂后形成小尺度的涡，较小尺度的涡破裂后形成更小尺度的涡。在充分发展的湍流区域内，流体涡的尺寸可在相当宽的范围内连续变化。大尺度的涡不断地从主流获得能量，通过涡间的相互作用，能量逐渐向小尺寸的涡传递。最后由于流体粘性的作用，小尺度的涡不断消失，机械能就转化(或称耗散)为流体的热能。同时由于边界的作用、扰动及速度梯度的作用，新的涡旋又不断产生，这就构成了湍流运动。流体内不同尺度的涡的随机运动造成了湍流的一个重要特点——物理量的脉动，如图 4.1 所示。

4.1.2　湍流的基本方程

一般认为，无论湍流运动多么复杂，非稳态的连续方程和 Navier-Stokes 方程对于湍流的瞬时运动仍然是适用的。在此，考虑不可压流动，使用笛卡儿坐标系，速度矢量 $\boldsymbol{u}$ 在 x、y 和 z 方向的分量为 u、v 和 w，写出湍流瞬时控制方程如下：

$$\operatorname{div} u = 0 \tag{4.1}$$

$$\frac{\partial u}{\partial t} + \operatorname{div}(u\boldsymbol{u}) = -\frac{1}{\rho}\frac{\partial p}{\partial x} + \nu \operatorname{div}(\operatorname{grad} u) \tag{4.2a}$$

$$\frac{\partial v}{\partial t} + \operatorname{div}(v\boldsymbol{u}) = -\frac{1}{\rho}\frac{\partial p}{\partial y} + \nu \operatorname{div}(\operatorname{grad} v) \tag{4.2b}$$

$$\frac{\partial w}{\partial t} + \operatorname{div}(w\boldsymbol{u}) = -\frac{1}{\rho}\frac{\partial p}{\partial z} + \nu \operatorname{div}(\operatorname{grad} w) \tag{4.2c}$$

为了考察脉动的影响，目前广泛采用的方法是时间平均法，即把湍流运动看作由两个流动叠加而成，一是时间平均流动，二是瞬时脉动流动。这样，将脉动分离出来，便于处理和进一步的探讨。现引入 Reynolds 平均法[11]，任一变量 ϕ 的时间平均值定义为：

$$\overline{\phi} = \frac{1}{\Delta t}\int_{t}^{t+\Delta t}\phi(t)dt \tag{4.3}$$

这里，上标"–"代表对时间的平均值。如果用上标"'"代表脉动值，物理量的瞬时值 ϕ、时均值 $\overline{\phi}$ 及脉动值 ϕ' 之间有如下关系：

$$\phi = \overline{\phi} + \phi' \tag{4.4}$$

现在，用平均值与脉动值之和代替流动变量，即：

$$\boldsymbol{u} = \overline{\boldsymbol{u}} + \boldsymbol{u}';\quad u = \overline{u} + u';\quad v = \overline{v} + v';\quad w = \overline{w} + w';\quad p = \overline{p} + p' \tag{4.5}$$

将式(4.5)代入瞬时状态下的连续方程(4.1)和动量方程(4.2)，并对时间取平均，得到湍流时均流动的控制方程如下：

$$\operatorname{div} \overline{u} = 0 \tag{4.6}$$

$$\frac{\partial \overline{u}}{\partial t} + \operatorname{div}(\overline{u}\overline{u}) = -\frac{1}{\rho}\frac{\partial \overline{p}}{\partial x} + \nu \operatorname{div}(\operatorname{grad} \overline{u}) + \left[-\frac{\partial \overline{u'^2}}{\partial x} - \frac{\partial \overline{u'v'}}{\partial y} - \frac{\partial \overline{u'w'}}{\partial z}\right] \tag{4.7a}$$

$$\frac{\partial \overline{v}}{\partial t} + \text{div}\left(\overline{v\boldsymbol{u}}\right) = -\frac{1}{\rho}\frac{\partial \overline{p}}{\partial y} + \nu\,\text{div}\left(\text{grad}\,\overline{v}\right) + \left[-\frac{\partial \overline{u'v'}}{\partial x} - \frac{\partial \overline{v'^2}}{\partial y} - \frac{\partial \overline{v'w'}}{\partial z}\right] \tag{4.7b}$$

$$\frac{\partial \overline{w}}{\partial t} + \text{div}\left(\overline{w\boldsymbol{u}}\right) = -\frac{1}{\rho}\frac{\partial \overline{p}}{\partial z} + \nu\,\text{div}\left(\text{grad}\,\overline{w}\right) + \left[-\frac{\partial \overline{u'w'}}{\partial x} - \frac{\partial \overline{v'w'}}{\partial y} - \frac{\partial \overline{w'^2}}{\partial z}\right] \tag{4.7c}$$

对于其他变量 ϕ 的输运方程作类似处理，可得：

$$\frac{\partial \overline{\phi}}{\partial t} + \text{div}\left(\overline{\phi\boldsymbol{u}}\right) = \text{div}\left(\Gamma\,\text{grad}\,\overline{\phi}\right) + \left[-\frac{\partial \overline{u'\phi'}}{\partial x} - \frac{\partial \overline{v'\phi'}}{\partial y} - \frac{\partial \overline{w'\phi'}}{\partial z}\right] + S \tag{4.8}$$

到目前为止，我们一直假定流体密度为常数，但实际流动中，密度可能是变化的。Bradshaw 等[16]指出，细微的密度变动并不对流动造成明显影响，在此，忽略密度脉动的影响，但考虑平均密度的变化，写出可压湍流平均流动的控制方程如下[11](注意，为方便起见，除脉动值的时均值外，下式中去掉了表示时均值的上划线符号"－"，如 $\overline{\phi}$ 用 ϕ 来表示)：

● 连续方程：

$$\frac{\partial \rho}{\partial t} + \text{div}\left(\rho\boldsymbol{u}\right) = 0 \tag{4.9}$$

● 动量方程(Navier-Stokes 方程)：

$$\frac{\partial\left(\rho u\right)}{\partial t} + \text{div}\left(\rho u\boldsymbol{u}\right) = \text{div}\left(\mu\,\text{grad}\,u\right) - \frac{\partial p}{\partial x} + \left[-\frac{\partial\left(\rho\overline{u'^2}\right)}{\partial x} - \frac{\partial\left(\rho\overline{u'v'}\right)}{\partial y} - \frac{\partial\left(\rho\overline{u'w'}\right)}{\partial z}\right] + S_u$$

$$\frac{\partial\left(\rho v\right)}{\partial t} + \text{div}\left(\rho v\boldsymbol{u}\right) = \text{div}\left(\mu\,\text{grad}\,v\right) - \frac{\partial p}{\partial y} + \left[-\frac{\partial\left(\rho\overline{u'v'}\right)}{\partial x} - \frac{\partial\left(\rho\overline{v'^2}\right)}{\partial y} - \frac{\partial\left(\rho\overline{v'w'}\right)}{\partial z}\right] + S_v$$

$$\frac{\partial\left(\rho w\right)}{\partial t} + \text{div}\left(\rho w\boldsymbol{u}\right) = \text{div}\left(\mu\,\text{grad}\,w\right) - \frac{\partial p}{\partial z} + \left[-\frac{\partial\left(\rho\overline{u'w'}\right)}{\partial x} - \frac{\partial\left(\rho\overline{v'w'}\right)}{\partial y} - \frac{\partial\left(\rho\overline{w'^2}\right)}{\partial z}\right] + S_w$$

$$\tag{4.10}$$

● 其他变量的输运方程：

$$\frac{\partial(\rho\phi)}{\partial t} + \text{div}\left(\rho\boldsymbol{u}\phi\right) = \text{div}\left(\Gamma\,\text{grad}\,\phi\right) + \left[-\frac{\partial\left(\rho\overline{u'\phi'}\right)}{\partial x} - \frac{\partial\left(\rho\overline{v'\phi'}\right)}{\partial y} - \frac{\partial\left(\rho\overline{w'\phi'}\right)}{\partial z}\right] + S \tag{4.11}$$

方程(4.9)是时均形式的连续方程，方程(4.10)是时均形式的 Navier-Stokes 方程。由于在式(4.3)中采用的是 Reynolds 平均法，因此，方程(4.10)被称为 Reynolds 时均 Navier-Stokes 方程(Reynolds-Averaged Navier-Stokes，简称 RANS)，常直接称为 Reynolds 方程。方程(4.11)是标量 ϕ 的时均输运方程。

为了便于后续分析，现引入张量中的指标符号[6]重写方程(4.9)、(4.10)和(4.11)如下：

$$\frac{\partial \rho}{\partial t} + \frac{\partial}{\partial x_i}\left(\rho u_i\right) = 0 \tag{4.12}$$

$$\frac{\partial}{\partial t}\left(\rho u_i\right) + \frac{\partial}{\partial x_j}\left(\rho u_i u_j\right) = -\frac{\partial p}{\partial x_i} + \frac{\partial}{\partial x_j}\left(\mu\frac{\partial u_i}{\partial x_j} - \rho\overline{u_i'u_j'}\right) + S_i \tag{4.13}$$

$$\frac{\partial(\rho\phi)}{\partial t} + \frac{\partial(\rho u_j \phi)}{\partial x_j} = \frac{\partial}{\partial x_j}\left(\Gamma\frac{\partial\phi}{\partial x_j} - \overline{\rho u_j'\phi'}\right) + S \tag{4.14}$$

上面三式就是用张量的指标形式表示的时均连续方程、Reynolds 方程和标量 ϕ 的时均输运方程。这里的 i 和 j 指标取值范围是(1,2,3)。根据张量的有关规定，当某个表达式中一个指标重复出现两次，则表示要把该项在指标的取值范围内遍历求和。读者可对照式(4.9)至(4.14)，体会张量符号的用法和物理意义。要详细了解张量的具体约定，可参考文献[6]。

可以看到，时均流动的方程里多出与 $-\rho\overline{u_i'u_j'}$ 有关的项，我们定义该项为 Reynolds 应力[7,11]，即：

$$\tau_{ij} = -\rho\overline{u_i'u_j'} \tag{4.15}$$

这里，τ_{ij} 实际对应 6 个不同的 Reynolds 应力项，即 3 个正应力和 3 个切应力。

由式(4.12)、(4.13)和(4.14)构成的方程组共有 5 个方程(Reynolds 方程实际是 3 个)，现在新增了 6 个 Reynolds 应力，再加上原来的 5 个时均未知量(u_x、u_y、u_z、p 和 ϕ)，总共有 10 个未知量，因此，方程组不封闭，必须引入新的湍流模型(方程)才能使方程组(4.12)、(4.13)和(4.14)封闭。这部分内容将在后面讨论。

4.2　湍流的数值模拟方法简介

湍流流动是一种高度非线性的复杂流动，但人们已经能够通过某些数值方法对湍流进行模拟，取得与实际比较吻合的结果。本节拟对湍流的各种数值模拟方法作一简介。

4.2.1　三维湍流数值模拟方法的分类

总体而言，目前的湍流数值模拟方法可以分为直接数值模拟方法和非直接数值模拟方法。所谓直接数值模拟方法是指直接求解瞬时湍流控制方程(4.1)和(4.2)。而非直接数值模拟方法就是不直接计算湍流的脉动特性，而是设法对湍流作某种程度的近似和简化处理，例如，采用 4.1 节给出的时均性质的 Reynolds 方程就是其中一种典型作法。依赖所采用的近似和简化方法不同，非直接数值模拟方法分为大涡模拟、统计平均法和 Reynolds 平均法。图 4.2 是湍流数值模拟方法的分类图。

统计平均法是基于湍流相关函数的统计理论，主要用相关函数及谱分析的方法来研究湍流结构，统计理论主要涉及小尺度涡的运动。这种方法在工程上应用不很广泛，本书不予介绍。下面对直接数值模拟方法、大涡模拟方法、Reynolds 平均法作一简介。

4.2.2　直接数值模拟(DNS)简介

直接数值模拟(Direct Numerical Simulation, 简称 DNS)方法就是直接用瞬时的 Navier-Stokes 方程(4.2)对湍流进行计算。DNS 的最大好处是无需对湍流流动作任何简化或近似，理论上可以得到相对准确的计算结果[36,37]。

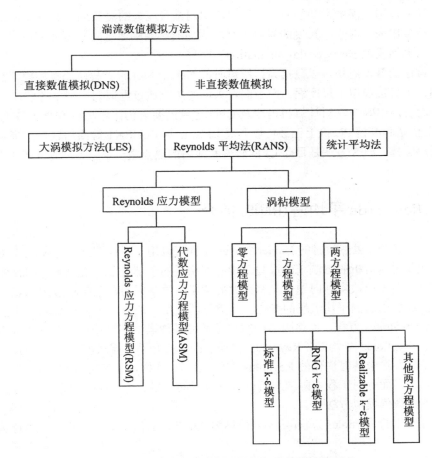

图 4.2　三维湍流数值模拟方法及相应的湍流模型

　　但是，实验测试表明[11]，在一个 $0.1 \times 0.1\,\mathrm{m}^2$ 大小的流动区域内，在高 Reynolds 数的湍流中包含尺度为 $10\mu\mathrm{m} \sim 100\mu\mathrm{m}$ 的涡，要描述所有尺度的涡，则计算的网格节点数将高达 10^9 到 10^{12}。同时，湍流脉动的频率约为 10 kHz，因此，必须将时间的离散步长取为 $100\mu\mathrm{s}$ 以下。在如此微小的空间和时间步长下，才能分辨出湍流中详细的空间结构及变化剧烈的时间特性。对于这样的计算要求，现有的计算机能力还是比较困难的。DNS 对内存空间及计算速度的要求非常高，目前还无法用于真正意义上的工程计算，但大量的探索性工作正在进行之中[37-39]。

　　随着计算机技术，特别是并行计算技术的飞速发展，有可能在不远的将来，将这种方法用于实际工程计算。

4.2.3　大涡模拟(LES)简介

　　为了模拟湍流流动，一方面要求计算区域的尺寸应大到足以包含湍流运动中出现的最大涡，另一方面要求计算网格的尺度应小到足以分辨最小涡的运动。然而，就目前的计算机能力来讲，能够采用的计算网格的最小尺度仍比最小涡的尺度大许多。因此，目前只能放弃对全尺度范围上涡的运动的模拟，而只将比网格尺度大的湍流运动通过 Navier-Stokes 方程直接计算出来，对于小尺度的涡对大尺度运动的影响则通过建立模型来模拟，从而形成了目前的大涡模拟法(large eddy simulation，简称 LES)[17]。

LES 方法的基本思想可以概括为：用瞬时的 Navier-Stokes 方程(4.2)直接模拟湍流中的大尺度涡，不直接模拟小尺度涡，而小涡对大涡的影响通过近似的模型来考虑。

总体而言，LES 方法对计算机内存及 CPU 速度的要求仍比较高，但低于 DNS 方法。目前，在工作站和高档 PC 机上已经可以开展 LES 工作，FLUENT 等商用软件也提供了 LES 模块供用户选择。LES 方法是目前 CFD 研究和应用的热点之一[43-48]，将在 4.9 节介绍这种方法。

4.2.4　Reynolds 平均法(RANS)简介

多数观点认为，虽然瞬时的 Navier-Stokes 方程可以用于描述湍流，但 Navier-Stokes 方程的非线性使得用解析的方法精确描写三维时间相关的全部细节极端困难，即使能真正得到这些细节，对于解决实际问题也没有太大的意义。这是因为，从工程应用的观点上看，重要的是湍流所引起的平均流场的变化，是整体的效果。所以，人们很自然地想到求解时均化的 Navier-Stokes 方程，而将瞬态的脉动量通过某种模型在时均化的方程中体现出来，由此产生了 Reynolds 平均法。Reynolds 平均法的核心是不直接求解瞬时的 Navier-Stokes 方程，而是想办法求解时均化的 Reynolds 方程(4.13)。这样，不仅可以避免 DNS 方法的计算量大的问题，而且对工程实际应用可以取得很好的效果。Reynolds 平均法是目前使用最为广泛的湍流数值模拟方法[76]。

由于时均化的 Reynolds 方程(4.13)被简称为 RANS，因此，Reynolds 平均法也称为 RANS 方法。

考察 Reynolds 方程(4.13)，我们知道，方程中有关于湍流脉动值的 Reynolds 应力项 $-\rho\overline{u_i' u_j'}$，这属于新的未知量。因此，要使方程组封闭，必须对 Reynolds 应力作出某种假定，即建立应力的表达式(或引入新的湍流模型方程)，通过这些表达式或湍流模型，把湍流的脉动值与时均值等联系起来。由于没有特定的物理定律可以用来建立湍流模型，所以目前的湍流模型只能以大量的实验观测结果为基础。

根据对 Reynolds 应力作出的假定或处理方式不同，目前常用的湍流模型有两大类：Reynolds 应力模型和涡粘模型。下面分别介绍这两类湍流模型。

1.　Reynolds 应力模型

在 Reynolds 应力模型方法中，直接构建表示 Reynolds 应力的方程，然后联立求解(4.12)、(4.13)、(4.14)及新建立的 Reynolds 应力方程。通常情况下，Reynolds 应力方程是微分形式的，称为 Reynolds 应力方程模型。若将 Reynolds 应力方程的微分形式简化为代数方程的形式，则称这种模型为代数应力方程模型。这样，Reynolds 应力模型包括：

- Reynolds 应力方程模型
- 代数应力方程模型

在 4.7 和 4.8 节，将分别介绍这两种模型。

2.　涡粘模型

在涡粘模型方法中，不直接处理 Reynolds 应力项，而是引入湍动粘度(turbulent viscosity)，或称涡粘系数(eddy viscosity)[7]，然后把湍流应力表示成湍动粘度的函数，整个计算的关键在于确定这种湍动粘度。

湍动粘度的提出来源于 Boussinesq 提出的涡粘假定，该假定建立了 Reynolds 应力相对于平均速度梯度的关系[7,19]，即：

$$-\rho \overline{u_i' u_j'} = \mu_t \left(\frac{\partial u_i}{\partial x_j} + \frac{\partial u_j}{\partial x_i} \right) - \frac{2}{3} \left(\rho k + \mu_t \frac{\partial u_i}{\partial x_i} \right) \delta_{ij} \tag{4.16}$$

这里，μ_t 为湍动粘度，u_i 为时均速度，δ_{ij} 是 "Kronecker delta" 符号(当 $i = j$ 时，$\delta_{ij} = 1$；当 $i \neq j$ 时，$\delta_{ij} = 0$)[6]，k 为湍动能(turbulent kinetic energy)：

$$k = \frac{\overline{u_i' u_i'}}{2} = \frac{1}{2} \left(\overline{u'^2} + \overline{v'^2} + \overline{u'^2} \right) \tag{4.17}$$

湍动粘度 μ_t 是空间坐标的函数，取决于流动状态，而不是物性参数。在第 1 章中因分子粘性而引入的流体动力粘度用 μ 表示，μ 是物性参数。这里的下标 t 表示湍流流动的意思。

由上可见，引入 Boussinesq 假定以后，计算湍流流动的关键就在于如何确定 μ_t。这里所谓的涡粘模型，就是把 μ_t 与湍流时均参数联系起来的关系式。依据确定 μ_t 的微分方程数目的多少，涡粘模型包括：

- 零方程模型
- 一方程模型
- 两方程模型

目前两方程模型在工程中使用最为广泛，最基本的两方程模型是标准 $k\text{-}\varepsilon$ 模型，即分别引入关于湍动能 k 和耗散率 ε 的方程。此外，还有各种改进的 $k\text{-}\varepsilon$ 模型，比较著名的是 RNG $k\text{-}\varepsilon$ 模型和 Realizable $k\text{-}\varepsilon$ 模型。对此，将在 4.3 节至 4.6 节分别介绍这些涡粘模型。结合对涡粘模型的介绍，将给出把这些湍流模型方程与式(4.12)、(4.13)和(4.14)联立形成的方程组的求解思路。

4.3　零方程模型及一方程模型

上一节提出了在 Reynolds 平均法中如何处理 Reynolds 应力项的若干模型，本节介绍最为简单的零方程模型及一方程模型。

4.3.1　零方程模型

所谓零方程模型是指不使用微分方程，而是用代数关系式，把湍动粘度与时均值联系起来的模型。它只用湍流的时均连续方程(4.12)和 Reynolds 方程(4.13)组成方程组，把方程组中的 Reynolds 应力用平均速度场的局部速度梯度来表示。

零方程模型方案有多种，最著名的是 Prandtl 提出的混合长度模型(mixing length model)。Prandtl 假定湍动粘度 μ_t 正比于时均速度 u_i 的梯度和混合长度 l_m 的乘积[18]，例如，在二维问题中，有：

$$\mu_t = l_m^2 \left| \frac{\partial u}{\partial y} \right| \tag{4.18}$$

湍流切应力表示成为：

$$-\rho \overline{u'v'} = \rho l_m^2 \left| \frac{\partial u}{\partial y} \right| \frac{\partial u}{\partial y} \tag{4.19}$$

其中，混合长度 l_m 由经验公式或实验确定，详细信息可从文献[11,18]中获得。

混合长度理论的优点是直观简单，对于如射流、混合层、扰动和边界层等带有薄的剪切层的流动比较有效，但只有在简单流动中才比较容易给定混合长度 l_m，对复杂流动则很难确定 l_m，而且不能用于模拟带有分离及回流的流动，因此，零方程模型在实际工程中很少使用。

4.3.2 一方程模型

在零方程模型中，湍动粘度 μ_t 和混合长度 l_m 都把 Reynolds 应力和当地平均速度梯度相联系，是一种局部平衡的概念，忽略了对流和扩散的影响。为了弥补混合长度假定的局限性，人们建议在湍流的时均连续方程(4.12)和 Reynolds 方程(4.13)的基础上，再建立一个湍动能 k 的输运方程，而 μ_t 表示成 k 的函数，从而可使方程组封闭。这里，湍动能 k 的输运方程可写为[18]：

$$\frac{\partial(\rho k)}{\partial t} + \frac{\partial(\rho k u_i)}{\partial x_i} = \frac{\partial}{\partial x_j}\left[\left(\mu + \frac{\mu_t}{\sigma_k}\right)\frac{\partial k}{\partial x_j}\right] + \mu_t\left(\frac{\partial u_i}{\partial x_j} + \frac{\partial u_j}{\partial x_i}\right)\frac{\partial u_i}{\partial x_j} - \rho C_D \frac{k^{3/2}}{l} \tag{4.20}$$

从左至右，方程中各项依次为瞬态项、对流项、扩散项、产生项、耗散项。由 Kolmogorov-Prandtl 表达式[2]，有：

$$\mu_t = \rho C_\mu \sqrt{k} l \tag{4.21}$$

其中 σ_k, C_D, C_μ 为经验常数，多数文献建议[7]：$\sigma_k = 1$，$C_\mu = 0.09$。而 C_D 的取值在不同的文献中结果不同，从 0.08 到 0.38 不等[2]。但这个问题在后面要介绍的双方程模型中不存在。l 为湍流脉动的长度比尺，依据经验公式或实验而定[2]。

式(4.20)与(4.21)构成一方程模型。一方程模型考虑到湍动的对流输运和扩散输运，因而比零方程模型更为合理。但是，一方程模型中如何确定长度比尺 l 仍为不易解决的问题，因此很难得到推广应用。

4.4 标准 k-ε 两方程模型

标准 k-ε 模型是典型的两方程模型，是在 4.3 节介绍的一方程模型的基础上，新引入一个关于湍流耗散率 ε 的方程后形成的。该模型是目前使用最广泛的湍流模型。本节介绍

标准 k-ε 模型的定义及其相应的控制方程组，下一节介绍改进的 k-ε 模型。

4.4.1　标准 k-ε 模型的定义

在关于湍动能 k 的方程的基础上，再引入一个关于湍动耗散率 ε 的方程，便形成了 k-ε 两方程模型，称为标准 k-ε 模型(standard k-ε model)。该模型是由 Launder 和 Spalding[13] 于 1972 年提出的。在模型中，表示湍动耗散率(turbulent dissipation rate)的 ε 被定义为：

$$\varepsilon = \frac{\mu}{\rho}\overline{\left(\frac{\partial u_i'}{\partial x_k}\right)\left(\frac{\partial u_i'}{\partial x_k}\right)} \tag{4.22}$$

湍动粘度 μ_t 可表示成 k 和 ε 的函数，即：

$$\mu_t = \rho C_\mu \frac{k^2}{\varepsilon} \tag{4.23}$$

其中，C_μ 为经验常数，稍后给出。

在标准 k-ε 模型中，k 和 ε 是两个基本未知量，与之相对应的输运方程为[7]：

$$\frac{\partial(\rho k)}{\partial t} + \frac{\partial(\rho k u_i)}{\partial x_i} = \frac{\partial}{\partial x_j}\left[\left(\mu + \frac{\mu_t}{\sigma_k}\right)\frac{\partial k}{\partial x_j}\right] + G_k + G_b - \rho\varepsilon - Y_M + S_k \tag{4.24}$$

$$\frac{\partial(\rho\varepsilon)}{\partial t} + \frac{\partial(\rho\varepsilon u_i)}{\partial x_i} = \frac{\partial}{\partial x_j}\left[\left(\mu + \frac{\mu_t}{\sigma_\varepsilon}\right)\frac{\partial\varepsilon}{\partial x_j}\right] + C_{1\varepsilon}\frac{\varepsilon}{k}(G_k + C_{3\varepsilon}G_b) - C_{2\varepsilon}\rho\frac{\varepsilon^2}{k} + S_\varepsilon \tag{4.25}$$

其中，G_k 是由于平均速度梯度引起的湍动能 k 的产生项，G_b 是由于浮力引起的湍动能 k 的产生项，Y_M 代表可压湍流中脉动扩张的贡献，$C_{1\varepsilon}$、$C_{2\varepsilon}$ 和 $C_{3\varepsilon}$ 为经验常数，σ_k 和 σ_ε 分别是与湍动能 k 和耗散率 ε 对应的 Prandtl 数，S_k 和 S_ε 是用户定义的源项。这些项和系数的计算公式在 4.4.2 小节给出。

4.4.2　标准 k-ε 模型的有关计算公式

在式(4.22)与(4.23)所表示的标准 k-ε 模型中，各项的计算公式如下[7]：

首先，G_k 是由于平均速度梯度引起的湍动能 k 的产生项，由下式计算：

$$G_k = \mu_t\left(\frac{\partial u_i}{\partial x_j} + \frac{\partial u_j}{\partial x_i}\right)\frac{\partial u_i}{\partial x_j} \tag{4.26}$$

G_b 是由于浮力引起的湍动能 k 的产生项，对于不可压流体，$G_b = 0$。对于可压流体，有：

$$G_b = \beta g_i\frac{\mu_t}{Pr_t}\frac{\partial T}{\partial x_i} \tag{4.27}$$

其中，Pr_t 是湍动 Prandtl 数，在该模型中可取 $Pr_t = 0.85$，g_i 是重力加速度在第 i 方向的分量，β 是热膨胀系数，可由可压流体的状态方程求出，其定义为：

$$\beta = -\frac{1}{\rho}\frac{\partial\rho}{\partial T} \tag{4.28}$$

Y_M 代表可压湍流中脉动扩张的贡献，对于不可压流体，$Y_M = 0$。对于可压流体，有：

$$Y_M = 2\rho\varepsilon M_t^2 \tag{4.29}$$

其中，M_t 是湍动 Mach 数，$M_t = \sqrt{k/a^2}$；a 是声速，$a = \sqrt{\gamma RT}$。

在标准 k-ε 模型中，根据 Launder 等的推荐值及后来的实验验证，模型常数 $C_{1\varepsilon}$、$C_{2\varepsilon}$、C_μ、σ_k、σ_ε 的取值为：

$$C_{1\varepsilon} = 1.44，\quad C_{2\varepsilon} = 1.92，\quad C_\mu = 0.09，\quad \sigma_k = 1.0，\quad \sigma_\varepsilon = 1.3 \tag{4.30}$$

对于可压流体的流动计算中与浮力相关的系数 $C_{3\varepsilon}$，当主流方向与重力方向平行时，有 $C_{3\varepsilon} = 1$，当主流方向与重力方向垂直时，有 $C_{3\varepsilon} = 0$。

根据以上分析，当流动为不可压，且不考虑用户自定义的源项时，$G_b = 0$，$Y_M = 0$，$S_k = 0$，$S_\varepsilon = 0$，这时，标准 k-ε 模型变为：

$$\frac{\partial(\rho k)}{\partial t} + \frac{\partial(\rho k u_i)}{\partial x_i} = \frac{\partial}{\partial x_j}\left[\left(\mu + \frac{\mu_t}{\sigma_k}\right)\frac{\partial k}{\partial x_j}\right] + G_k - \rho\varepsilon \tag{4.31}$$

$$\frac{\partial(\rho\varepsilon)}{\partial t} + \frac{\partial(\rho\varepsilon u_i)}{\partial x_i} = \frac{\partial}{\partial x_j}\left[\left(\mu + \frac{\mu_t}{\sigma_\varepsilon}\right)\frac{\partial\varepsilon}{\partial x_j}\right] + \frac{C_{1\varepsilon}\varepsilon}{k}G_k - C_{2\varepsilon}\rho\frac{\varepsilon^2}{k} \tag{4.32}$$

这种简化后的形式，出现在多篇文献中[2,3,11]，这可使我们更便于分析不同湍流模型的特点，后续要介绍的改进的 k-ε 模型也将采用这种简化形式。

方程(4.31)及(4.32)中的 G_k，按式(4.26)计算，其展开式为：

$$G_k = \mu_t\left\{2\left[\left(\frac{\partial u}{\partial x}\right)^2 + \left(\frac{\partial v}{\partial y}\right)^2 + \left(\frac{\partial w}{\partial z}\right)^2\right] + \left(\frac{\partial u}{\partial y} + \frac{\partial v}{\partial x}\right)^2 + \left(\frac{\partial u}{\partial z} + \frac{\partial w}{\partial x}\right)^2 + \left(\frac{\partial v}{\partial z} + \frac{\partial w}{\partial y}\right)^2\right\} \tag{4.33}$$

4.4.3 标准 k-ε 模型的控制方程组

采用标准 k-ε 模型求解流动及换热问题时，控制方程包括连续性方程、动量方程、能量方程、k 方程、ε 方程与式(4.23)。若不考虑热交换的单纯流场计算问题，则不需要包含能量方程。若考虑传质或有化学变化的情况，则应再加入组分方程。这些方程都可表示成如下通用形式：

$$\frac{\partial(\rho\phi)}{\partial t} + \frac{\partial(\rho u\phi)}{\partial x} + \frac{\partial(\rho v\phi)}{\partial y} + \frac{\partial(\rho\omega\phi)}{\partial z} = \frac{\partial}{\partial x}\left(\Gamma\frac{\partial\phi}{\partial x}\right) + \frac{\partial}{\partial y}\left(\Gamma\frac{\partial\phi}{\partial y}\right) + \frac{\partial}{\partial z}\left(\Gamma\frac{\partial\phi}{\partial z}\right) + S \tag{4.34}$$

使用散度符号，上式记为：

$$\frac{\partial(\rho\phi)}{\partial t} + \mathrm{div}(\rho\boldsymbol{u}\phi) = \mathrm{div}(\Gamma\,\mathrm{grad}\phi) + S \tag{4.35}$$

为读者查阅方便，表 4.1 给出了在三维直角坐标系下，与通用形式(4.35)所对应的 k-ε 模型的控制方程。

表 4.1 与式(4.35)对应的 k-ε 模型的控制方程

方程	ϕ	扩散系数 Γ	源项 S
连续	1	0	0
x-动量	u	$\mu_{\mathit{eff}} = \mu + \mu_t$	$-\dfrac{\partial p}{\partial x} + \dfrac{\partial}{\partial x}\left(\mu_{\mathit{eff}}\dfrac{\partial u}{\partial x}\right) + \dfrac{\partial}{\partial y}\left(\mu_{\mathit{eff}}\dfrac{\partial v}{\partial x}\right) + \dfrac{\partial}{\partial z}\left(\mu_{\mathit{eff}}\dfrac{\partial w}{\partial x}\right) + S_u$

续表

方程	ϕ	扩散系数 Γ	源项 S
y-动量	v	$\mu_{eff} = \mu + \mu_t$	$-\dfrac{\partial p}{\partial y} + \dfrac{\partial}{\partial x}\left(\mu_{eff}\dfrac{\partial u}{\partial y}\right) + \dfrac{\partial}{\partial y}\left(\mu_{eff}\dfrac{\partial v}{\partial y}\right) + \dfrac{\partial}{\partial z}\left(\mu_{eff}\dfrac{\partial w}{\partial y}\right) + S_v$
z-动量	w	$\mu_{eff} = \mu + \mu_t$	$-\dfrac{\partial p}{\partial z} + \dfrac{\partial}{\partial x}\left(\mu_{eff}\dfrac{\partial u}{\partial z}\right) + \dfrac{\partial}{\partial y}\left(\mu_{eff}\dfrac{\partial v}{\partial z}\right) + \dfrac{\partial}{\partial z}\left(\mu_{eff}\dfrac{\partial w}{\partial z}\right) + S_w$
湍动能	k	$\mu + \dfrac{\mu_t}{\sigma_k}$	$G_k + \rho\varepsilon$
耗散率	ε	$\mu + \dfrac{\mu_t}{\sigma_\varepsilon}$	$\dfrac{\varepsilon}{k}\left(C_{1\varepsilon}G_k - C_{2\varepsilon}\rho\varepsilon\right)$
能量	T	$\dfrac{\mu}{Pr} + \dfrac{\mu_t}{\sigma_T}$	S 按实际问题而定

4.4.4　标准 $k\text{-}\varepsilon$ 模型方程的解法及适用性

在将各类变量的控制方程都写成式(4.35)所示的统一形式后，控制方程的离散化及求解方法可以求得统一，这为发展大型通用计算程序提供了条件。以式(4.35)为出发点所编制的程序可以适用于各种变量，不同变量间的区别仅在于广义扩散系数、广义源项及初值、边界条件这三方面。实际上，目前世界上研究计算流体动力学的主要机构所编制的程序多是针对式(4.35)写出的。读者在学习过程中应特别注意不同变量的源项在离散化及求解过程中的特殊问题。至于方程的边界条件，将在第 5 章介绍。

对于标准 $k\text{-}\varepsilon$ 模型的适用性，有如下几点需要引起注意：

(1) 模型中的有关系数，如式(4.30)中的值，主要是根据一些特殊条件下的试验结果而确定的，在不同的文献讨论不同的问题时，这些值可能有出入，但总体来讲，本节所给出的结果在近年发表的文献中是比较一致的。除了式(4.30)中给出的 5 个常数外，对于能量方程中的系数 σ_T，文献[2]建议取为 $\sigma_T = (0.9 \sim 1.0)$。虽然这组系数有较广泛的适用性，但也不能对其适用性估计过高，需要在数值计算过程中针对特定的问题，参考相关文献研究寻找更合理的取值。

(2) 本节所给出的 $k\text{-}\varepsilon$ 模型，是针对湍流发展非常充分的湍流流动来建立的，也就是说，它是一种针对高 Re 数的湍流计算模型，而当 Re 数比较低时，例如，在近壁区内的流动，湍流发展并不充分，湍流的脉动影响可能不如分子粘性的影响大，在更贴近壁面的底层内，流动可能处于层流状态。因此，对 Re 数较低的流动使用上面建立的 $k\text{-}\varepsilon$ 模型进行计算，就会出现问题。这时，必须采用特殊的处理方式，以解决近壁区内的流动计算及低 Re 数时的流动计算问题。常用的解决方法有两种，一种是采用壁面函数法，另一种是采用低 Re 数的 $k\text{-}\varepsilon$ 模型。对此将在 4.6 节介绍。

(3) 标准 $k\text{-}\varepsilon$ 模型比零方程模型和一方程模型有了很大改进，在科学研究及工程实际中得到了最为广泛的检验和成功应用，但用于强旋流、弯曲壁面流动或弯曲流线流动时，会产生一定的失真[3]。原因是在标准 $k\text{-}\varepsilon$ 模型中，对于 Reynolds 应力的各个分量，假定粘度系数 μ_t 是相同的，即假定 μ_t 是各向同性的标量。而在弯曲流线的情况下，湍流是各向异性的，μ_t 应该是各向异性的张量。为了弥补标准 $k\text{-}\varepsilon$ 模型的缺陷，许多研究者提出了对标准 $k\text{-}\varepsilon$ 模型的修正方案，在 4.5 节介绍两种应用比较广泛的改进方案：RNG $k\text{-}\varepsilon$ 模型和 Realizable $k\text{-}\varepsilon$ 模型。

4.5　RNG $k\text{-}\varepsilon$ 模型和 Realizable $k\text{-}\varepsilon$ 模型

第 4.4 节谈到，将标准 $k\text{-}\varepsilon$ 模型用于强旋流或带有弯曲壁面的流动时，会出现一定失真，为此，本节介绍 $k\text{-}\varepsilon$ 模型的两种有影响的改进方案：RNG $k\text{-}\varepsilon$ 模型和 Realizable $k\text{-}\varepsilon$ 模型。

4.5.1　RNG $k\text{-}\varepsilon$ 模型

RNG $k\text{-}\varepsilon$ 模型是由 Yakhot 及 Orzag[49]提出的，该模型中的 RNG 是英文"renormalization group" 的缩写，有些中文文献将其译为重正化群，本书直接使用 RNG 原名。

在 RNG $k\text{-}\varepsilon$ 模型中，通过在大尺度运动和修正后的粘度项体现小尺度的影响，而使这些小尺度运动有系统地从控制方程中去除。所得到的 k 方程和 ε 方程，与标准 $k\text{-}\varepsilon$ 模型非常相似[11]：

$$\frac{\partial(\rho k)}{\partial t}+\frac{\partial(\rho k u_i)}{\partial x_i}=\frac{\partial}{\partial x_j}\left[\alpha_k\mu_{eff}\frac{\partial k}{\partial x_j}\right]+G_k+\rho\varepsilon \tag{4.36}$$

$$\frac{\partial(\rho\varepsilon)}{\partial t}+\frac{\partial(\rho\varepsilon u_i)}{\partial x_i}=\frac{\partial}{\partial x_j}\left[\alpha_\varepsilon\mu_{eff}\frac{\partial\varepsilon}{\partial x_j}\right]+\frac{C_{1\varepsilon}^*\varepsilon}{k}G_k-C_{2\varepsilon}\rho\frac{\varepsilon^2}{k} \tag{4.37}$$

其中，

$$\left.\begin{aligned}
&\mu_{eff}=\mu+\mu_t\\
&\mu_t=\rho C_\mu\frac{k^2}{\varepsilon}\\
&C_\mu=0.0845,\quad\alpha_k=\alpha_\varepsilon=1.39\\
&C_{1\varepsilon}^*=C_{1\varepsilon}-\frac{\eta(1-\eta/\eta_0)}{1+\beta\eta^3}\\
&C_{1\varepsilon}=1.42,\quad C_{2\varepsilon}=1.68\\
&\eta=\left(2E_{ij}\cdot E_{ij}\right)^{1/2}\frac{k}{\varepsilon}\\
&E_{ij}=\frac{1}{2}\left(\frac{\partial u_i}{\partial x_j}+\frac{\partial u_j}{\partial x_i}\right)\\
&\eta_0=4.377,\quad\beta=0.012
\end{aligned}\right\} \tag{4.38}$$

与标准 $k\text{-}\varepsilon$ 模型比较发现，RNG $k\text{-}\varepsilon$ 模型主要变化是：

(1) 通过修正湍动粘度，考虑了平均流动中的旋转及旋流流动情况；

(2) 在 ε 方程中增加了一项，从而反映了主流的时均应变率 E_{ij}，这样，RNG $k\text{-}\varepsilon$ 模型中产生项不仅与流动情况有关，而且在同一问题中也还是空间坐标的函数。

从而，RNG $k\text{-}\varepsilon$ 模型可以更好地处理高应变率及流线弯曲程度较大的流动。

需要注意的是，RNG $k\text{-}\varepsilon$ 模型仍是针对充分发展的湍流有效的，即是高 Re 数的湍流计算模型，而对近壁区内的流动及 Re 数较低的流动，必须使用 4.6 节将要介绍的壁面函数法或低 Re 数的 $k\text{-}\varepsilon$ 模型来模拟。

此外，需要说明一点，在 FLUENT 手册[7]中，将 RNG $k\text{-}\varepsilon$ 模型所引入的反映主流的时均应变率 E_{ij} 的一项，归入了 ε 方程中的 $C_{2\varepsilon}$ 系数中，且表达式多了一个系数 C_μ，而不像本书归入 $C_{1\varepsilon}$ 系数。这两种处理方式实质上是一样的。

4.5.2　Realizable $k\text{-}\varepsilon$ 模型

文献[32]指出，标准 $k\text{-}\varepsilon$ 模型对时均应变率特别大的情形，有可能导致负的正应力。为使流动符合湍流的物理定律，需要对正应力进行某种数学约束。为保证这种约束的实现，文献[50]认为湍动粘度计算式中的系数 C_μ 不应是常数，而应与应变率联系起来。从而，提出了 Realizable $k\text{-}\varepsilon$ 模型。这里，Realizable 有"可实现"的意思。在 Realizable $k\text{-}\varepsilon$ 模型中 关于 k 和 ε 的输运方程如下[2,50]：

$$\frac{\partial(\rho k)}{\partial t} + \frac{\partial(\rho k u_i)}{\partial x_i} = \frac{\partial}{\partial x_j}\left[\left(\mu + \frac{\mu_t}{\sigma_k}\right)\frac{\partial k}{\partial x_j}\right] + G_k - \rho\varepsilon \tag{4.39}$$

$$\frac{\partial(\rho\varepsilon)}{\partial t} + \frac{\partial(\rho\varepsilon u_i)}{\partial x_i} = \frac{\partial}{\partial x_j}\left[\left(\mu + \frac{\mu_t}{\sigma_\varepsilon}\right)\frac{\partial\varepsilon}{\partial x_j}\right] + \rho C_1 E\varepsilon - \rho C_2 \frac{\varepsilon^2}{k + \sqrt{\nu\varepsilon}} \tag{4.40}$$

其中，

$$\left.\begin{aligned}
&\sigma_k = 1.0, \quad \sigma_\varepsilon = 1.2, \quad C_2 = 1.9 \\
&C_1 = \max\left(0.43, \frac{\eta}{\eta+5}\right) \\
&\eta = \left(2E_{ij} \cdot E_{ij}\right)^{1/2}\frac{k}{\varepsilon} \\
&E_{ij} = \frac{1}{2}\left(\frac{\partial u_i}{\partial x_j} + \frac{\partial u_j}{\partial x_i}\right)
\end{aligned}\right\} \tag{4.41}$$

式(4.40)中，μ_t 与 C_μ 按下式计算：

$$\mu_t = \rho C_\mu \frac{k^2}{\varepsilon} \tag{4.42}$$

$$C_\mu = \frac{1}{A_0 + A_S U^* k / \varepsilon} \tag{4.43}$$

其中，

$$\left.\begin{aligned}
&A_0 = 4.0 \\
&A_S = \sqrt{6}\cos\phi \\
&\phi = \frac{1}{3}\cos^{-1}\left(\sqrt{6}W\right), \\
&W = \frac{E_{ij}E_{jk}E_{kj}}{\left(E_{ij}E_{ij}\right)^{1/2}} \\
&E_{ij} = \frac{1}{2}\left(\frac{\partial u_i}{\partial x_j} + \frac{\partial u_j}{\partial x_i}\right) \\
&U^* = \sqrt{E_{ij}E_{ij} + \tilde{\Omega}_{ij}\tilde{\Omega}_{ij}} \\
&\tilde{\Omega}_{ij} = \Omega_{ij} - 2\varepsilon_{ijk}\omega_k \\
&\Omega_{ij} = \bar{\Omega}_{ij} - \varepsilon_{ijk}\omega_k,
\end{aligned}\right\} \tag{4.44}$$

这里的 $\bar{\Omega}_{ij}$ 是从角速度为 ω_k 的参考系中观察到的时均转动速率张量，显然对无旋转的流场，上式中 U^* 计算式根号中的第二项为零，这一项是专门用以表示旋转的影响的，也是本模型的特点之一。

与标准 $k\text{-}\varepsilon$ 模型比较发现，Realizable $k\text{-}\varepsilon$ 模型主要变化是[7]：

(1) 湍动粘度计算公式发生了变化，引入了与旋转和曲率有关的内容；

(2) ε 方程发生了很大变化，方程中的产生项(方程 4.40 右端第二项)不再包含有 k 方程中的产生项 G_k，这样，现在的形式更好地表示了光谱的能量转换。

(3) ε 方程中的倒数第二项不具有任何奇异性，即使 k 值很小或为零，分母也不会为零。这与标准 $k\text{-}\varepsilon$ 模型和 RNG $k\text{-}\varepsilon$ 有很大区别。

Realizable $k\text{-}\varepsilon$ 模型已被有效地用于各种不同类型的流动模拟，包括旋转均匀剪切流、包含有射流和混合流的自由流动、管道内流动、边界层流动，以及带有分离的流动等。

4.6　在近壁区使用 $k\text{-}\varepsilon$ 模型的问题及对策

在前两节的介绍中提到，标准 $k\text{-}\varepsilon$ 模型和 RNG $k\text{-}\varepsilon$ 模型等均是针对充分发展的湍流才有效的，也就是说明，这些模型均是高 Re 数的湍流模型。可是，对近壁区内的流动，Re 数较低，湍流发展并不充分，湍流的脉动影响不如分子粘性的影响大，这样在这个区域内就不能使用前面建立的 $k\text{-}\varepsilon$ 模型进行计算，必须采用特殊的处理方式。本节介绍壁面函数法和低 Re 数 $k\text{-}\varepsilon$ 模型，这两种方法都可与标准 $k\text{-}\varepsilon$ 模型和 RNG $k\text{-}\varepsilon$ 模型等配合，成功地解决近壁区及低 Re 数情况下的流动计算问题。

4.6.1　近壁区流动的特点

大量的试验表明，对于有固体壁面的充分发展的湍流流动，沿壁面法线的不同距离上，可将流动划分为壁面区(或称内区、近壁区)和核心区(或称外区)。对核心区的流动，我们认为是完全湍流区，在此不作讨论，下面只讨论壁面区的流动。

在壁面区，流体运动受壁面流动条件的影响比较明显，壁面区又可分为 3 个子层[4,11]：

- 粘性底层
- 过渡层
- 对数律层

粘性底层是一个紧贴固体壁面的极薄层，其中粘性力在动量、热量及质量交换中起主导作用，湍流切应力可以忽略，所以流动几乎是层流流动，平行于壁面的速度分量沿壁面法线方向为线性分布。

过渡层处于粘性底层的外面，其中粘性力与湍流切应力的作用相当，流动状况比较复杂，很难用一个公式或定律来描述。由于过渡层的厚度极小，所以在工程计算中通常不明显划出，归入对数律层。

对数律层处于最外层，其中粘性力的影响不明显，湍流切应力占主要地位，流动处于充分发展的湍流状态，流速分布接近对数律。

为了用公式描述粘性底层和对数律层内的流动，也为了在 4.6.2 小节建立壁面函数做准备，现引入两个无量纲的参数 u^+ 和 y^+，分别表示速度和距离：

$$u^+ = \frac{u}{u_\tau} \tag{4.45}$$

$$y^+ = \frac{\Delta y \rho u_\tau}{\mu} = \frac{\Delta y}{v} \sqrt{\frac{\tau_w}{\rho}} \tag{4.46}$$

其中 u 是流体的时均速度，u_τ 是壁面摩擦速度 $u_\tau = (\tau_w / \rho)^{\frac{1}{2}}$，$\tau_w$ 是壁面切应力，Δy 是到壁面的距离。

以 y^+ 的对数为横坐标，以 u^+ 为纵坐标，将壁面区内三个子层及核心区内的流动可表示在图 4.3 中。图中的小三角形及小空心圆代表在两种不同 Re 数下实测得到的速度值 u^+，直线代表对速度进行拟合后的结果。该图取自文献[7]。

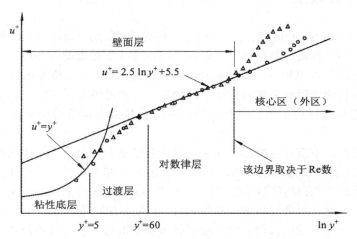

图 4.3 壁面区 3 个子层的划分与相应的速度

参考图 4.3，当 $y^+ < 5$ 时，所对应的区域是粘性底层，这时速度沿壁面法线方向呈线性

分布，即：

$$u^+ = y^+ \tag{4.47}$$

当 $60 < y^+ < 300$ 时，流动处于对数律层，这时速度沿壁面法线方向呈对数律分布，即：

$$u^+ = \frac{1}{\kappa} \ln y^+ + B = \frac{1}{\kappa} \ln(Ey^+) \tag{4.48}$$

其中，κ 为 Karman 常数，B 和 E 是与表面粗糙度有关的常数，对于光滑壁面有 $\kappa = 0.4$，$B = 5.5$，$E = 9.8$，壁面粗糙度的增加将使得 B 值减小。

注意，上面给出的各子层的 y^+ 分界值，只是近似值。有的文献介绍 $30 < y^+ < 500$ 对应于对数律层[7]。文献[11]推荐将 $y^+ = 11.63$ 作为粘性底层与对数律层的分界点(忽略过渡层)。

4.6.2　在近壁区使用 k-ε 模型的问题

前已指出，无论是标准 k-ε 模型、RNG k-ε 模型，还是 Realizable k-ε 模型，都是针对充分发展的湍流才有效的，也就是说，这些模型均是高 Re 数的湍流模型。它们只能用于求解图 4.3 中处于湍流核心区的流动。

而在壁面区，流动情况变化很大，特别是在粘性底层，流动几乎是层流，湍流应力几乎不起作用。因此，不能用前面介绍的 k-ε 模型来求解这个区域内的流动。

解决这一问题的途径目前有两个，一是不对粘性影响比较明显的区域(粘性底层和过渡层)进行求解，而是用一组半经验的公式(即壁面函数)将壁面上的物理量与湍流核心区内的相应物理量联系起来，这就是壁面函数法。

另一种途径是采用低 Re 数 k-ε 模型来求解粘性影响比较明显的区域(粘性底层和过渡层)，这时要求在壁面区划分比较细密的网格。越靠近壁面，网格越细。

下面分别介绍这两种途径。

4.6.3　壁面函数法

壁面函数法(wall functions)实际是一组半经验的公式，用于将壁面上的物理量与湍流核心区内待求的未知量直接联系起来。它必须与高 Re 数 k-ε 模型配合使用。

壁面函数法的基本思想是：对于湍流核心区的流动使用 k-ε 模型求解，而在壁面区不进行求解，直接使用半经验公式将壁面上的物理量与湍流核心区内的求解变量联系起来。这样，不需要对壁面区内的流动进行求解，就可直接得到与壁面相邻控制体积的节点变量值。

在划分网格时，不需要在壁面区加密，只需要把第一个内节点布置在对数律成立的区域内，即配置到湍流充分发展的区域，如图 4.4(a)所示。图中阴影部分是壁面函数公式有效的区域，在阴影以外的网格区域则是使用高 Re 数 k-ε 模型进行求解的区域。壁面函数公式就好象一个桥梁，将壁面值同相邻控制体积的节点变量值联系起来。

壁面函数法针对各输运方程，分别给出联系壁面值与内节点值的公式。下面分别介绍这些公式[11]。

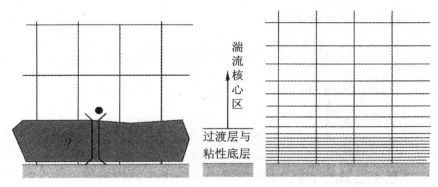

(a) 壁面函数法对应的计算网格   (b) 低 Re 数 $k\text{-}\varepsilon$ 模型对应的计算网格

图 4.4 求解壁面区流动的两种途径所对应的计算网格

1. 动量方程中变量 u 的计算式

当与壁面相邻的控制体积的节点满足 $y^+ > 11.63$ 时，流动处于对数律层，此时的速度 u_P 可借助式(4.48)得到，即:

$$u^+ = \frac{1}{\kappa}\ln(Ey^+) \tag{4.49}$$

在文献[7]中，推荐 y^+ 按下式计算:

$$y^+ = \frac{\Delta y_P (C_\mu^{1/4} k_P^{1/2})}{\mu} \tag{4.50}$$

而此时的壁面切应力 τ_w 满足如下关系:

$$\tau_w = \rho C_\mu^{1/4} k_P^{1/2} u_P / u^+ \tag{4.51}$$

式中，u_P 是节点 P(参见图 4.4a 中的圆点)的时均速度，k_P 是节点 P 的湍动能，Δy_P 是节点 P 到壁面的距离，μ 是流体的动力粘度。

当与壁面相邻的控制体积的节点满足 $y^+ < 11.63$ 时，控制体积内的流动处于粘性底层，其速度 u_P 由层流应力应变关系(4.47)决定。

2. 能量方程中温度 T 的计算式

能量方程以温度 T 为求解未知量，为了建立计算网格节点上的温度与壁面上的物理量之间的关系，定义新的参数 T^+ 如下:

$$T^+ = \frac{(T_w - T_P)\rho c_p C_\mu^{1/4} k_P^{1/2}}{q_w} \tag{4.52}$$

式中，T_P 是与壁面相邻的控制体积的节点 P 处的温度，T_w 是壁面上的温度，ρ 是流体的密度，c_p 是流体的比热容，q_w 是壁面上的热流密度。

壁面函数法通过下式将计算网格节点上的温度 T 与壁面上的物理量相联系[7]:

$$T^+ = \begin{cases} Pr\, y^+ + \dfrac{1}{2}\rho\, Pr_t \dfrac{C_\mu^{1/4} k_P^{1/2}}{q_w} u_P^2 & \left(y^+ < y_T^+\right) \\[4mm] Pr_t\left[\dfrac{1}{\kappa}\ln(Ey^+) + P\right] + \dfrac{1}{2}\rho\dfrac{C_\mu^{1/4} k_P^{1/2}}{q_w}\left[Pr_t u_P^2 + (Pr - Pr_t)u_c^2\right] & \left(y^+ > y_T^+\right) \end{cases} \tag{4.53}$$

在文献[11]中，直接推荐按下式计算：

$$T^+ = Pr_t\left[\frac{1}{\kappa}\ln(Ey^+) + P\right] \tag{4.54}$$

式中，参数 P 由下式计算：

$$P = 9.24\left[\left(\frac{Pr}{Pr_t}\right)^{3/4} - 1\right]\left(1 + 0.28e^{-0.007\, Pr/Pr_t}\right) \tag{4.55}$$

Pr 是分子 Prandtl 数 $\left(\mu c_p / k_f\right)$，$k_f$ 是流体的热传导系数，Pr_t 是湍动 Prandtl 数(在壁面上，文献[7]推荐为 0.8，文献[11]推荐为 0.9)，u_c 是在 $y^+ = y_T^+$ 处的平均速度。这里的 y_T^+ 是在给定 Pr 数的条件下，所对应的粘性底层与对数律层转换时的 y^+。

注意： 若流体是不可压的，则式(4.53)中两个表达式的第二项都为零[7]。从这个意义上说，文献[11]给出的式(4.54)，是流动不可压条件下的结果。

3. 湍动能方程与耗散率方程中 k 和 ε 的计算式

在 $k\text{-}\varepsilon$ 模型以及后面要介绍的 RSM 模型中，k 方程是在包括与壁面相邻的控制体积内的所有计算域上进行求解的，在壁面上湍动能 k 的边界条件是：

$$\frac{\partial k}{\partial n} = 0 \tag{4.56}$$

其中 n 是垂直于壁面的局部坐标。

在与壁面相邻的控制体积内，构成 k 方程源项的湍动能产生项 G_k，及耗散率 ε，按局部平衡假定来计算，即在与壁面相邻的控制体积内 G_k 和 ε 都是相等的。从而，G_k 按下式计算[7]：

$$G_k \approx \tau_w \frac{\partial u}{\partial y} = \tau_w \frac{\tau_w}{\kappa\rho C_\mu^{1/4} k_P^{1/2} \Delta y_P} \tag{4.57}$$

ε 按下式计算：

$$\varepsilon = \frac{C_\mu^{3/4} k_P^{3/2}}{\kappa\Delta y_P} \tag{4.58}$$

注意，在与壁面相邻的控制体积上是不对 ε 方程进行求解的，直接按式(4.58)确定 P 节点的 ε。

根据以上分析可以发现，针对各求解变量(包括平均流速、温度、k 和 ε)所给出的壁面边界条件均已由壁面函数考虑到了，所以不用担心壁面处的边界条件。

上述壁面函数法是 FLUENT 选用的默认方法，它对各种壁面流动都非常有效。相对于后面要介绍的低 Re 数 $k\text{-}\varepsilon$ 模型，壁面函数法计算效率高，工程实用性强。而在采用低 Re 数 $k\text{-}\varepsilon$ 模型时，因壁面区(粘性底层和过渡层)内的物理量变化非常大，因此，必须使用细密的网格,从而造成计算成本的提高。当然,壁面函数法无法象低 Re 数 $k\text{-}\varepsilon$ 模型那样得到粘性底层和过渡层内的"真实"速度分布。

这里所介绍的壁面函数法也有一定局限性,当流动分离过大或近壁面流动处于高压之下时,该方法不很理想,为此,FLUENT还提供了非平衡的壁面函数法及增强的壁面函数法,详细内容见文献[7]。

4.6.4　低 Re 数 $k\text{-}\varepsilon$ 模型

上面介绍的壁面函数法的表达式主要是根据简单的平行流动边界层的实测资料而归纳出来的,同时,这种方法并未对壁面区内部的流动进行"细致"的研究,尤其是在粘性底层内,分子粘性的作用并未有效地计算。为了使基于 $k\text{-}\varepsilon$ 模型的数值计算能从高 Re 数区域一直进行到固体壁面上(该处 Re 为零),有许多学者提出了对高 Re 数 $k\text{-}\varepsilon$ 模型进行修正的方案,使修正后的方案可以自动适应不同 Re 数的区域。这里只介绍 Jones 和 Launder 提出的低 Re 数 $k\text{-}\varepsilon$ 模型[51]。

Jones 和 Launder 认为,低 Re 数的流动主要体现在粘性底层中,流体的分子粘性起着绝对的支配地位,为此,必须对高 Re 数 $k\text{-}\varepsilon$ 模型进行以下三方面的修改,才能使其可用于计算各种 Re 数的流动:

(1) 为体现分子粘性的影响,控制方程的扩散系数项必须同时包括湍流扩散系数与分子扩散系数两部分。

(2) 控制方程的有关系数必须考虑不同流态的影响,即在系数计算公式中引入湍流雷诺数 Re_t。这里 $Re_t = \rho k^2 /(\eta\varepsilon)$。

(3) 在 k 方程中应考虑壁面附近湍动能的耗散不是各向同性这一因素。

在此基础上,写出低 Re 数 $k\text{-}\varepsilon$ 模型的输运方程:

$$\frac{\partial(\rho k)}{\partial t} + \frac{\partial(\rho k u_i)}{\partial x_i} = \frac{\partial}{\partial x_j}\left[\left(\mu + \frac{\mu_t}{\sigma_k}\right)\frac{\partial k}{\partial x_j}\right] + G_k - \rho\varepsilon - \left|2\mu\left(\frac{\partial k^{1/2}}{\partial n}\right)^2\right| \tag{4.59}$$

$$\frac{\partial(\rho\varepsilon)}{\partial t} + \frac{\partial(\rho\varepsilon u_i)}{\partial x_i} = \frac{\partial}{\partial x_j}\left[\left(\mu + \frac{\mu_t}{\sigma_\varepsilon}\right)\frac{\partial\varepsilon}{\partial x_j}\right] + \frac{C_{1\varepsilon}\varepsilon}{k}G_k\left|f_1\right| - C_{2\varepsilon}\rho\frac{\varepsilon^2}{k}\left|f_2\right| + \left|2\frac{\mu\mu_t}{\rho}\left(\frac{\partial^2 u}{\partial n^2}\right)^2\right| \tag{4.60}$$

式中,

$$\mu_t = C_\mu\left|f_\mu\right|\rho\frac{k^2}{\varepsilon} \tag{4.61}$$

n 代表壁面法向坐标,u 为与壁面平行的流速。在实际计算时,方向 n 可近似取为 x、y 和 z 中最满足条件的一个,速度 u 也做类似处理。系数 $C_{1\varepsilon}$、$C_{2\varepsilon}$、C_μ、σ_k、σ_ε 及产生项 G_k 同 4.4 节标准 $k\text{-}\varepsilon$ 模型的方程(4.31)和(4.32)。以上三式中符号"$|\ \ |$"所围的部分就是低 Re 数模型区别于高 Re 数模型的部分,系数 f_1、f_2 和 f_μ 的引入,实际上等于对标准 $k\text{-}\varepsilon$ 模型中的系数 $C_{1\varepsilon}$、$C_{2\varepsilon}$ 和 C_μ 进行了修正。各系数的计算式如下:

$$
\left.
\begin{array}{l}
f_1 \approx 1.0 \\
f_2 = 1.0 - 0.3\exp\left(-Re_t^2\right) \\
f_\mu = \exp\left(-2.5/\left(1 + Re_t/50\right)\right) \\
Re_t = \rho k^2 /(\eta\varepsilon)
\end{array}
\right\}
\tag{4.62}
$$

显然，当 Re_t 很大时，f_1、f_2 和 f_μ 均趋近于 1。

在上述方程中，除了对标准 k-ε 模型中有关系数进行修正外，Jones 和 Launder 的模型中在 k 和 ε 的方程中还各自引入了一个附加项。k 方程(4.59)中的附加项 $-2\eta\left(\dfrac{\partial k^{1/2}}{\partial y}\right)^2$ 是为考虑在粘性底层中湍动能的耗散不是各向同性的这一因素而加入的。在高 Re_t 的区域，湍动能的耗散可以看成是各向同性的，而在粘性底层中，总耗散率中各向异性部分的作用逐渐增加。ε 方程(4.60)中的附加项 $2\dfrac{\mu\mu_t}{\rho}\left(\dfrac{\partial^2 u}{\partial n^2}\right)^2$ 是为了使 k 的计算结果与某些实验测定值符合的更好而加入的。

在使用低 Re 数 k-ε 模型进行流动计算时，充分发展的湍流核心区及粘性底层均用同一套公式计算，但由于粘性底层的速度梯度大，因此，在粘性底层的网格要密，如图 4.4b 所示。

文献[52]建议，当局部湍流的 Re_t 数小于 150 时，就应该使用低 Re 数 k-ε 模型，而不能再使用高 Re 数 k-ε 模型进行计算。

4.7　Reynolds 应力方程模型(RSM)

上面所介绍的各种两方程模型都采用各向同性的湍动粘度来计算湍流应力，这些模型难于考虑旋转流动及流动方向表面曲率变化的影响。为了克服这些缺点，有必要直接对 Reynolds 方程中的湍流脉动应力直接建立微分方程式并进行求解。建立 Reynolds 应力的方式有两种：一是 Reynolds 应力方程模型，二是代数应力方程模型。本节介绍第一种模型。

4.7.1　Reynolds 应力输运方程

Reynolds 应力方程模型简称 RSM，是 Reynolds Stress equation Model 的缩写。要使用这种模型，必须先得到 Reynolds 应力输运方程。

所谓 Reynolds 应力输运方程，实质上是关于 $\overline{u_i' u_j'}$ 的输运方程。根据时均化法则 $\overline{u_i' u_j'} = \overline{u_i u_j} - \overline{u_i}\,\overline{u_j}$，只要分别得到了 $\overline{u_i u_j}$ 和 $\overline{u_i}\,\overline{u_j}$ 的输运方程，就自然得到关于 $\overline{u_i' u_j'}$ 的输运方程。为此，我们可从瞬时速度变量的 Navier-Stokes 方程出发，按下面两个步骤来生成关于 $\overline{u_i' u_j'}$ 的输运方程。

第一步，建立关于 $\overline{u_i u_j}$ 的输运方程。过程是：将 u_j 乘以 u_i 的 Navier-Stokes 方程，将 u_i 乘以 u_j 的 Navier-Stokes 方程，再将两方程相加，得到 $u_i u_j$ 的方程，对此方程作 Reynolds 时

均、分解，即得到 $\overline{u_i u_j}$ 的输运方程。注意，这里的 u_i 和 u_j 均指瞬时速度，非时均速度。

第二步，建立 $\overline{u_i u_j}$ 的输运方程。将 $\overline{u_j}$ 乘以 $\overline{u_i}$ 的 Reynolds 时均方程，将 $\overline{u_i}$ 乘以 $\overline{u_j}$ 的 Reynolds 时均方程，再将两方程相加，即得到 $\overline{u_i u_j}$ 的输运方程。

将上面两步得到的两个输运方程相减后，得到 $\overline{u_i' u_j'}$ 的输运方程，即 Reynolds 应力输运方程。经量纲分析、整理后的 Reynolds 应力方程可写成[7,3,11]：

$$
\begin{aligned}
\frac{\partial\left(\rho\overline{u_i' u_j'}\right)}{\partial t} + \underbrace{\frac{\partial\left(\rho u_k \overline{u_i' u_j'}\right)}{\partial x_k}}_{C_{ij}} = &\underbrace{-\frac{\partial}{\partial x_k}\left[\rho\overline{u_i' u_j' u_k'} + \overline{p' u_i'}\delta_{kj} + \overline{p' u_j'}\delta_{ik}\right]}_{D_{T.ij}} \\
&+ \underbrace{\frac{\partial}{\partial x_k}\left[\mu\frac{\partial}{\partial x_k}\left(\overline{u_i' u_j'}\right)\right]}_{D_{L.ij}} \underbrace{-\rho\left(\overline{u_i' u_k'}\frac{\partial u_j}{\partial x_k} + \overline{u_j' u_k'}\frac{\partial u_i}{\partial x_k}\right)}_{P_{ij}} \\
&\underbrace{-\rho\beta\left(g_i\overline{u_j'\theta} + g_j\overline{u_i'\theta}\right)}_{G_{ij}} + \underbrace{\overline{p'\left(\frac{\partial u_i'}{\partial x_j} + \frac{\partial u_j'}{\partial x_i}\right)}}_{\Phi_{ij}} \\
&\underbrace{-2\mu\overline{\frac{\partial u_i'}{\partial x_k}\frac{\partial u_j'}{\partial x_k}}}_{\varepsilon_{ij}} \underbrace{-2\rho\Omega_k\left(\overline{u_j' u_m'}e_{ikm} + \overline{u_i' u_m'}e_{jkm}\right)}_{F_{ij}}
\end{aligned}
\tag{4.63}
$$

方程中第一项为瞬态项，其他各项依次为：

C_{ij}：对流项

$D_{T.ij}$：湍动扩散项

$D_{L.ij}$：分子粘性扩散项

P_{ij}：剪应力产生项

G_{ij}：浮力产生项

Φ_{ij}：压力应变项

ε_{ij}：粘性耗散项

F_{ij}：系统旋转产生项

上式各项中，C_{ij}、$D_{L.ij}$、P_{ij} 和 F_{ij} 均只包含二阶关联项，不必进行处理。可是，$D_{T.ij}$、G_{ij}、Φ_{ij} 和 ε_{ij} 包含有未知的关联项，必须向前面构造 k 方程和 ε 方程的过程一样，构造其合理的表达式，即给出各项的模型，才能得到真正有意义的 Reynolds 应力方程。下面将逐项给出相应的计算公式。

在介绍具体公式前，先对上式中的符号 e_{ijk} 及将要用到的符号 δ_{ij} 作一简介。这两个符号都是张量中的常用符号。e_{ijk} 叫做转换符号(alternating symble)，或称排列符号。当 i、j、k 3 个指标不同，并符合正序排列时，$e_{ijk}=1$；当 3 个指标不同，并符合逆序排列时，$e_{ijk}=-1$；当 3 个指标中有重复时，$e_{ijk}=0$。δ_{ij} 叫做 "Kronecker delta"，曾结合式(4.16)介绍过，在许多关于张量的文献中，直接使用其英文名称[6]。当 i 和 j 两个指标相同时，$\delta_{ij}=1$；当两指标不同时，$\delta_{ij}=0$。

下面对方程(4.63)中各主要项的计算公式作如下说明。

1. 湍动扩散项 $D_{T,ij}$ 的计算

$D_{T,ij}$ 可通过 Daly 和 Harlow 所给出的广义梯度扩散模型来计算[52,7]：

$$D_{T,ij} = C_s \frac{\partial}{\partial x_k} \left(\rho \frac{k \overline{u_k' u_l'}}{\varepsilon} \frac{\partial \overline{u_i' u_j'}}{\partial x_l} \right) \tag{4.64}$$

文献[7]认为，该式有可能导致数值上的不稳定，因此，推荐用下式：

$$D_{T,ij} = \frac{\partial}{\partial x_k} \left(\frac{\mu_t}{\sigma_k} \frac{\partial \overline{u_i' u_j'}}{\partial x_k} \right) \tag{4.65}$$

式中，μ_t 是湍动粘度，按标准 k-ε 模型中的式(4.23)计算。系数 $\sigma_k = 0.82$，注意该值在 Realizable k-ε 模型中为 1.0。

2. 浮力产生项 G_{ij} 的计算

因浮力所导致的产生项由下式计算[7]：

$$G_{ij} = \beta \frac{\mu_t}{Pr_t} \left(g_i \frac{\partial T}{\partial x_j} + g_j \frac{\partial T}{\partial x_i} \right) \tag{4.66}$$

其中，T 是温度，Pr_t 是能量的湍动 Prandtl 数，在该模型中可取 $Pr_t = 0.85$，g_i 是重力加速度在第 i 方向的分量，β 是热膨胀系数，由式(4.28)计算。对理想气体，有：

$$G_{ij} = -\frac{\mu_t}{\rho Pr_t} \left(g_i \frac{\partial \rho}{\partial x_j} + g_j \frac{\partial \rho}{\partial x_i} \right) \tag{4.67}$$

如果流体是不可压的，则 $G_{ij} = 0$。

3. 压力应变项 Φ_{ij} 的计算

压力应变项 Φ_{ij} 的存在是 Reynolds 应力模型与 k-ε 模型的最大区别之处，由张量的缩并原理和连续方程可知，$\Phi_{kk} = 0$。因此，Φ_{ij} 仅在湍流各分量间存在，当 $i \neq j$ 时，它表示减小剪切应力，使湍流趋向于各向同性；当 $i = j$ 时，它表示使湍动能在各应力分量间重新分配，对总量无影响。可见，此项并不产生脉动能量，仅起到再分配作用。因此，在有的文献中称此项为再分配项。

压力应变项的模拟十分重要，目前有多个版本用于计算 Φ_{ij}[53-56]。这里，综合文献 [53-56,7,3,11]中做法，给出相对普遍的形式：

$$\Phi_{ij} = \Phi_{ij,1} + \Phi_{ij,2} + \Phi_{ij,w} \tag{4.68}$$

其中，$\Phi_{ij,1}$ 是慢的压力应变项，$\Phi_{ij,2}$ 是快的压力应变项，$\Phi_{ij,w}$ 是壁面反射项。$\Phi_{ij,1}$ 按下式计算：

$$\Phi_{ij,1} = -C_1 \rho \frac{\varepsilon}{k} \left(\overline{u_i' u_j'} - \frac{2}{3} k \delta_{ij} \right) \tag{4.69}$$

这里，$C_1 = 1.8$。$\Phi_{ij,2}$ 按下式计算[3,11]：

$$\Phi_{ij,2} = -C_2 \left(P_{ij} - \frac{2}{3} P \delta_{ij} \right) \tag{4.70}$$

其中，$C_2 = 0.60$，P_{ij} 的定义见式(4.63)，$P = P_{kk}/2$。壁面反射项 $\Phi_{ij,w}$ 负责对近壁面处的正应力进行再分配。它有使垂直于壁面的应力变弱，而使平行于壁面的应力变强的趋势。由下式计算[7,3]：

$$\Phi_{ij,w} = C_1' \rho \frac{\varepsilon}{k} \left(\overline{u_k' u_m'} n_k n_m \delta_{ij} - \frac{3}{2} \overline{u_i' u_k'} n_j n_k - \frac{3}{2} \overline{u_j' u_k'} n_i n_k \right) \frac{k^{3/2}}{C_l \varepsilon d}$$
$$+ C_2' \left(\Phi_{km,2} n_k n_m \delta_{ij} - \frac{3}{2} \Phi_{ik,2} n_j n_k - \frac{3}{2} \Phi_{jk,2} n_i n_k \right) \frac{k^{3/2}}{C_l \varepsilon d} \tag{4.71}$$

式中，$C_1' = 0.5$，$C_2' = 0.3$，n_k 是壁面单位法向矢量的 x_k 分量，d 是研究的位置到固体壁面的距离，$C_l = C_\mu^{3/4}/\kappa$，其中 $C_\mu = 0.09$，κ 是 Karman 常数，$\kappa = 0.4187$。

4. 粘性耗散项 ε_{ij} 的计算

耗散项表示分子粘性对 Reynolds 应力产生的耗散。在建立耗散项的计算公式时，认为大尺度涡承担动能输运，小尺度涡承担粘性耗散，因此小尺度涡团可看成是各向同性的。即认为局部各向同性。依照该假定，耗散项最终可写成：

$$\varepsilon_{ij} = \frac{2}{3} \rho \varepsilon \delta_{ij} \tag{4.72}$$

将式(4.65)、(4.67)、(4.68)~(4.72)代入方程(4.63)，得到封闭的 Reynolds 应力输运方程：

$$\frac{\partial \left(\rho \overline{u_i' u_j'} \right)}{\partial t} + \frac{\partial \left(\rho u_k \overline{u_i' u_j'} \right)}{\partial x_k} = \frac{\partial}{\partial x_k} \left(\frac{\mu_t}{\sigma_k} \frac{\partial \overline{u_i' u_j'}}{\partial x_k} + \mu \frac{\partial \overline{u_i' u_j'}}{\partial x_k} \right)$$
$$- \rho \left(\overline{u_i' u_k'} \frac{\partial u_j}{\partial x_k} + \overline{u_j' u_k'} \frac{\partial u_i}{\partial x_k} \right)$$
$$- \frac{\mu_t}{\rho Pr_t} \left(g_i \frac{\partial \rho}{\partial x_j} + g_j \frac{\partial \rho}{\partial x_i} \right)$$
$$- C_1 \rho \frac{\varepsilon}{k} \left(\overline{u_i' u_j'} - \frac{2}{3} k \delta_{ij} \right) - C_2 \left(P_{ij} - \frac{1}{3} P_{kk} \delta_{ij} \right) \tag{4.73}$$
$$+ C_1' \rho \frac{\varepsilon}{k} \left(\overline{u_k' u_m'} n_k n_m \delta_{ij} - \frac{3}{2} \overline{u_i' u_k'} n_j n_k - \frac{3}{2} \overline{u_j' u_k'} n_i n_k \right) \frac{k^{3/2}}{C_l \varepsilon d}$$
$$+ C_2' \left(\Phi_{km,2} n_k n_m \delta_{ij} - \frac{3}{2} \Phi_{ik,2} n_j n_k - \frac{3}{2} \Phi_{jk,2} n_i n_k \right) \frac{k^{3/2}}{C_l \varepsilon d}$$
$$- \frac{2}{3} \rho \varepsilon \delta_{ij} - 2 \rho \Omega_k \left(\overline{u_j' u_m'} e_{ikm} + \overline{u_i' u_m'} e_{jkm} \right)$$

为节省篇幅，上式中引用 P_{ij} 和 $\Phi_{ij,2}$ 的项并没有完全打开。我们注意到，上式是 FLUENT

等多数 CFD 软件所使用的广义 Reynolds 应力输运方程，它体现了各种因素对湍流流动的影响，包括浮力、系统旋转和固体壁面的反射等。而在有的文献中，不考虑浮力的作用(即 $G_{ij} = 0$)，也不考虑旋转的影响(即 $F_{ij} = 0$)，同时在压力应变项中不考虑壁面反射(即 $\Phi_{ij,w} = 0$)，这样，Reynolds 应力输运方程可写成如下形式[2]：

$$
\begin{aligned}
\frac{\partial\left(\rho \overline{u_i' u_j'}\right)}{\partial t} + \frac{\partial\left(\rho u_k \overline{u_i' u_j'}\right)}{\partial x_k} = & \frac{\partial}{\partial x_k}\left(\frac{\mu_t}{\sigma_k} \frac{\partial \overline{u_i' u_j'}}{\partial x_k} + \mu \frac{\partial \overline{u_i' u_j'}}{\partial x_k}\right) \\
& - \rho\left(\overline{u_i' u_k'} \frac{\partial u_j}{\partial x_k} + \overline{u_j' u_k'} \frac{\partial u_i}{\partial x_k}\right) \\
& - C_1 \rho \frac{\varepsilon}{k}\left(\overline{u_i' u_j'} - \frac{2}{3} k \delta_{ij}\right) - C_2\left(P_{ij} - \frac{1}{3} P_{kk} \delta_{ij}\right) \\
& - \frac{2}{3} \rho \varepsilon \delta_{ij}
\end{aligned}
\tag{4.74}
$$

如果将 RSM 只用于没有系统转动的不可压流动，则可以选择这种比较简单的 Reynolds 应力输运方程。

4.7.2　RSM 的控制方程组及其解法

在上述得到的 Reynolds 应力输运方程中，包含有湍动能 k 和耗散率 ε，为此，在使用 RSM 时，需要补充 k 和 ε 的方程。这里，参照文献[18]和[7]，给出 RSM 中的 k 方程和 ε 方程如下：

$$
\frac{\partial(\rho k)}{\partial t} + \frac{\partial(\rho k u_i)}{\partial x_i} = \frac{\partial}{\partial x_j}\left[\left(\mu + \frac{\mu_t}{\sigma_k}\right) \frac{\partial k}{\partial x_j}\right] + \frac{1}{2}\left(P_{ii} + G_{ii}\right) - \rho \varepsilon
\tag{4.75}
$$

$$
\frac{\partial(\rho \varepsilon)}{\partial t} + \frac{\partial(\rho \varepsilon u_i)}{\partial x_i} = \frac{\partial}{\partial x_j}\left[\left(\mu + \frac{\mu_t}{\sigma_\varepsilon}\right) \frac{\partial \varepsilon}{\partial x_j}\right] + C_{1\varepsilon} \frac{1}{2}\left(P_{ii} + C_{3\varepsilon} G_{ii}\right) - C_{2\varepsilon} \rho \frac{\varepsilon^2}{k}
\tag{4.76}
$$

式中，P_{ij} 是剪应力产生项，根据式(4.63)计算。G_{ij} 是浮力产生项，按式(4.66)或(4.67)计算，对于不可压流体，$G_{ij} = 0$。而 μ_t 是湍动粘度，按下式计算：

$$
\mu_t = \rho C_\mu \frac{k^2}{\varepsilon}
\tag{4.77}
$$

$C_{1\varepsilon}$、$C_{2\varepsilon}$、C_μ、σ_k、σ_ε 为常数，取值分别为：$C_{1\varepsilon} = 1.44$，$C_{2\varepsilon} = 1.92$，$C_\mu = 0.09$，$\sigma_k = 0.82$，$\sigma_\varepsilon = 1.0$。$C_{3\varepsilon}$ 是与局部流动方向相关的一个数，按 4.4.2 小节的方法确定。

这样，由时均连续方程(4.12)、Reynolds 方程(4.13)、Reynolds 应力输运方程(4.73)、k 方程(4.75)和 ε 方程(4.76)共 12 个方程构成了三维湍流流动问题的基本控制方程组。注意，Reynolds 方程(4.13)实际对应于 3 个方程，Reynolds 应力输运方程(4.73)实际对应于 3 个方程。而求解变量包括 4 个时均量(u、v、w 和 p)、6 个 Reynolds 应力($\overline{u'^2}$、$\overline{v'^2}$、$\overline{w'^2}$、$\overline{u'v'}$、$\overline{u'w'}$ 和 $\overline{v'w'}$)、湍动能 k 和耗散率 ε，正好 12 个，因此，可通过 SIMPLE 等算法求解，详细的求解方法和过程见第 3 章。

此外，对于上面的控制方程组，需要作如下两点说明。

(1)　如果需要对能量或组分等进行计算，需要建立其他针对标量型变量 ϕ (如温度、组分浓度)的脉动量的控制方程。每个这样的方程实际对应于 3 个偏微分模型方程，每个偏微分模型方程对应于计算方程(4.14)中的一个湍动标量 $\overline{u_i'\phi'}$，即得到湍流标量输运方程。这样，将新得到的关于 $\overline{u_i'\phi'}$ 的 3 个输运方程与时均形式的标量方程(4.14)一起加入到上述基本控制方程组中，形成总共有 16 个方程组成的方程组，求解变量除上述 12 个外，还包括时均量 ϕ 和 3 个湍动标量($\overline{u'\phi'}$、$\overline{v'\phi'}$ 和 $\overline{w'\phi'}$)。感兴趣的读者可以参考文献[57,18,7]了解更多详细的信息。

(2)　由于从 Reynolds 应力方程的 3 个正应力项可以得出脉动动能，即 $k = \dfrac{1}{2}(\overline{u_i'u_i'})$，因此，不少文献[58-60]不把 k 作为独立的变量，也不引入 k 方程，但多数文献中则把 k 方程列为控制方程之一，就象本书采用的方式一样。

4.7.3　对 RSM 适用性的讨论

与标准 k-ε 模型一样，RSM 也属于高 Re 数的湍流计算模型，在固体壁面附近，由于分子粘性的作用，湍流脉动受到阻尼，Re 数很小，上述方程不再适用。因而，必须采用类似 4.6 节介绍的方法，即要么用壁面函数法，要么用低 Re 数的 RSM，来处理近壁面区的流动计算问题。

同 RSM 相对应的壁面函数法，与 4.6 节介绍的内容基本相同，只是多了 $\overline{u_i'u_j'}$ 在边界上的处理问题，详见文献[7]。

关于低 Re 数的 RSM，目前有多个版本，其基本思想是修正高 Re 数 RSM 中耗散函数(扩散项)及压力应变重新分配项的表达式，以使 RSM 模型方程可以直接应用到壁面上。文献[61]中对多种低 Re 数 Reynolds 应力模型作了比较。

由上述方法建立的对压力应变项等的计算公式可以看出，尽管 RSM 比 k-ε 模型应用范围广、包含更多的物理机理，但它仍有很多缺陷。计算实践表明，RSM 虽能考虑一些各向异性效应，但并不一定比其他模型效果好，在计算突扩流动分离区和计算湍流输运各向异性较强的流动时，RSM 优于双方程模型，但对于一般的回流流动，RSM 的结果并不一定比 k-ε 模型好。另一方面，就三维问题而言，采用 RSM 意味着要多求解 6 个 Reynolds 应力的微分方程，计算量大，对计算机的要求高。因此，RSM 不如 k-ε 模型应用更广泛，但许多文献认为 RSM 是一种更有潜力的湍流模型[11]。

4.8　代数应力方程模型(ASM)

由于上一节介绍的 RSM 过于复杂，且计算量大，有多位学者从 RSM 出发，建立 Reynolds 应力的代数方程模型，即将 RSM 中包含 Reynolds 应力微商的项用不包含微商的表达式去代替，这就形成了代数应力方程模型(Algebraic Stress equation Model，简称 ASM)。

4.8.1　ASM 的应力方程

在对 RSM 中的 Reynolds 应力方程进行简化时，重点集中在对流项和扩散项的处理上。一种简化方案是采用局部平衡假定，即 Reynolds 应力的对流项和扩散项之差为零；另一种简化方案是假定 Reynolds 应力的对流项和扩散项之差正比于湍动能 k 的对流项和扩散项之差。现以第一种简化方案为例，给出 ASM 的代数应力方程。

当假定 Reynolds 应力的对流项和扩散项之差为零时，根据方程(4.63)中的记法，有：

$$C_{ij} - (D_{T.ij} + D_{L.ij}) = 0 \tag{4.78}$$

代入式(4.63)，在准稳态的湍流条件下，有：

$$P_{ij} + G_{ij} + \Phi_{ij} - \varepsilon_{ij} + F_{ij} = 0 \tag{4.79}$$

现在考虑无浮力作用、系统无旋转、忽略固体壁面的反射影响时，将上式与 Reynolds 应力输运方程(4.74)相联系后，有：

$$-\rho\left(\overline{u_i' u_k'}\frac{\partial u_j}{\partial x_k} + \overline{u_j' u_k'}\frac{\partial u_i}{\partial x_k}\right) - C_1\rho\frac{\varepsilon}{k}\left(\overline{u_i' u_j'} - \frac{2}{3}k\delta_{ij}\right) - C_2\left(P_{ij} - \frac{1}{3}P_{kk}\delta_{ij}\right) - \frac{2}{3}\rho\varepsilon\delta_{ij} = 0 \tag{4.80}$$

从而，有：

$$\overline{u_i' u_j'} = \frac{k}{C_1\varepsilon}\left[-\left(\overline{u_i' u_k'}\frac{\partial u_j}{\partial x_k} + \overline{u_j' u_k'}\frac{\partial u_i}{\partial x_k}\right) - \frac{C_2}{\rho}\left(P_{ij} - \frac{1}{3}P_{kk}\delta_{ij}\right) - \frac{2}{3}\varepsilon\delta_{ij}\right] + \frac{2}{3}k\delta_{ij} \tag{4.81}$$

这就是得到的代数应力方程。式中的各项的物理意义及系数的取值同上一节的 RSM。

4.8.2　ASM 的控制方程组及其求解

除了用式(4.80)表示的 6 个应力方程外，ASM 的其他控制方程组与 RSM 所使用的相同，即时均连续方程(4.12)、Reynolds 方程(4.13)、应力方程(4.7)、k 方程(4.75)和 ε 方程(4.76)，共 12 个方程构成了 ASM 的基本控制方程组。

方程组的求解变量仍为 12 个，即 4 个时均量（u、v、w 和 p）、6 个应力项（$\overline{u'^2}$、$\overline{v'^2}$、$\overline{w'^2}$、$\overline{u'v'}$、$\overline{u'w'}$ 和 $\overline{v'w'}$）、湍动能 k 和耗散率 ε，可通过 SIMPLE 等算法求解，详细的求解方法和过程见第 3 章。

对于近壁面区的流动计算，仍需要采用壁面函数法或其他方法来处理。

4.8.3　ASM 的特点

ASM 是将各向异性的影响合并到 Reynolds 应力中进行计算的一种经济算法，当然，因其要比 k-ε 模型多解 6 个代数方程组，其计算量还是远大于 k-ε 模型。

ASM 虽然不像 k-ε 模型应用广泛，但可用于 k-ε 模型不能满足要求的场合以及不同的传输假定对计算精度影响不是十分明显的场合。例如，对于像方形管道和三角形管道内的扭曲和二次流的模拟，由于流动特征是由 Reynolds 正应力的各向异性造成的，因此使用标准 k-ε 模型得不到理想的结果，而使用 ASM 就非常有效[11,62]。

　　当然，考虑各向异性的涡 $k\text{-}\varepsilon$ 模型也在发展，如前面介绍的各种改进的的 $k\text{-}\varepsilon$ 模型，这使使得 ASM 模型的深入应用受到一些影响[11]。但仍有许多文献认为 ASM 是目前最有应用前景的湍流模型[2]。

　　此外，在有的文献中，将应力代数方程(4.81)看成是对 $k\text{-}\varepsilon$ 模型的某种扩展，即在原来的两个微分方程(k 方程和 ε 方程)的基础上附加的代数方程，因此，称 ASM 为 $k\text{-}\varepsilon\text{-}a$ 模型，或两个半方程模型[3]。

4.9　大涡模拟(LES)

　　大涡模拟是介于直接数值模拟(DNS)与 Reynolds 平均法(RANS)之间的一种湍流数值模拟方法。随有计算机硬件条件的快速提高，对大涡模拟方法的研究与应用呈明显上升趋势，成为目前 CFD 领域的热点之一[65-68]。本节介绍这种方法。

4.9.1　大涡模拟的基本思想

　　我们知道，湍流包含有一系列大大小小的涡团，涡的尺度范围相当宽广。为了模拟湍流流动，我们总是希望计算网格的尺度小到足以分辨最小涡的运动，然而，就目前的计算机能力来讲，能够采用的计算网格的最小尺度仍比最小涡的尺度大许多[65,73]。

　　我们还知道，系统中动量、质量、能量及其他物理量的输运，主要由大尺度涡影响。大尺度涡与所求解的问题密切相关，由几何及边界条件所规定，各个大尺度涡的结构是互不相同的。而小尺度涡几乎不受几何及边界条件的影响，不像大尺度涡那样与所求解的特定问题密切相关。小尺度涡趋向于各向同性，其运动具有共性。因此，目前只能放弃对全尺度范围上涡的瞬时运动的模拟，只将比网格尺度大的湍流运动通过瞬时 Navier-Stokes 方程直接计算出来，而小尺度涡对大尺度涡运动的影响则通过一定的模型在针对大尺度涡的瞬时 Navier-Stokes 方程中体现出来，从而形成了目前的大涡模拟法(Large Eddy Simulation，简称 LES)[17,64]。

　　要实现大涡模拟，有两个重要环节的工作必须完成[63]。首先是建立一种数学滤波函数，从湍流瞬时运动方程中将尺度比滤波函数的尺度小的涡滤掉，从而分解出描写大涡流场的运动方程，而这时被滤掉的小涡对大涡运动的影响，则通过在大涡流场的运动方程中引入附加应力项来体现。该应力项好比 Reynolds 平均法中的 Reynolds 应力项，被称为亚格子尺度应力。而建立这一应力项的数学模型，就是要完成的第二个环节的工作。这一数学模型称为亚格子尺度模型(SubGrid-Scale model)，简称 SGS 模型。下面分别介绍如何生成大涡的运动方程，如何构建亚格子尺度模型，最后给出 LES 方法的数值求解思路。

4.9.2　大涡的运动方程

　　在 LES 方法中，通过使用滤波函数，每个变量都被分成两部分。例如，对于瞬时变量 ϕ，有[69]：

- 大尺度的平均分量 $\bar{\phi}$。该部分叫做滤波后的变量，是在 LES 模拟时直接计算的部分。
- 不尺度分量 ϕ'。该部分是需要通过模型来表示的。

💡 注意：　这里的平均分量 $\bar{\phi}$ 是滤波后得到的变量，它不是在时间域上的平均，而是在空间域上的平均。滤波后的变量 $\bar{\phi}$ 可通过下式得到：

$$\bar{\phi} = \int_D \phi G(x, x') dx' \tag{4.82}$$

式中，D 是流动区域，x' 是实际流动区域中的空间坐标，x 是滤波后的大尺度空间上的空间坐标，$G(x, x')$ 是滤波函数。$G(x, x')$ 决定了所求解的涡的尺度，即将大涡与小涡划分开来。换句话说，$\bar{\phi}$ 只保留了 ϕ 在大于滤波函数 $G(x, x')$ 宽度的尺度上的可变性。$G(x, x')$ 的表达式有多种选择[67,77]，但有限体积法的离散过程本身就隐含地提供了滤波功能，即在一个控制体积上对物理量取平均值，因此，这里采用如下的表达式[7]：

$$G(x, x') = \begin{cases} 1/V, & x' \in v \\ 0, & x' \notin v \end{cases} \tag{4.83}$$

其中 V 是表示控制体积所占几何空间的大小。这样，式(4.82)可以写成：

$$\bar{\phi} = \frac{1}{V} \int_D \phi dx' \tag{4.84}$$

现在，用式(4.82)表示的滤波函数处理瞬时状态下的 Navier-Stokes 方程及连续方程，有[65,7]：

$$\frac{\partial}{\partial t}(\rho \bar{u}_i) + \frac{\partial}{\partial x_j}(\rho \bar{u}_i \bar{u}_j) = -\frac{\partial \bar{p}}{\partial x_i} + \frac{\partial}{\partial x_j}\left(\mu \frac{\partial \bar{u}_i}{\partial x_j}\right) - \frac{\partial \tau_{ij}}{\partial x_j} \tag{4.85}$$

$$\frac{\partial \rho}{\partial t} + \frac{\partial}{\partial x_i}(\rho \bar{u}_i) = 0 \tag{4.86}$$

以上两式就构成了在 LES 方法中使用的控制方程组，注意这完全是瞬时状态下的方程。式中带有上划线的量为滤波后的场变量，τ_{ij} 为：

$$\tau_{ij} = \overline{\rho u_i u_j} - \rho \bar{u}_i \bar{u}_j \tag{4.87}$$

τ_{ij} 被定义为亚格子尺度应力(subgrid-scale streese，简称 SGS 应力)，它体现了小尺度涡的运动对所求解的运动方程的影响。

比较发现，滤波后的 Navier-Stokes 方程(4.85)与 RANS 方程(4.13)在形式上非常类似，区别在于这里的变量是滤波后的值，仍为瞬时值，而非时均值，同时湍流应力的表达式不同。而滤波后的连续方程(4.86)与时均化的连续方程(4.12)相比，则没有变化，这是由于连续方程具有线性特征。

由于 SGS 应力是未知量，要想使式(4.85)与(4.86)构成的方程组可解，必须用相关物理量来构造 SGS 应力的数学表达式，即亚格子尺度模型。下面将介绍生成这一模型的方法。

4.9.3　亚格子尺度模型

如前所述，亚格子尺度模型简称 SGS 模型，是关于 SGS 应力 τ_{ij} 的表达式。建立该模型的目的，是为了使方程(4.85)、(4.86)封闭。

SGS 模型在 LES 方法中占有十分重要的地位，最早的、也是最基本的模型是由 Smagorinsky[78]提出，后来有多位学者发展了该模型，文献[71]对各种模型的应用效果进行了比较。在此，给出文献[65]中采用的方法，该方法与 FLUENT 中使用的 Smagorinsky-Lilly 模型非常接近。

根据 Smagorinsky 的基本 SGS 模型，假定 SGS 应力具有下面的形式：

$$\tau_{ij} - \frac{1}{3}\tau_{kk}\delta_{ij} = -2\mu_t \overline{S}_{ij} \tag{4.88}$$

式中，μ_t 是亚格子尺度的湍动粘度，在文献[65]中推荐用下式计算：

$$\mu_t = \left(C_s\Delta\right)^2 \left|\overline{S}\right| \tag{4.89}$$

其中，

$$\overline{S}_{ij} = \frac{1}{2}\left(\frac{\partial \overline{u}_i}{\partial x_j} + \frac{\partial \overline{u}_j}{\partial x_i}\right), \quad \left|\overline{S}\right| = \sqrt{2\overline{S}_{ij}\overline{S}_{ij}}, \quad \Delta = \left(\Delta_x\Delta_y\Delta_z\right)^{1/3} \tag{4.90}$$

式中，Δ_i 代表沿 i 轴方向的网格尺寸，C_s 是 Smagorinsky 常数。理论上，C_s 通过 Kolmogorov 常数 C_K 来计算，即 $C_s = \frac{1}{\pi}\left(\frac{3}{2}C_K\right)^{3/4}$。当 $C_K = 1.5$ 时，$C_s = 0.17$。但实际应用表明，C_s 应取一个更小的值，以减小 SGS 应力的扩散影响。尤其是在近壁面处，该影响尤其明显。因此，Van Driest 模型建议按下式调整 C_s：

$$C_s = C_{s0}\left(1 - e^{y^+/A^+}\right) \tag{4.91}$$

式中，y^+ 是到壁面的最近距离，A^+ 是半经验常数，取 25.0。C_{s0} 是 Van Driest 常数，取 0.1。

4.9.4　LES 控制方程的求解

通过式(4.88)将 τ_{ij} 用相关的滤波后的场变量表示后，方程(4.85)(实际对应 3 个动量方程)与(4.86)便构成了封闭的方程组。在该方程组中，共包含 $\overline{u}$、$\overline{v}$、$\overline{w}$ 和 $\overline{p}$ 4 个未知量，而方程数目正好是 4 个，可利用 CFD 的各种方法进行求解。如文献[76]使用有限元法求解，而文献[70,72]则使用有限体积法得到了各变量的值。目前多数文献中采用有限体积法求解，即利用第 3 章介绍的方法，如 SIMPLEC 算法等。

为了给读者尝试 LES 方法提供更多的参考意见，现对 LES 的求解过程，补充说明如下：

(1) 如果需要对能量或组分等进行计算，需要建立其他针对滤波后的标量型变量 $\overline{\phi}$ 的控制方程。方程中会出现类似式(4.87)中的项 $\overline{\rho u_i \phi} - \overline{\rho} \overline{u}_i \overline{\phi}$。目前有许多文献给出了该项的计算模型，感兴趣的读者可参考文献[71,63,64]。

(2) LES 方法在某种程度上属于直接数值模拟(DNS)，在时间积分方案上，应该选择具有至少二阶精度的 Crank-Nicolson 半隐式方案[65,78]，或 Adams-Bashforth 方案[70]，甚至是混合方案[70]。在基于有限体积法的空间离散格式上，为克服假扩散，应选择具有至少二阶精度的离散格式[70]，如 QUICK 格式、二阶迎风格式、四阶中心差分格式等。例如，文献[73]将扩散项用四阶中心差分格式离散，对流项用三阶迎风格式离散。

（3）在计算网格的选择上，可使用交错网格(如文献[70])、同位网格(如文献[73])或非结构网格(如文献[72])。

（4）与前面介绍的标准 k-ε 模型等一样，LES 仍属于高 Re 数模型。当使用 LES 求解近壁面区内的低 Re 数流动时，同样需要使用壁面函数法或其他处理方式，详见文献[7,68,74]。

（5）考虑到计算的复杂性，LES 多在超级计算机或网络机群的并行环境下进行[67,70,73]。

4.10　本 章 小 结

湍流是一种复杂的流动现象，即使是最简单的边界条件的流动，流体运动的长度和时间尺度范围也非常广。湍流是不易进行数学处理的问题，一百多年来一直困扰着理论学家，直到目前，仍有许多问题没有能够被人们完全掌握。

本章从数值模拟的角度出发，抛开复杂的湍流机理，首先分析了湍流流动的主要特征，特别给出了时均化的控制方程。接着，在时均化的基础上介绍了常用的湍流模型。最后介绍了介于直接数值模拟与时均化方法之间的大涡模拟方法。

本章所介绍的湍流模拟方法和湍流模型，各有其适用场合。从应用的普遍性上看，基于 Reynolds 平均法的 k-ε 模型应用最为广泛。而 Reynolds 应力模型在理论上比 k-ε 模型更完善，也曾经被许多学者看作是最有前途的湍流数值计算方法，但由于近来对 k-ε 模型的各种改进版本不断取得更好的应用效果，使得 k-ε 模型仍然占据湍流模拟的绝对统治地位，特别是 RNG k-ε 模型和 Realizable k-ε 模型，被广泛地用于模拟各种工程实际问题。

对直接数值模拟方法和大涡模拟方法的研究与应用，在近几年有明显增加的趋势，但目前直接数值模拟方法还很难用于实际工程应用，大涡模拟方法是一种值得引起注意的研究方法，有可能在未来几年内得到较大发展。

本章所介绍的各种湍流模型，只是对湍流控制方程组封闭性的一种补充或修正，本章并未提出新的针对控制方程的数值解法，第 2 章提出的控制方程的离散方案，第 3 章提出的流场数值解法，对本章的湍流控制方程仍然有效。

在选择湍流模型及其数值解法时，除了要考虑与所求解的问题及现有计算条件相适应外，还需要考虑模型对初始条件和边界条件的适用性。例如，在近壁面处，就不能直接使用本章介绍的各种 k-ε 模型或 Reynolds 应力模型，而必须借助壁面函数法或低 Re 数模型进行模拟。对于一般的初始条件和边界条件，本章并未提及，将在下一章中专门讨论。

4.11　复习思考题

（1）在湍流流动中，参数 μ 与 μ_t 的物理意义如何，二者有何联系和区别？对流动各有什么样的影响？如何确定这两个参数的值？

（2）建立湍流的时均化方程有何物理意义，目前基于时均化的湍流控制方程的数值模拟方法(湍流模型)有哪些？各种方法是如何处理 Reynolds 应力的？这些方法的应用效果怎样？

(3)　LES 方法的基本思想如何？它与 DNS 方法有怎样的联系和区别？它的控制方程组与时均化方法的控制方程有什么异同？

(4)　简述标准 k-ε 模型的基本思想及相应的控制方程组，说明如何解决湍流应力的计算问题。

(5)　试对三维直角坐标系写出 k 方程中产生项的展开式，参见式(4.20)。

(6)　除了零方程模型外，所有的湍流模型都对固体壁面附近区域中湍流的数值模拟问题十分重视。简述什么是高 Re 数湍流模型。试对标准 k-ε 模型、低 Re 数 k-ε 模型、RNG k-ε 模型、Realizable k-ε 模型、Reynolds 应力方程模型、代数应力方程模型等多种不同层次的湍流模型，综述处理近壁区湍流的数值方法。

(7)　自己选择或设计一个平面湍动射流问题或其他类似的流动问题，写出用 RNG k-ε 模型计算该流场的控制方程及其边界条件，说明用数值方法求解控制方程组的步骤。

第5章 边界条件的应用

所有 CFD 问题都需要有边界条件,对于瞬态问题还需要有初始条件。流场的解法不同,对边界条件和初始条件的处理方式也不一样。本章以 SIMPLE 算法为例,讨论如何在数值求解程序中使用边界条件,这里假定使用基于交错网格的有限体积法对控制方程进行离散,选择混合格式作为空间离散格式,选择 k-ε 模型作为湍流模型。

5.1 边界条件概述

所谓边界条件,是指在求解域的边界上所求解的变量或其一阶导数随地点及时间变化的规律。只有给定了合理边界条件的问题,才可能计算得出流场的解。因此,边界条件是使 CFD 问题有定解的必要条件,任何一个 CFD 问题都不可能没有边界条件。

5.1.1 边界条件的类型

在 CFD 模拟时,基本边界条件包括:
- 流动进口边界
- 流动出口边界
- 给定压力边界
- 壁面边界
- 对称边界
- 周期性(循环)边界

不同的 CFD 文献,对边界条件的分类方式不完全相同。在复杂流动中,还经常见到内部表面边界,如风机的叶片等。本章只讨论上述 6 种基本的边界条件,对于在 FLUENT 软件中应用边界条件的方法将在第 7 章介绍。

下面以常物性不可压流体流经一个二维突扩区域的稳态层流换热问题为例,给出控制方程及边界条件。假定流动是对称的,取一半作为研究对象,如图 5.1 所示。

控制方程为:

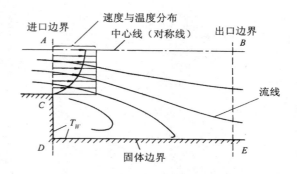

图 5.1 二维突扩区域内的流动与换热问题

$$\frac{\partial u}{\partial x} + \frac{\partial v}{\partial y} = 0$$

$$\frac{\partial(uu)}{\partial x} + \frac{\partial(uv)}{\partial y} = -\frac{1}{\rho}\frac{\partial p}{\partial x} + \nu\left(\frac{\partial^2 u}{\partial x^2} + \frac{\partial^2 u}{\partial y^2}\right)$$

$$\frac{\partial(vu)}{\partial x} + \frac{\partial(vv)}{\partial y} = -\frac{1}{\rho}\frac{\partial p}{\partial y} + \nu\left(\frac{\partial^2 v}{\partial x^2} + \frac{\partial^2 v}{\partial y^2}\right)$$

$$\frac{\partial(uT)}{\partial x} + \frac{\partial(vT)}{\partial y} = a\left(\frac{\partial^2 T}{\partial x^2} + \frac{\partial^2 T}{\partial y^2}\right)$$

$$(5.1)$$

相应的边界条件为：

- 在进口边界 AC 上，u、v 和 T 随 y 的分布给定
- 在固体壁面 CDE 上，$u = 0$，$v = 0$，$T = T_w$
- 在对称线 AB 上，$\dfrac{\partial u}{\partial y} = 0$，$\dfrac{\partial T}{\partial y} = 0$，$v = 0$
- 在出口边界 BE 上，$\dfrac{\partial(\ )}{\partial x} = 0$

对于出口边界，从数学的角度应给出 u、v 和 T 随 y 的分布，但实际上，在计算之前，常常很难实现，因此，使用最多的出口边界条件是认为流动在出口处已充分发展，在流动方向上无梯度变化。

5.1.2　边界条件对网格布置的影响

在构造计算网格时，需考虑边界条件的给定方式。例如，对于图 5.1 所示的二维突扩流动问题，可按如下方式来构造网格(如图 5.2 所示)：在物理边界的外围设置附加的节点，计算仅从内节点($I = 2$，$J = 2$)开始。对于这种节点布置，有两点值得注意：第一，物理边界与标量控制体积(如压力控制体积)边界是一致的；第二，计算域入口外的节点(沿 $I = 1$)可以存储流动进口条件，这样，只要对紧靠边界的内部节点的离散方程做细微修改，就可以引入边界条件。

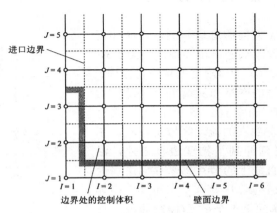

图 5.2　边界处的网格布置

5.1.3 将边界条件引入到离散方程

为了便于对离散方程组中的各方程使用同一代码求解，经常使边界条件直接进入到离散方程组中，这样，就不必再对给定边值的边界节点做特殊处理。我们可以通过修改这些节点所对应的离散方程的系数或源项实现这一目的。例如，界面上某流动变量的值可以通过将方程中某些相关的系数设为 0 来实现，界面上某变量的通量可以通过在源项中的 S_C 和 S_P 两项体现出来。例如，要将节点 P 的变量 ϕ 设为 ϕ_{fix}，我们不能直接使用下式：

$$\phi_P = \phi_{fix} \tag{5.2}$$

这是因为，上式(5.2)不是我们所需要的能用通用程序求解的离散方程。这时，可以引入两个大数，在离散方程的源项中令 $S_P = -10^{30}$，$S_C = 10^{30} \phi_{fix}$，这样，离散方程就变为：

$$(a_P + 10^{30})\phi_P = \sum a_{nb}\phi_{nb} + 10^{30}\phi_{fix} \tag{5.3}$$

从而，节点 P 的离散方程与普通节点的离散方程在形式上完全一样，可用同一代码求解。因 a_P 和 a_{nb} 与大数相比都可以忽略，因此，式(5.3)与(5.2)实际是同一方程。从而，边界条件就进入了离散方程。

除了可以设定内部节点的变量值外，上述方法在处理计算域内存在固体障碍物时同样有用。这时，可将固体区域内的节点设为 $\phi_{fix} = 0$ (或其他预定的值)，这样，离散方程可以用正常的方法求解，而不需要对固体区域做特殊的处理。

5.2 流动进口边界条件

流动进口边界，就是指在进口边界上，指定流动参数的情况。常用的流动进口边界包括速度进口边界、压力进口边界和质量进口边界。例如，速度进口边界表示给定进口边界上各节点的速度值。质量进口边界主要用于可压流动。

5.2.1 流动进口边界条件的设置

这里，以垂直于 x 方向的进口为例，说明如何在数值计算程序中设置流动进口边界条件。图 5.3、图 5.4 和图 5.5 分别表示了进口附近的 u 动量方程、v 动量方程和标量方程的网格布置情况。注意压力修正方程的网格布置情况因与图 5.5 所示相同，没有示出。图中，假定从左到右的流动区域足够宽。正如前面提到的，网格延伸到了物理边界之外，沿 $I=1$ (u 流速为 $i=2$) 直线上的节点用来存储进口处流动变量的值(u_{in}、v_{in} 和 p'_{in})。就在这个特殊的附加节点往后，就是要求解的第 1 个单元(控制体积)，如阴影区域所示。

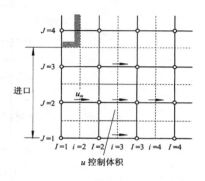

图 5.3 进口边界处的 u 控制体积

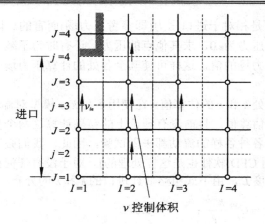

图 5.4　进口边界处的 ν 控制体积

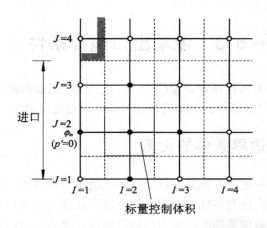

图 5.5　进口边界处的标量控制体积(压力修正值单元)

对构造当前单元(图中用阴影表示的控制体积)的离散方程产生影响的相邻节点或单元界面，称为"活动"节点或单元面。图 5.3、图 5.4 与图 5.5 标识出了采用混合离散格式时的活动节点或单元面，例如，在图 5.3 中，相邻活动单元的速度用箭头"→"表示，而相邻活动单元表面的压力用实心圆点"●"表示在图 5.5 中。图示表明，与第一个 u 单元、ν 单元和 ϕ 单元相连的节点都是活动的，所以采用这些变量的边界条件时，不需要对离散方程做任何的改动。图 5.5 表明，通过设定边界侧的 a_w 系数为 0，可以将离散的压力修正方程与边界侧的联系切断。因为入口处的速度已知，所以也不需要进行压力修正，在离散的压力修正方程(3.37)中有 $u_w^{\bullet} = u_w$。

5.2.2　对流动进口边界条件的说明

在使用流动进口边界条件时，需要涉及某些流动参数，如绝对压力、湍动能及耗散率等，这些参数需要做特殊的考虑，为此，对边界条件作如下说明：

(1)　关于参考压力。在流场数值计算程序中，压力总是按相对值表示的，实际求解的压力并不是绝对值，而是相对于进口压力(即参考压力场)而言的。因此，在某些情况下，可以通过设给定进口的压力为 0，求其他点的压力。还有时为了减小数字截断误差，往往故意抬高或降低参考压力场的值，这样可使其余各处的计算压力场与整体数值计算的量级相吻合。

(2)　关于进口边界处 k 和 ε 的估算值。在使用各种 k-ε 模型对湍流进行计算时，需要给定进口边界上 k 和 ε 的估算值。目前没有理论上的精确计算这两个参数的公式，只能通过试验得到。但不可能对各种各样的流动都去做试验，因此，我们必须借助文献中已有的近似公式来估算(许多商用 CFD 软件也是这样处理的)。对于没有任何已知条件的情况，可根据湍动强度 T_i 和特征长度 L，由下式粗略估计进口的 k 和 ε 的分布：

$$k = \tfrac{3}{2}\left(\overline{u}_{ref} T_i\right)^2 ; \qquad \varepsilon = C_\mu^{3/4} \frac{k^{3/2}}{\ell} ; \qquad \ell = 0.07L \qquad\qquad (5.4)$$

式中，$\overline{u}_{ref}$ 是进口处的平均速度，特征长度 L 可按等效管径计算。详细信息参考文献[57]。

5.3　流动出口边界条件

流动出口边界条件是指在指定位置(几何出口)上给定流动参数，包括速度、压力等。流动出口边界条件是与 5.2 节中的流动进口边界条件联合使用的。

5.3.1　流动出口边界条件的设置

流动出口边界条件一般选在离几何扰动足够远的地方来施加。在这样的位置，流动是充分发展的，沿流动方向没有变化。我们在此位置可选择一个垂直于流动方向的面，即确定一个"出口面"，然后便可施加流动出口边界条件。流动出口边界条件的数学描述比较简单，即在该面上的所有变量(压力除外)，如 u、v、w、k、ε 和温度 T 等，梯度都为 0，即：

$$\partial(\ )/\partial n = 0 \qquad\qquad (5.5)$$

这里，我们仍以垂直于 x 方向的边界为例，说明如何在数值计算程序中设置流动出口边界条件。图 5.6、图 5.7 和图 5.8 分别示出了出口附近的 u 动量方程、v 动量方程、标量方程的网格布置情况。注意压力修正方程的网格布置因与图 5.8 相同，没有示出。在这些图中，与出口前的最后一个网格单元对应的控制体积用阴影标出，这些单元的离散方程都可直接求解。与前述一样，图中也分别用箭头"→"和圆点"●"标出了与求解单元相邻的"活动"节点和界面。

如果 x 方向的节点数为 NI，对直至 $I = NI - 1$(或 $i = NI - 1$)的各单元的方程都可以进行求解。在求解这些耦合的方程之前，计算域外节点 NI 的值可直接利用外推法确定，因为有出口边界上流动变量的梯度为 0 的假定。

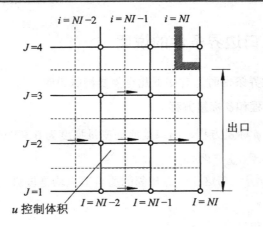

图 5.6　出口边界处的 u 控制体积

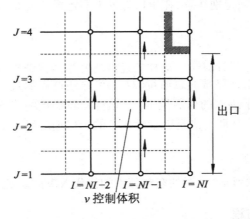

图 5.7　出口边界处的 v 控制体积

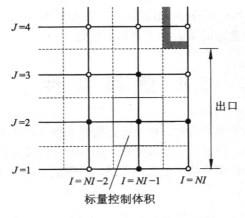

图 5.8　出口边界处的标量控制体积

5.3.2   对流动出口边界条件的说明

在使用流动出口边界条件时，有如下几点需要特殊说明。

1.   关于 v 动量方程和 ϕ 标量方程

对于 v 动量方程和 ϕ 标量方程，出口处流动变量梯度为 0 意味着：

$$v_{NI,j} = v_{NI-1,j} ; \qquad \phi_{NI,J} = \phi_{NI-1,J} \tag{5.6}$$

如图 5.7 和图 5.8 所示，与这些节点相邻的所有节点均是被激活的，所以可以使用正常的方法求解离散方程组。

2.   关于 u 动量方程

对于 u 动量方程，必须特别注意。在出口边界上假定梯度为 0，可按下式计算节点 $i = NI$ 处的速度 u：

$$u_{NI,J} = u_{NI-1,J} \tag{5.7}$$

在 SIMPLE 算法的迭代计算中，这样的速度场并不能保证在计算域上整体质量守恒。为保证整体连续性，流出计算域的总通量（M_{out}）可先通过累加式(5.7)的结果来计算，即让出口的累加通量 M_{out} 等于进入的总通量 M_{in}。这样，我们可将式(5.7)的所有出口速度分量 $u_{NI,J}$ 乘以比率 M_{in}/M_{out}，从而，满足连续性修正的出口速度可表示为：

$$u_{NI,J} = u_{NI-1,J} \times \frac{M_{in}}{M_{out}} \tag{5.8}$$

这些值可作为后续求解 $u_{NI-1,J}$ 时的东侧邻点的值代入离散动量方程，参见图 5.6。

3.   关于压力修正方程

按照压力修正值来讲，出口边界的速度是不准确的，因此，离散的 p' 方程(3.37)中，通过设定 $a_E = 0$ 来解除与出口边界(东侧)的关联，参见图 5.8。而该方程中源项的贡献按常规的方法计算，只需要注意有 $u_E^* = u_E$，不需做其他修正。

5.4   壁　面　条　件

壁面是流动问题中最常用的边界。对于壁面边界条件，除压力修正方程外，各离散方程的源项需要作特殊处理。特别对于湍流计算，因湍流在近壁面区演变为层流，因此，需要针对近壁面区，采用 4.6 节介绍的壁面函数法，将壁面上的已知值引入到内节点的离散方程的源项。

5.4.1   壁面边界上的网格布置

以一个平行于 x 方向的固体壁面为例，说明如何构造壁面边界条件。图 5.9、图 5.10

和图 5.11 分别给出了对应于 u 动量方程、v 动量方程和标量方程的近壁面区域网格布置情况。

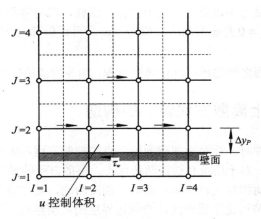

图 5.9　壁面边界的 u 控制体积

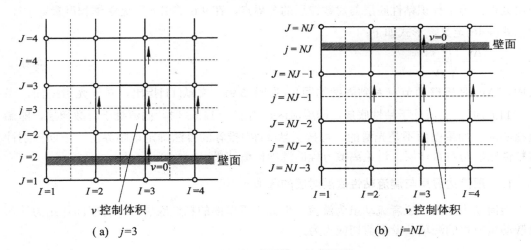

（a）　$j=3$　　　　　　　　　　　　　　（b）　$j=NL$

图 5.10　壁面边界的 v 控制体积

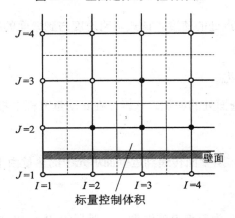

图 5.11　壁面边界的标量控制体积

根据无滑移条件，壁面上速度均为 0，即 $u = v = 0$。在边界($j = 2$)上，垂直壁面的速度可直接设为 0，下一个位置($j = 3$)的 v 速度单元的离散动量方程无需修正就可以求解。由于壁面速度已知，所以此处也不需要进行压力修正。这样，在与壁面最近的单元的压力修正方程(3.37)中，通过令 $a_s = 0$ 并在其源项中取 $v_s^* = v_s$，可以解除与(南侧)壁面的联系，参见图 5.10。

对于除压力修正方程之外的所有其他离散方程，均需构造特殊的源项，下面分别介绍。

5.4.2 壁面边界上离散方程源项的构造

当给定壁面边界条件时，针对紧邻壁面的节点的控制方程，需要构造特殊的源项，以引入所给定的壁面条件。对于层流和湍流两种状态，离散方程的源项是不同的。

对于层流流动，流动相对比较简单，而对于湍流流动，就需要区分近壁面流动与湍流核心区的流动。在 4.6 节讨论了近壁面的湍流边界层的多层结构，指出紧贴壁面为粘性底层，然后是过渡层，外面是湍流充分发展的对数律层(湍动中心)。一般过渡层可归入对数律层处理。为了标识粘性底层与对数律层的分界点，在 4.6 节引入了无量纲长度参数 y^+，它由式(4.46)定义，形式如下：

$$y^+ = \frac{\Delta y_P}{v} \sqrt{\frac{\tau_w}{\rho}} \tag{5.9}$$

其中，Δy_P 是近壁面节点 P 到固壁的距离(见图 5.9)。文献[11]指出，对于光滑壁面，当 $y^+ < 11.63$ 时，湍流处于粘性底层，即层流区，当 $y^+ \geqslant 11.63$ 时，湍流处于对数律层，即湍流核心区。如果壁面不是光滑的，可按文献[11]中推荐的办法确定该临界值。下面分别针对粘性底层与对数律层，讨论离散方程的源项构造结果。

1. 层流边界层与湍流粘性底层对应的源项

当流动为层流，或者流动虽为湍流，但处于近壁面的粘性底层时，将壁面作用力计入离散动量方程的源项，壁面剪切应力为：

$$\tau_w = \mu \frac{u_P}{\Delta y_P} \tag{5.10}$$

其中，u_p 为近壁面的网格点处的速度。该式表明速度与到壁面的距离成线性变化。据此，可写出剪切力为：

$$F_s = -\tau_w A_{Cell} = -\mu \frac{u_P}{\Delta y_P} A_{Cell} \tag{5.11}$$

其中，A_{Cell} 为控制体积在壁面处的面积。这样，在 u 动量方程中相应源项为：

$$S_P = -\frac{\mu}{\Delta y_P} A_{Cell} \tag{5.12}$$

若壁面恒定温度为 T_w，从壁面传递到近壁面单元中的热量由下式计算：

$$q_s = -\frac{\mu}{\sigma} \frac{c_P (T_P - T_w)}{\Delta y_P} A_{Cell} \tag{5.13}$$

其中，c_p 为流体比热容，T_p 为节点 P 的温度，σ 是层流 Prandtl 数。很容易地可写出温度方程中相应的源项：

$$S_P = -\frac{\mu}{\sigma}\frac{c_P}{\Delta y_P}A_{Cell} \quad \text{和} \quad S_C = \frac{\mu}{\sigma}\frac{c_P T_w}{\Delta y_P}A_{Cell} \tag{5.14}$$

通过正常的源项线性化过程，可直接写出源项中的固定热流通量：

$$q_s = S_C + S_P T_P \tag{5.15}$$

对于绝热壁面，有 $S_C = S_P = 0$。

2.　湍流对应的源项

如果 $y^+ > 11.63$，则节点 P 被看作位于湍流的对数律层。在该区域内，使用在 4.6.3 小节给出的与对数律相关的壁面函数公式来计算剪切应力、热通量和其他变量。这些公式有多种表示形式及使用方式，表 5.1 是与标准 k-ε 模型相配合使用的、经过大量试算得出的最优的近壁面关系。

表 5.1　标准 k-ε 模型的近壁面关系

平行于壁面的动量方程
壁面剪切应力：　$\tau_w = \rho C_\mu^{1/4} k_P^{1/2} u_P / u^+$
壁面剪切力：　$F_s = -\tau_w A_{Cell} = -(\rho C_\mu^{1/4} k_P^{1/2} u_P / u^+) A_{Cell}$
垂直于壁面的动量方程
法向速度：　$v = 0$
湍动能方程
湍动能的体积源项：　$S = (\tau_w u_P - \rho C_\mu^{3/4} k_P^{3/2} u_P / u^+)\Delta V/\Delta y_P$
耗散率方程
节点的耗散率：　$\varepsilon_P = C_\mu^{3/4} k_P^{3/2} /(\kappa \Delta y_P)$
温度(能量)方程
壁面热通量：　$q_w = -\rho c_P C_\mu^{1/4} k_P^{1/2}(T_P - T_w)/T^+$

在上述关系中，无量纲速度值 u^+ 按式(4.48)定义，无量纲温度 T^+ 按式(4.54)定义，相关参数的物理意义见 4.6 节。

根据表 5.1，现写出各离散方程中的源项如下：

(1)　对于平行于壁面的 u 动量方程，可通过取 $a_S = 0$ 使方程与(南侧)壁面的联系脱开，将表 5.1 中的壁面剪切力 F_s 作为源项加入到离散的 u 动量方程，得到该方程的源项：

$$S_P = -\frac{\rho C_\mu^{1/4} k^{1/2}}{u^+}A_{Cell} \tag{5.16}$$

(2)　对于湍动能 k 的方程，可通过取 $a_S = 0$ 使方程与壁面的联系脱开。在表 5.1 所示的体积源中，第二项含有 $k^{3/2}$，该项可线性化为 $k_P^{*1/2} k_P$。其中 k^* 是前次迭代的 k 值。这样，在离散的 k 方程中，产生源项 S_P 和 S_C 两个组成部分：

$$S_P = -\frac{\rho C_\mu^{3/4} k_P^{*1/2} u^+}{\Delta y_P}\Delta V \quad \text{和} \quad S_C = \frac{\tau_w u_P}{\Delta y_P}\Delta V \tag{5.17}$$

(3)　对于耗散率 ε 方程，近壁面的节点的耗散率按表 5.1 取定值，可通过设置如下的源

项 S_P 和 S_C 实现：

$$S_P = -10^{30} \quad 和 \quad S_C = \frac{C_\mu^{3/4} k_P^{3/2}}{\kappa \Delta y_P} \Delta V \tag{5.18}$$

(4) 对于温度 T 的方程，可通过取 $a_s = 0$ 使方程与壁面的联系脱开。壁面的热通量用表 5.1 中的公式计算，且通过下面的源项表达式引入到源项中：

$$S_P = -\frac{\rho C_\mu^{1/4} k_P^{1/2} c_P}{T^+} A_{Cell} \quad 和 \quad S_C = \frac{\rho C_\mu^{1/4} k_P^{1/2} c_P T_w}{T^+} A_{Cell} \tag{5.19}$$

同层流时的处理方式一样，通过正常的源项线性化过程，可直接写出源项中的固定热流通量：

$$q_s = S_C + S_P T_P \tag{5.20}$$

对于绝热壁面，有 $S_C = S_P = 0$。

3. 移动壁面

值得注意的是，在前面的分析中实际均认为壁面是静止的。如果壁面沿 x 方向移动，将导致壁面剪应力的改变，其值可以通过用相对速度 $u_P - u_{wall}$ 代替 u_P 来计算。层流壁面剪切力公式(5.11)在修改后变为：

$$F_s = -\mu \frac{(u_P - u_{wall})}{\Delta y_P} A_{Cell} \tag{5.21}$$

湍流壁面剪切力公式(见表 5.1)在修改后变为：

$$F_s = -\frac{\rho C_\mu^{1/4} k_P^{1/2} (u_P - u_{wall})}{u^+} A_{Cell} \tag{5.22}$$

相应的源项(5.11)和(5.16)也要作相应调整。壁面的移动也改变 k 方程的体积源项，这时有：

$$\left[\tau_w (u_P - u_{wall}) - \rho C_\mu^{3/4} k_P^{3/2} u^+ \right] \Delta V / \Delta y_P \tag{5.23}$$

需要注意的是，上述公式推导过程中，借用了 4.6 节中的壁面函数法公式。这里借用壁面函数法的前提条件是：流动平行于壁面且只在垂直壁面的方向变化，流动方向不存在压力梯度，壁面处不存在化学作用，雷诺数足够大。若这些条件之一不满足，则使用壁面函数方法的预测精度将大大降低，甚至完全不可用。

5.5　恒压边界条件

在流动分布的详细信息未知，但边界的压力值已知的情况下，使用恒压边界条件。应用该边界条件的典型问题包括：物体外部绕流、自由表面流、自然通风及燃烧等浮力驱动流和有多个出口的内部流动。

应用恒压边界条件时，节点的压力修正值为 0。图 5.12 和 5.13 表示出了在流动进口与流动出口附近的 p' 控制体积。

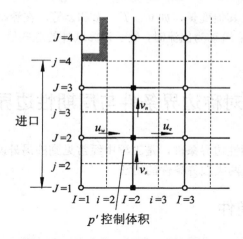

图 5.12　流动进口边界的 p' 控制体积

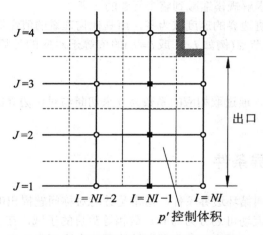

图 5.13　流动出口边界的 p' 控制体积

　　一种便捷地处理恒压边界条件的方法是将紧靠物理边界内部的节点(如图 5.12 和图 5.13 中实心方块所表示的点)的压力设置为固定值。通过令 $S_C = 0$ 和 $S_P = -10^{30}$，可使压力修正值为 0，节点压力取所需的边界压力值 p_{fix}。u 动量方程从 $i = 3$ 开始求解，v 动量方程及其他方程从 $I = 2$ 开始求解。

　　在使用恒压边界条件时，最主要的问题在于不知道流动方向，该流动方向受计算域的内部状态影响。求解过程中，通过使每一单元都满足连续性，可求得计算域边界上的 u 速度分量，从而可以得出解的一部分。例如，在图 5.12 中，求解计算域内的 u 动量方程和 v 动量方程，就可以得到 u_e、u_s、和 u_n。利用这些值，再根据 p' 控制体积的质量守恒，可计算 u_w，得：

$$u_w = \frac{(\rho v A)_n - (\rho v A)_s + (\rho v A)_e}{(\rho A)_w} \tag{5.24}$$

该边界条件的应用，使得紧靠边界的 p' 控制体积类似于一个源或汇。对每个压力边界单元，需要重复该过程。其他变量，如 v、T、k 和 ε 等，在流动方向为向着计算域内部流动时，必须赋予入流值；流动为出流时，处于计算域外的这些值可通过外推法求得(见 5.3 节)。

5.6 对称边界条件与周期性边界条件

对称边界条件与周期性边界条件，是工程中经常见到的另外两类边界条件。本节继续以二维问题为例，说明这两类边界条件的用法。

5.6.1 对称边界条件

对称边界条件是指所求解的问题在物理上存在对称性。应用对称边界条件，可避免求解整个计算域，从而使求解规模缩减到整个问题的一半。

在对称边界上，垂直边界的速度取为零，而其他物理量的值在该边界内外是相等的，即计算域外紧邻边界的节点(例如 $I=1$ 或 $i=1$)的值等于对应的计算域内紧邻边界的节点(例如 I 或 $i=2$)的值：

$$\phi_{1,J} = \phi_{2,J} \tag{5.25}$$

在 p' 的离散方程中，通过取相应的系数为 0 来切断与对称边界的联系，不需另作其他修正。

5.6.2 周期性边界条件

周期性边界条件也叫循环边界条件，常常是针对对称问题提出的。例如，在轴流式水轮机或水泵中，叶轮的流动可划分为与叶片数相等数目的子域，在子域的起始(例如 $k=1$)边界和终止(例如 $k=NK$)边界上，就是周期性边界。在这两个边界上的流动完全相同。

要使用周期性边界条件，必须取流出循环边界出口的所有流动变量的通量等于进入循环边界的对应变量的通量，这可以通过取进口面左右侧的节点变量值分别等于出口面左右侧的节点变量值来实现。除速度分量外，通过进出口面(如 w 面)的其他变量都有：

$$\phi_{1,J} = \phi_{NK-1,J} \quad \text{和} \quad \phi_{NK,J} = \phi_{2,J} \tag{5.26}$$

通过边界的速度分量有关系：

$$w_{1,J} = w_{NK-1,J} \quad \text{和} \quad w_{NK+1,J} = w_{3,J} \tag{5.27}$$

5.7 使用边界条件时的注意事项

使用边界条件，看起来是一件比较简单的事，但在许多情况下，并不是可以很清楚地让用户决定使用哪一类边界条件。一定要保证在合适的位置、选择合适的边界条件，同时让边界条件不要过约束，也不要欠约束。为此，本节给出几点注意事项。

1.　边界条件的组合

在 CFD 计算域内的流动是由边界条件驱动的。从某种意义上说，求解实际问题的过程，就是将边界线或边界面上的数据，外推扩展到计算域内部的过程。因此，提供符合物理实际且适定的边界条件是极其重要的，否则，求解过程将很难进行。CFD 模拟过程中迅速发散的一个最常见的原因就是边界条件选择的不合理。

例如，只给定进口边界和壁面边界，而没有给定出口边界，那么，将不可能得到计算域的稳定解，CFD 将越计算越发散。这样的边界条件组合显然是不合理的。下面简要归纳可能的边界条件组合方式：

- 只有壁面
- 壁面、进口和至少一个出口
- 壁面、进口和至少一个恒压边界
- 壁面和恒压边界

在使用出口边界时需要特别注意，该边界只在进入计算域的流动是以进口边界条件给定(如在进口给定速度和标量)时才使用，而且仅推荐在只有一个出口的计算域中使用。物理上，出口压力控制着流体在多出口间的分流情况，因此，在出口给定压力值要比给定出口条件(梯度为零)合理。将出口条件和一个或多个恒压边界结合使用是不允许的，因为零梯度的出口条件不能指定出口的流量，也不能指定出口的压力，这样将使问题不可解。

这里忽略了很多复杂的问题，仅考虑了亚音速问题，但要提醒 CFD 用户，在处理跨音速和超音速流动问题时，必须特别小心。

2.　流动出口边界的位置选取

如果流动出口边界太靠近固体障碍物，流动可能尚未达到充分发展的状态(在流动方向上梯度为零)，这将导致相当大的误差。一般来讲，为了得到准确的结果，出口边界必须位于最后一个障碍物后 10 倍于障碍高度或更远的位置。对于更高的精度要求，还要研究模拟结果对出口位于不同距离时的影响的敏感程度，以保证内部模拟不受出口位置选取的影响。

3.　近壁面网格

在 CFD 模拟时，为了获得较高的精度，常需要加密计算网格，而另一方面，在近壁面处为快速得到解，就必须将 k-ε 模型与结合了准确经验数据的壁面函数法一起使用。要保证壁面函数法有效，就需要使离壁面最近的一内节点位于湍流的对数律层之中，即 y^+ 必须大于 11.63(最好是在 30~500 之间)。这就相当于给最靠近壁面的网格到壁面的距离 Δy_p 设定了一个下限。但是，在流动的任意位置都使上述要求得到保证常常不太可能，典型的例子就是包含回流的流动。对这些问题，需要进一步专门研究。

4.　随时间变化的边界条件

这类边界条件是针对非稳定问题而言的。就是说边界上的有关流动变量并不是一成不变，而是随着时间变化的。对于这类边界条件，需要将边界条件离散成与时间步长相应的离散结果，然后存储起来，供计算到相应的时间步时调用。这类边界条件一般是与初始条件一同给定的。

5.8　初　始　条　件

在瞬态问题(非稳态问题)中，除了要给定边界条件外，还需给出流动区域内各计算点的所有流动变量的初值，即初始条件。但总体而言，除了要在计算开始前初始化相关的数据外，并不需要其他的特殊处理，所以，初始条件相对比较简单。稳态问题不需要初始条件。

在给定初始条件要注意以下两点：

● 　要针对所有计算变量，给定整个计算域内各单元的初始条件。

● 　初始条件一定是物理上合理的，否则，一个不合理的初始条件必然导致不合理的计算结果。要做到给定合理的初始条件，只能靠经验或实测结果。

5.9　本　章　小　结

本章介绍了几种基本的边界条件，包括流动进口边界、流动出口边界、给定压力边界、壁面边界、对称边界和周期性(循环)边界等。在 CFD 计算时，针对所给定的边界条件，需要在不同的网格节点上引入这些边界条件的值。因此，首先需要读者非常熟悉各类边界条件所对应的网格布置形式。其次，边界条件都要转化到离散方程中，这样可使离散方程组的求解与物理上的边界条件脱开。为达到这一目的，有的边界条件进入离散方程的系数，有的进入离散方程的源项，因此，要注意区分在将边界条件引入离散方程组之后，哪些节点的控制方程可从方程组中去掉、哪些是不能去掉的，即要区分整个计算网格中哪些节点是需要求解的。第三，对于湍流计算，当给定壁面边界条件时，要注意区分近壁面区流动所处的不同流层，同时注意近壁面区的网格节点布置要求。第四，需要注意所给出的边界条件的适定性。不要给多余的边界条件或相互矛盾的边界条件，也不要给不足的边界条件。即要保证所施加到计算域上的各边界条件恰好使 CFD 问题可解，且有惟一解。第五，为了提高解的精度，要考虑所给定的边界条件在计算域中所处的位置，给定流动出口边界条件时要特别注意。

针对非稳定问题，本章最后简要介绍了初始条件。

本章内容虽然没有太多的理论难度，但却是 CFD 的重要环节之一。尤其在使用 CFD 商用软件时，计算结果好坏的关键取决于两点：首先是你对特定物理问题抽象概括出什么样的边界条件，其次是你将既定的边界条件如何施加到计算网格上。

5.10　复习思考题

(1)　什么叫边界条件？有何物理意义？它与初始条件有什么关系？

(2)　常用的边界条件有哪些？请自己设计一个或几个物理问题，将这些边界条件全部用到。

(3) 在一个物理问题的多个边界上，如何协调各边界上的不同边界条件？在边界条件的组合问题上，有什么原则？试举例说明两个不合理的边界条件组合。

(4) 图 5.14 是一个简单二维流动的示意图，温度 80℃的水以 5m/s 的速度从左向右流动，已知两个壁面的间距是 1m，壁面固定温度为 35℃。请用基于交错网格的 SIMPLE 算法、借助标准 k-ε 模型计算该流场内各点的速度和温度。要求画出计算网格(注意第 1 个近壁面的内节点要布置在湍流的对数律层)，给出流动的边界条件，生成引入边界条件后的离散方程组。离散格式自行选择。不需求解该方程组，但要说明方程组的求解思路。

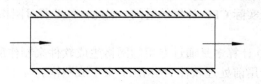

图 5.14　二维平面流动示意图

第6章　网格的生成

网格是 CFD 模型的几何表达形式，也是模拟与分析的载体。网格质量对 CFD 计算精度和计算效率有重要影响。对于复杂的 CFD 问题，网格生成极为耗时，且极易出错，生成网格所需时间常常大于实际 CFD 计算的时间。因此，有必要对网格生成方式给以足够的关注。

考虑到目前的 CFD 计算多是通过专用的网格生成软件来制作所需要的网格，因此，本章重点介绍如何利用专用前处理软件 GAMBIT 来生成网格。

6.1　网格及其生成方法概述

6.1.1　网格类型

网格(grid)分为结构网格和非结构网格两大类。在 2.2.2 小节曾简要介绍了结构网格与非结构网格的特点。到目前为止，除 3.7 节外，本书用到的网格系统都是结构网格(structured grid)，即网格中节点排列有序、邻点间的关系明确，如图 6.1 所示。对于复杂的几何区域，结构网格是分块构造的，这就形成了块结构网格(block-structured grids)。图 6.2 是块结构网格实例。

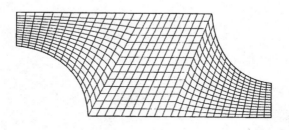

图 6.1　结构网格实例

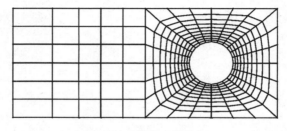

图 6.2　块结构网格实例

与结构网格不同，在非结构网格(unstructured grid)中，节点的位置无法用一个固定的法则予以有序地命名。图 6.3 是非结构网格示例。这种网格虽然生成过程比较复杂，但却有着极好的适应性，尤其对具有复杂边界的流场计算问题特别有效。非结构网格一般通过专门的程序或软件来生成。因此，本章只结合前处理软件 GAMBIT 介绍其生成方法，不讨论用户如何自行编程生成非结构网格。对此感兴趣的读者，可参考有关网格生成技术的专门文献。

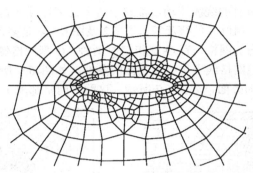

图 6.3　非结构网格实例

6.1.2　网格单元的分类

单元(cell)是构成网格的基本元素。在结构网格中，常用的 2D 网格单元是四边形单元，3D 网格单元是六面体单元。而在非结构网格中，常用的 2D 网格单元还有三角形单元，3D 网格单元还有四面体单元和五面体单元，其中五面体单元还可分为棱锥形(或楔形)和金字塔形单元等。图 6.4 和图 6.5 分别示出了常用的 2D 和 3D 网格单元。

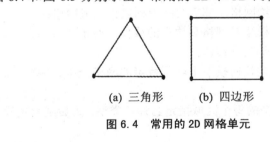

(a) 三角形　　　　(b) 四边形

图 6.4　常用的 2D 网格单元

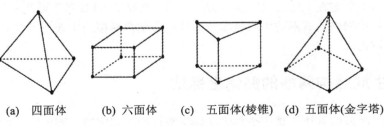

(a)　四面体　　(b)　六面体　　(c)　五面体(棱锥)　(d) 五面体(金字塔)

图 6.5　常用的 3D 网格单元

6.1.3　单连域与多连域网格

　　网格区域(cell zone)分为单连域和多连域两类。所谓单连域是指求解区域边界线内不包含有非求解区域的情形。单连域内的任何封闭曲线都能连续地收缩至一点而不越过其边界。本章之前使用的网格都是在单连域上讨论的。如果在求解区域内包含有非求解区域，则称该求解区域为多连域。所有的绕流流动，都属于典型的多连域问题，如机翼的绕流，水轮机或水泵内单个叶片或一组叶片的绕流等。图 6.2 及图 6.3 均是多连域的例子。

对于绕流问题的多连域内的网格，有 O 型和 C 型两种。O 型网格像一个变形的圆，一圈一圈地包围着翼型，最外层网格线上可以取来流的条件，如图 6.6 所示。C 型网格则像一个变形的 C 字，围在翼型的外面，如图 6.7 所示。这两种网格都属于结构网格。

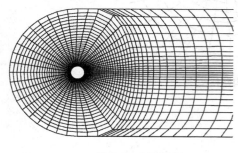

图 6.6　O 型网格

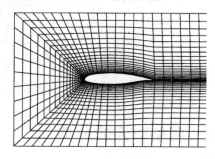

图 6.7　C 型网格

6.1.4　生成网格的过程

　　无论是结构网格还是非结构网格，都需要按下列过程生成网格：

　　(1)　建立几何模型。几何模型是网格和边界的载体。对于二维问题，几何模型是二维面；对于三维问题，几何模型是三维实体。

　　(2)　划分网格。在所生成的几何模型上应用特定的网格类型、网格单元和网格密度对面或体进行划分，获得网格。

　　(3)　指定边界区域。为模型的每个区域指定名称和类型，为后续给定模型的物理属性、边界条件和初始条件做好准备。

　　生成网格的关键在上述过程中的步骤(2)。由于传统的 CFD 基于结构网格，因此，目前有多种针对结构网格的成熟的生成技术。而针对非结构网格的生成技术要更复杂一些，本章不做深入讨论。

6.1.5　生成结构网格的贴体坐标法

　　如果计算区域的各边界是一个与坐标轴都平行的规则区域，则可以很方便地划分该区域，快速生成均匀网格。但实际工程问题的边界不可能与各种坐标系正好相符，于是，需要采用数学方法构造一种坐标系，其各坐标轴恰好与被计算物体的边界相适应，这种坐标系就称为贴体坐标系(body-fitted coordinates)。直角坐标系是矩形区域的贴体坐标系，极坐标是环扇形区域的贴体坐标系。

使用贴体坐标系生成网格的方法的基本思想可叙述如下。

假定有图 6.8(a)所示的在 x-y 平面内的不规则区域，现在，为了构造与该区域相适应的贴体坐标系，在该区域中相交的两个边界作为曲线坐标系的两个轴，记为 ξ 和 η。在该物体的 4 个边上，可规定不同地点的 ξ 和 η 值。例如，我们可假定在 A 点有 $\xi=0, \eta=0$，而在 C 点有 $\xi=1, \eta=1$。这样，就可把 ξ-η 看成是另一个计算平面上的直角坐标系的两个轴，根据上面规定的 ξ 和 η 的取值原则，在计算平面上的求解区域就简化成了一个矩形区域，只要给定每个方向的节点总数，立即可以生成一个均匀分布的网格，如图 6.8(b)所示。现在，如果能在 x-y 平面上找出与 ξ-η 平面上任意一点相对应的位置，则在物理平面上的网格可轻松生成。因此，剩下的问题是如何建立这两个平面间的关系，这就是生成贴体坐标的方法。目前常用的生成贴体坐标的方法包括代数法和微分方程法。

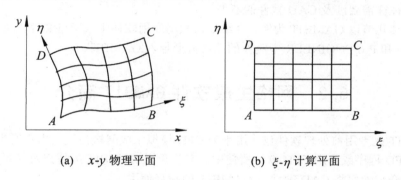

(a) x-y 物理平面   (b) ξ-η 计算平面

图 6.8　贴体坐标示意图

所谓代数法就是通过一些代数关系把物理平面上的不规则区域转换成计算平面上的矩形区域。各种类型的代数法很多，常见的包括边界规范法、双边界法和无限插值法等。详细信息可参考文献[2]。

微分方程法是通过一个微分方程把物理平面转换成计算平面。该方法的实质是微分方程边值问题的求解。该方法是构造贴体坐标非常有效的方法，也是多数网格生成软件广泛采用的方法。在该方法中，可使用椭圆、双曲型和抛物型偏微分方程来生成网格，其中，椭圆型方程用得较多。最简单的椭圆型方程就是如下的 Laplace 方程：

$$\left.\begin{array}{l} \xi_{xx}+\xi_{yy}=0 \\ \eta_{xx}+\eta_{yy}=0 \end{array}\right\} \tag{6.1}$$

这里，可以将 ξ 和 η 看成是物理平面上 Laplace 方程的解，只要在物理平面区域边界上规定 $\xi(x,y)$ 和 $\eta(x,y)$ 的取值方法，方程就可解。为了控制网格的密度及网格的正交性，我们可以在方程(6.1)的右端加入"源项"，这样 Laplace 方程就变成了 Poisson 方程，即：

$$\left.\begin{array}{l} \xi_{xx}+\xi_{yy}=P(\xi,\eta) \\ \eta_{xx}+\eta_{yy}=Q(\xi,\eta) \end{array}\right\} \tag{6.2}$$

这里，$P(\xi,\eta)$ 和 $Q(\xi,\eta)$ 是用来调节区域内部网格分布及正交性的函数，称为源函数或控制函数。给定不同的函数式，就可得到不同的网格。详细信息可参见文献[2]。

6.1.6　生成网格的专用软件

前已指出，网格生成是一个"漫长而枯燥"的工作过程，经常需要进行大量的试验才能取得成功。因此，出现了许多商品化的专业网格生成软件。如 GAMBIT、TGrid、GeoMesh、preBFC 和 ICEMCFD 等。此外，一些 CFD 或有限元结构分析软件，如 ANSYS、I-DEAS、NASTRAN、PATRAN 和 ARIES 等，也提供了专业化的网格生成工具。

这些软件或工具的使用方法大同小异，且各软件之间往往能够共享所生成的网格文件，例如 FLUENT 就可读取上述各软件所生成的网格。

有一点需要说明，由于网格生成涉及几何造型，特别是 3D 实体造型，因此，许多网格生成软件除自己提供几何建模功能外，还允许用户利用 CAD 软件(如 AutoCAD、Pro/ENGINEER)先生成几何模型，然后再导入到网格软件中进行网格划分。因此，使用前处理软件，往往需要涉及 CAD 软件的造型功能。

本章后续几节以 GAMBIT 为例，介绍如何利用商用软件生成网格文件。同时介绍如何将 AutoCAD 和 Pro/ENGINEER 中制作的几何模型导入 GAMBIT。

6.2　网格生成软件 GAMBIT 简介

GAMBIT 是专用前处理软件包，用来为 CFD 模拟生成网格模型。由它所生成的网格，可供多种 CFD 程序或商用 CFD 软件所使用。本节介绍 GAMBIT 的特点及基本用法，从下一节开始，介绍如何将 CAD 软件与 GAMBIT 的联合使用。

6.2.1　GAMBIT 的特点

GAMBIT 的主要功能包括 3 个方面：构造几何模型、划分网格和指定边界。其中，划分网格是其最主要的功能。它最终生成包含有边界信息的网格文件。

GAMBIT 提供了多种网格单元，可根据用户的要求，自动完成划分网格这项繁杂的工作。它可以生成结构网格、非结构网格和混合网格等多种类型的网格。它有着良好的自适应功能，能对网格进行细分或粗化，或生成不连续网格、可变网格和滑移网格。

在网格生成之后，用户可在 GAMBIT 中指定边界，指定边界的目的是为后续进行 CFD 模拟时输入边界条件。

GAMBIT 本身提供了几何建模功能，只要模型不太复杂，一般可以直接在 GAMBIT 中完成几何建模。但对于复杂的 CFD 问题，特别是三维 CFD 问题，GAMBIT 并不是很有效，这时，需要借助专用 CAD 软件(如 Pro/ENGINEER)来完成几何建模。GAMBIT 可以导入 CAD 软件或前处理软件生成的几何模型，能够导入的几何模型文件的类型包括 ACIS、Parasolid、IGES 和 STEP 等格式。

GAMBIT 是一个开放性的软件，它不仅体现在输入方面，还体现在输出方面。它不仅能为 FLUENT 输出网格，而且还可以为其他的分析软件提供网格，如 ANSYS 等。

6.2.2　GAMBIT 的操作界面

GAMBIT 启动后，出现类似图 6.9 所示的操作界面。该操作界面分为六大区域。

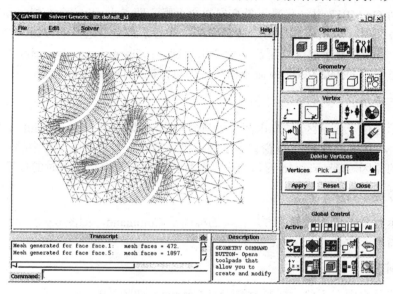

图 6.9　GAMBIT 的操作界面

1.　显示区

该区域位于图 6.9 所示的中央，是 6 大区域中最大的一块，用于显示几何模型及生成的网格图。如果需要，该显示区可以拆分成 4 个小区，这样便于显示和操作。这里显示出的是一透平机械的网格图，没有对显示区进行拆分。

2.　菜单区

GAMBIT 的菜单区位于显示区的上方，共有 File、Edit、Solver 和 Help 4 个菜单。其中，File 菜单提供的操作包括打开文件、保存文件、从文件中导入模型、导出当前模型、退出等。Edit 菜单提供的操作包括修改系统设置、取消上一步操作、重复刚取消的操作等。Solver 菜单用来选择求解器的类型，如 FLUENT/UNS、FLUENT 5/6 和 ANSYS 等。Help 显示帮助信息。

3.　操作区

操作区位于界面右侧，由 3 个层次的命令组及当前命令使用的对话框构成。其中，第一层次的命令组为 Operation，包含 4 个二级命令组，依次为 Geometry(几何操作)、Mesh(网格划分)、Zones(区域指定)和 Tools(工具)。这 4 个命令组分别有一个按钮与之对应。使用 GAMBIT 的大部分命令都通过这 4 个按钮发出。它们的功能分别是：

- Geometry 命令组提供了建立点、线、面及组的多种方法，以及相关的颜色控制、信息统计和数据删除等功能；

- Mesh 命令组包括对边界、线、面、体和组的网格划分、网格联结、信息修改等功能；
- Zones 命令组用于指定和命名模型及模型的边界；
- Tools 命令组提供了网格生成时的一些辅助工具。

刚一启动 GAMBIT 时，只显示最高层次命令组，即 Operation 命令组。单击命令组中的某个命令按钮时，会出现相应的二级命令组。单击二级命令组中的按钮，会出现三级命令组。例如，图 6.9 显示的 3 个层次的命令组分别为：Operation、Geometry 和 Vertex，与 Vertex 命令组中的 Delete Vertices 命令相对应的对话框是 Delete Vertices。

4.　操作提示区

操作提示区位于显示区下方，由两个小窗口构成，标题分别为 Transcript 和 Description，如图 6.9 所示。其中，Transcript 窗口用于显示操作信息，包括完成过程中的一些重要信息和操作失败的原因。Description 窗口给出当鼠标指针移到某个按钮上时的提示信息。

5　命令提示行

命令提示行位于界面的最下方，窗口的标题是 Command，如图 6.9 所示。用户可在该区域输入所需要的命令。

6.　控制区

控制区位于界面右下角，标题为 Global Control，如图 6.9 所示。通过单击该区域内的按钮，可对显示区内坐标系标识、颜色、模型的各个显示属性等进行控制。控制区中第一行上的 5 个小图标按钮，用于控制显示区的 4 个小区。第 1 个小图标按钮控制左上区，若图标按钮中的深色部分为红色，则表明显示区的左上区是活动的，可以进行操作，例如改变显示角度等；如果是灰色的，那么左上区不能进行操作。第 2 到第 4 个图标的功能与之类似。最后一个图标的作用是将显示区中所有的小区变为活动的。第 2 行中的各个图标按钮的作用是控制显示区域大小和视角等。5 个按钮的功能依次是：缩放图形显示范围以使图形整体全部显示在当前窗口中，设置旋转图形时用的旋转轴心，使用上一次的菜单及窗口配置更新当前显示，改为光源的位置和撤销上一步的操作。第 3 行中的各个图形按钮的作用是控制显示属性。5 个按钮的功能分别是：为模型显示确定方位、指定模型是否可见等属性、指定模型显示的外观(如线框、渲染或消隐等)、指定颜色模式(是否将模型颜色与几何属性相关联)及放大局部网格模型(用于对网格进行仔细考察)。

在 GAMBIT 中，按下鼠标左键并拖动，可以实现模型的旋转；按下中键并拖动，可以移动模型；按下右键并向上拖动可以缩小模型，向下拖动则放大模型，向左或向右拖动则旋转模型；同时按 Ctrl 键和鼠标左键，在屏幕上拖出一个矩形框，则将模型在矩形框中的部分放大到整个显示区；同时按 Shift 键和鼠标左键，表示选中模型或者模型的几何元素，该功能只在特定的操作过程中有效。

6.2.3　GAMBIT 的操作步骤

对于一个给定的 CFD 问题，可利用 GAMBIT，按如下 3 个步骤生成网格文件：

（1）构造几何模型。这个环节既可利用 GAMBIT 提供的功能完成，也可在其他 CAD 软件中生成几何模型后，导入 GAMBIT 之中。在生成几何模型后，可将该模型以默认的 dbs 格式或其他 CAD 格式(如 ACIS 格式)保存到磁盘上。

（2）划分网格。这个环节需要输入一系列参数，如单元类型、网格类型及有关选项等。这是生成网格过程中最关键的环节。对于简单的 CFD 问题，这个过程只是操作几次鼠标的问题，而对于复杂的问题，特别是三维问题，这一过程需要精心策划、细心实施。这个环节结束后，一个与求解域完全对应的网格模型便制作出来，用户可从多个视角观察这个网格模型。

（3）指定边界类型和区域类型。因 CFD 求解器定义了多种不同的边界，如壁面边界、进口边界、对称边界等，因此在 GAMBIT 中需要先指定所使用的求解器名称(如 FLUENT5/6)，然后，指定网格模型中各边界的类型。如果模型中包含有多个区域，如同时有流体区域和固体区域，或者是在动静联合计算中两个流体区域的运动不同，那么必须指定区域的类型和边界，将各区域区分开来。

当上述 3 个过程全部结束后，可将带有边界信息的网格模型存盘(文件扩展名为*.dbs)或输出为专门的网格文件(*.msh)，供 CFD 求解器读取。

6.3　GAMBIT 的基本用法

本节以一个简单的二维自然对流换热问题为例，按 6.2.3 小节给出的操作过程，说明如何利用 GAMBIT 生成计算网格。因本节的算例比较简单，因此，几何造型及网格生成等全过程均在 GAMBIT 中完成。在 6.4 节和 6.5 节将给出在 AutoCAD 和 Pro/ENGINEER 中进行几何造型后，导入 GAMBIT 后生成网格的方法。

6.3.1　二维自然对流换热问题的描述

设有图 6.10 所示偏心圆环中的自然对流换热问题。已知大小两个圆环的直径分别为 100mm 和 40mm，壁面均为恒温，温度分别为 340℃和 370℃，偏心距为 20mm。现假定要用四边形网格单元、采用结构网格来模拟圆环内气体的流动及换热情况。

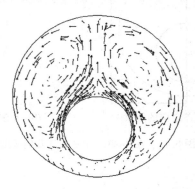

图 6.10　两个具有一定温差的圆环间的气体流动

6.3.2 生成几何模型

考虑到两圆环中心的连线和重力的方向相同，因此，图 6.10 所示的 CFD 问题左右对称，只需要针对整个区域的一半(如左半部)进行流动分析即可。为了生成这个几何模型，可在进入 GAMBIT 后，先分别生成两个圆面，然后从大圆面减去小圆面得到环形面，最后将环形面去掉一半即可。注意，这里需要用一个稍大的矩形面和环形面作布尔差运算，才能得到半个圆环面的几何模型。现给出生成该几何模型的过程。

1. 初始化 GAMBIT

启动 GAMBIT，选择 File / New 命令，在弹出的对话框中输入 ID 号，即本项目的文件名，假定为 Test2D。GAMBIT 在当前目录下生成项目文件 Test2D.dbs，初始化完成。

2. 制作两个圆面和一个矩形面。

从 GAMBIT 界面右侧的操作区依次单击 Operation / Geometry / Face 按钮，然后右击第 2 个图标，从弹出的级联按钮中单击 Circle，弹出 Circle 对话框。在 Radius 文本框输入 20(表示小圆的半径)，在 Label 文本框输入 small(表示小圆的代号)，单击 Apply 按钮后，小圆面出现在窗口的显示区。按同样办法生成大圆面，Radius 为 50，Label 为 big。然后从刚才右击出现的级联按钮中单击 Rectangle，在弹出的对话框中，在 Width 和 Height 文本框分别输入 55(比大圆半径稍宽一点的值)和 110，在 Label 文本框输入 rect，这样，生成矩形面。

3. 移动小圆面和矩形面的位置。

单击 Face 命令组第 2 排的第 1 个按钮，出现 Move/Copy Faces 对话框。单击 Face Pick 微调框右侧的上箭头按钮，从弹出的列表中单击 small，回到 Move/Copy Faces 对话框后，选中 Move 复选框和 Translate 复选框，在表示移动距离的 Global 和 Local 两组坐标中，对于 Y 坐标均输入-20。单击 Apply 按钮后，小圆面被向下移动 20mm。按同样办法向右移动矩形面 27.5mm。结果如图 6.11(a)所示。

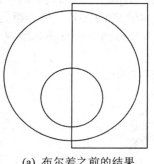

(a) 布尔差之前的结果   (b) 布尔差之后的结果

图 6.11 在 GAMBIT 中生成的几何模型

4.　用布尔差运算从大圆面中减去小圆面和矩形面。

右击 Face 命令组的第 1 排第 3 个按钮，从弹出的级联按钮中单击 Subtract，弹出 Subtract Real Faces 对话框。从 Face 列表框中选择大圆面的代号 big，从 Subtract Faces 列表框中选择表示小圆的代号 small 及表示矩形的代号 rect。单击 Apply 按钮后，得到图 6.11b 所示的结果，从而完成几何模型的生成。

按 Ctrl+S，将模型保存在初始设置的 Test2D.dbs 文件中。

6.3.3　划分网格

在生成几何模型后，接着要进行网格划分。划分过程总体上是自动完成的，但之前需要用户输入一些生成网格所需的相关参数。如果几何模型没有装载到当前的显示区(例如通过其他 CAD 软件生成几何模型的情形)，需要调用 File/Import 命令，装载几何模型。在 6.4 节将介绍在 GAMBIT 中装载 AutoCAD 几何模型的情况。这里假定几何模型已装载到 GAMBIT 显示区(接着 6.3.2 小节进行)。

从 GAMBIT 的操作区单击 Operation/Grid/Face 按钮，在随后出现的一排图标中，单击第 1 个图标，弹出 Mesh Faces 对话框，如图 6.12 所示。

从对话框可以看到，在划分 2D 网格时，需要指定四组参数：Faces(要划分网格的面)、Scheme(网格的划分方案)、Spacing(网格间距)及 Options(其他选项)，现介绍如下。

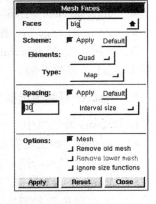

图 6.12　Mesh Faces 对话框

1.　Faces(要划分网格的面)

这里需要指定要进行网格划分的面。在本例中，从 Faces 列表框中选择表示所要划分的圆环面 big。

需要注意的是，GAMBIT 可对用户指定的面划分网格，但是，面的形状、拓扑特征以及面的顶点类型决定了网格类型。也就是说，在对一个面进行网格划分时，不是使用任何网格类型都可以获得成功的，能否成功要受几何拓扑特征的限制。

2.　Scheme(网格的划分方案)

网格划分方案包括 Elements(网格单元)和 Type(网格类型)两项。可供选择的二维 Elements(网格单元)有 3 种：

- Quad　指定的网格区域中只包括四边形单元；
- Tri　指定的网格区域中只包括三角形单元；
- Quad/Tri　网格中主要包括四边形单元，但在用户指定的区域有三角形单元。
  可供选择的 Type(网格类型)有 5 种：
- Map　使用指定的网格单元，创建规则有序的结构网格；
- Submap　将不规则的区域划分成多个规则的子区域，在每个子区域上创建结构网格；

- Pave 使用指定的网格单元，创建非结构网格；
- Tri Primitive 将一个三角形面划分成 3 个四边形的子区域，在每个子区域上创建结构网格；
- Wedge Primitive 在楔形面的顶部创建三角形网格，在顶部外端创建放射形的网格。

注意每种单元都与一种或几种网格类型相对应。一般来讲，四边形单元几乎可用于各种网格类型，而三角形单元只能用于非结构网格。详细对应关系见 GAMBIT 手册[17]。

在本例中，选取 Quad(四边形)单元，Map 类型的网格(即结构网格)。

3. Spacing(网格间距)

Spacing 指的是网格线相邻端点之间的长度。如果四边形单元采用的是四节点、三角形单元采用的是三节点，那么这个间距就是节点之间的间距；如果四边形单元采用的是八节点、三角形单元采用的是六节点，那么这个间距就是节点间距值的两倍。可供选择的 Spacing 有 3 种方式：

- Interval Count 指定在边界上分点时使用的间隔数；
- Interval Size 指定在边界上分点时使用的间隔长度；
- Shortest edge % 指定最短边的百分数。

在本例中，选择 Interval Count 方式，给定间隔数量为 30，也就是说 2D 区域的每条边上都用有 31 个点来分隔。

4. Options(其他选项)

在 Options 选项组中，包括如下选项：

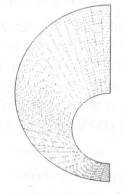

- 0mesh 如果没有激活这一项，将不对面进行网格划分，只对边进行网格划分；
- Remove old mesh 如果激活该项，在划分网格前先删除所有的旧网格；
- Remove lower mesh 如果激活该项，在删除面网格时，将尝试删除与之具有低级拓扑关系的边的网格。除非这些边和其他的面网格相匹配，否则将被删除；
- Ignore size functions 激活了该项将忽略尺寸函数。

在本例中，将前 3 个选项选中，然后单击 Apply 按钮后，得到图 6.13 所示的结果，从而完成网格划分。

图 6.13 自然对流模型的网格

如果需要，按 Ctrl+S 键，将结果保存在初始设置的 Test2D.dbs 文件中。

6.3.4 指定边界类型和区域类型

在生成几何模型并完成网格划分后，还需要说明各个边界的类型。若模型中包含多个区域，如同时有流体区域和固体区域，则还需要指定各区域的类型。此外，不同的 CFD 求解器对边界的定义和用法也不尽相同，因此在这个环节一开始时还需首先说明计划使用什么求解器来求解该 CFD 问题。

现结合本节算例，说明如何进行边界类型的指定。

1.　指定求解器

现假定用 FLUENT 6 来计算本节的算例，可选择 Solver/FLUENT 5/6 命令。这样，后续所设定的边界类型将与 FLUENT 6 所要求的形式对应起来。

2.　指定边界类型

每一种求解器都提供了多种类型的边界，如 FLUENT 中提供了 WALL(壁面)、OUTLET(出口)、SYSMETRY(对称面)等 10 多种边界。在本例中，共有 4 个边界：小圆弧是 WALL，大圆弧是 WALL，另外两线段是 SYSMETRY。我们需要在 GAMBIT 中给这 4 条边界分别指定相应的类型。为此，从 Operation 命令组单击第 3 个按钮 Zones，然后再单击所出现的第 1 个图标，弹出 Specify Boundary Types 对话框，如图 6.14 所示。

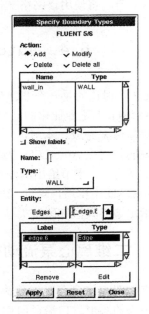

图 6.14　Specify Boundary Types 对话框

我们可借助这个对话框来指定各边界的类型。这里，以指定小圆弧为 WALL 类型为例，说明操作过程。

首先选中 Add(增加)复选框，表示要指定新的边界。然后，单击 Entity(实体)下的按钮，从弹出的列表中选择 Edges(边)。接着，单击 Entity 右侧的下箭头，展开各条边界的列表。注意，这里 GAMBIT 将显示出上面提到的 4 条边界，代码分别由 GAMBIT 命名为 edge7、edge8、edge9 和 edge10。选中表示小圆弧的 edge8(可按下 Shift 键并单击小圆弧来选择)，选中后小圆弧变成红色，其名称在实体列表中显示出来。回到 Specify Boundary Types 对话框后，单击 Type 下的按钮，从弹出的列表中选择 WALL(壁面)，这样就将小圆弧指定为壁面边界。然后，在 Name 文本框中，输入代表这个壁面的名称，如"wall_in"。在确认对话框最上方的 Add 复选框选中的前提下，单击 Apply 按钮。这样，在对话框中部的 Name 列表中将增加这个边界的名称和类型。

如果指定不正确，在这个对话框中还可以选中 Modify 或 Delete 复选框来修改或删除这个边界。按同样过程可为大圆弧指定 WALL、为其余两段对称线指定 SYMMETRY。

一般情况下，各边界的类型需要逐个指定，只有当多条边界的类型和边界值完全相同时才可以一起指定，否则在 FLUENT 中没法区分。所有其他没有被指定的边界，GAMBIT 默认它们的类型为 WALL，并且被认为是同一个边界，甚至两个不同面中的边界都被指定为名称为 wall 的壁面。

3. 指定区域类型

许多 CFD 求解器提供了 Fluid(流体)和 Solid(固体)两种区域类型。因此，若网格模型中包含有多个区域时，需要分别为每个区域指定类型。如果模型中只有一个面或者一个体，可以不指定区域，因为 GAMBIT 在输出网格时会自动给这个区域一个类型和名称。由于本例只有一个区域，因此，不需要指定区域类型。指定区域类型的过程同指定边界类型基本相同，将在 6.4 节以实例方式介绍指定方法。

至此，一个二维模型的网格建立完毕。从表面上看，带有边界信息的网格模型仍与图6.13 一样。按 Ctrl+S 键，将结果保存在初始设置的 Test2D.dbs 文件中。

6.3.5 导出网格文件

选择 File/Export/Mesh 命令，弹出 File 对话框，给出文件名(默认文件名为 Test2D.msh)，并选中 Export 2D Mesh 复选框，单击 Accept 按钮后，生成指定名称的网格文件。该文件可直接由 FLUENT 读入。

在 8.1 节，将使用该网格文件在 FLUENT 中进行 CFD 求解。

6.4 AutoCAD 与 GAMBIT 的联合使用

第 6.3 节讨论的是一个非常简单的对流换热问题，其几何模型是在 GAMBIT 中构造的。毕竟 GAMBIT 不是专业化的 CAD 软件，因此，对于复杂区域的几何建模，必须借助 CAD 专用支撑软件来完成。本节以一个相对复杂的二维流动分析问题——离心泵内部流场计算为例，说明如何在 AutoCAD 中进行几何建模，然后导入 GAMBIT 中进行网格划分。

本节按 6.2.3 小节给出的操作过程进行，与 6.3 节的区别在于几何模型不在 GAMBIT 而在 AutoCAD 中构造，同时，因该模型涉及多种边界条件及多种区域类型，因此，在生成网格及指定边界类型和区域类型时，需要多做一些工作。

6.4.1 二维离心泵流动模拟问题概述

研究如图 6.15 所示的二维离心泵。该泵由旋转的叶轮和静止的蜗壳两部分构成。流体从叶轮中央的圆形进口沿径向均匀进入叶轮，经过旋转的叶片作用后，得到能量，从蜗壳出口排出。已知叶轮的叶片数为 6，叶轮进、出口直径分别为 120mm 和 220mm，叶片进口安放角(叶片与圆周方向夹角)和出口安放角分别为 20°和 25°，叶片厚度为 3mm。蜗壳隔舌角 β_0(叶轮中心至蜗壳螺旋线起点的连线与水平线夹角)为 35°，出口段扩散角为 8°。叶轮进口流速为 2.2m/s，叶轮旋转角速度为 1470r/min。

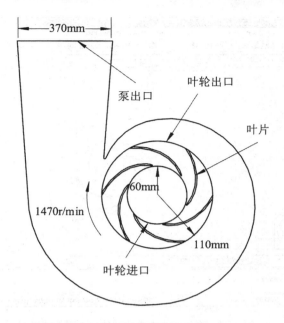

图 6.15　二维离心泵示意图

6.4.2　在 AutoCAD 内生成几何模型

在 AutoCAD 环境中，可以按照下列过程生成图 6.15 所示的二维离心泵模型：

(1) 以(0,0)为圆心，绘制表示叶轮进口的圆和表示叶轮出口的圆，绘制一个叶片的型线(叶片由四段圆弧构成)。

(2) 绘制涡壳。涡壳弯曲段由四段圆弧光滑连接而成，出口段为两条直线。

(3) 调用 PEDIT 命令，分别将构成叶片的各段线编辑成封闭的多段线(polyline)。对涡壳也做同样处理。

(4) 调用 REGION 命令，根据构成叶片的封闭多段线生成区域(region)。

(5) 重复调用 REGION 命令，分别针对叶轮进口圆、出口圆和涡壳生成区域。

(6) 调用 ARRAY 命令，圆周阵列生成 6 个叶片。

(7) 调用 EXPORT 命令，将绘图结果导出为 ASCI 格式文件(扩展名为 sat)，以便在GAMBIT 中进行后续处理。这里，假定生成 Pump2D.sat 文件。

图 6.16 是在 AutoCAD 中绘制的离心泵几何模型的最后结果。该结果实际共包含 9 个区域(蜗壳区域、叶轮出口区域、叶轮进口区域和 6 个叶片区域)。

6.4.3　划分网格

在 AutoCAD 中，已经生成了二维离心泵的几何模型，该模型是一包含 9 个面的 ASCI文件，现在转入到 GAMBIT，对其进行网格划分。生成网格的过程与 6.3.3 小节基本相同，下面简要说明操作步骤。

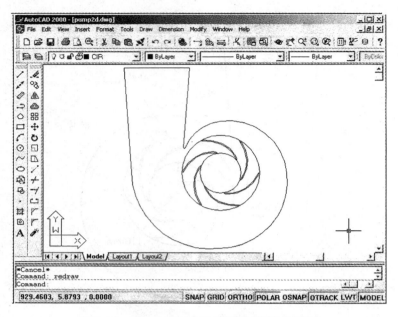

图 6.16   在 AutoCAD 中绘制的离心泵几何模型

1.   导入几何模型

在 GAMBIT 中选择 File / Import / ASCI 命令，给定先前生成的文件名 Pump2D.sat，则二维离心泵几何模型被装入到 GAMBIT。结果如图 6.17 所示。

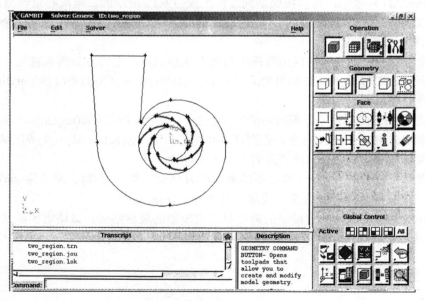

图 6.17   导入到 GAMBIT 的二维离心泵几何模型

2.　生成蜗壳及叶轮两个流体区域

要生成蜗壳内的流体区域，需要用布尔差命令从蜗壳区域减去叶轮区域。为此，单击 Operation / Geometry / Face / Subtract 按钮，弹出 Subtract Real Faces 对话框。分别在 Face 和 Subtract Faces 列表框中选取 face.5(蜗壳区域)和 face.1(叶轮出口圆形区域)。注意，请选中 face.1 下面的 Retain 复选框，表示要保留叶轮出口圆形区域，因为下面还要用到这个区域来生成叶轮内转动流体区域。关闭对话框后，便生成了蜗壳内流体区域。

重新调用该命令，在 Subtract Real Faces 对话框中，在 Face 列表框中选取 face.1(叶轮出口圆形区域)，在 Subtract Faces 列表框中选取 face.2，face.3，face.4，face.6，face.7，face.8 和 face.9(叶轮进口圆形区域和 6 个叶片区域)。注意，不要选中对话框中任何一个 Retain 复选框。这样，便生成了叶轮内转动流体区域。

从而，得到两个流体区域，即代表涡壳内流体的区域和叶轮内流体的区域，名称分别为 face.5 和 face.1。

3.　联结两部分流体交界处的两条边

为了说明两个流体区域是连接在一起的，需要单击 Operation / Geometry / Edge / Connect 按钮，弹出 Connect Edges 对话框。在 Edges 栏选取 edge.1 和 edge.72(这两个代号分别表示蜗壳与叶轮出口界面上的两个圆)，然后选中 Real 复选框(表示真实存在的两个圆)，关闭对话框即可。

4.　生成网格

为了对几何区域划分网格，单击 Operation / Mesh / Face / Mesh Face 按钮，弹出图 6.12 所示的 Mesh Faces 对话框。在 Faces 列表框中选取 face.5(蜗壳区域)，在 Elements 列表框中选择 Tri(三角形单元)，在 Type 列表框中选择 Pave(非结构网格)，选中 Scheme 命令组中的 Apply 复选框，然后，从 Spacing 区域的列表框中选择 Interval Size(指定网格间隔)，在文本框中输入 10，选中该区域中的 Apply 复选框，最后选中 Options 区域中的 Mesh 复选框，单击 Apply 按钮，则生成蜗壳内流体区域的网格。

重复上述命令，从 Faces 列表框中选取 face.1(叶轮区域)，在 Spacing 文本框中输入"8"，则可生成转轮内流体区域网格。

离心泵的网格结果如图 6.18 所示。

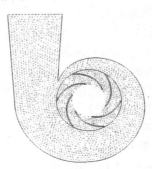

图 6.18　二维离心泵网格

6.4.4 指定边界类型和区域类型

该过程与 6.3.4 小节基本相同，区别是本例中的边界数量和类型比较多，同时涉及不同的区域类型。在指定边界类型及区域类型之前，必须在 Solver 菜单中指定求解器为 FLUENT 5/6。然后，按下述过程进行。

1. 指定边界类型

单击 Operation / Zones / Specify Boundary Types 按钮，弹出图 6.14 所示的 Specify Boundary Types 对话框。在对话框中，进行如下操作：

- 在 Name 栏输入边界名 inlet，将 Type 栏选为 Velocity_inlet，在 Entity 栏选取 Edges，并选中叶轮进口圆作进口边界。
- 在 Name 栏输入边界名 outlet，将 Type 栏选为 Outflow，在 Entity 栏选取 Edges，并选中涡壳出口边作为出口边界。
- 在 Name 栏输入边界名 wall_1，将 Type 栏选为 Wall，在 Entity 栏选取 Edges，并选中组成 6 个叶片的所有边作为壁面边界 1。
- 在 Name 栏输入边界名 wall_2，将 Type 栏选为 Wall，在 Entity 栏选取 Edges，并选中叶轮出口圆作为壁面边界 2(该壁面将在 FLUENT 的边界条件的指定中改为 interior 类型)。
- 在 Name 栏输入边界名 wall_3，将 Type 栏选为 Wall，在 Entity 栏选取 Edges，并选中除出口边外的组成涡壳的所有边，作为壁面边界 3。

2. 指定区域类型

单击 Operation/Zones/Specify Continuum Types 按钮，弹出 Specify Continuum Types 对话框，如图 6.19 所示。该对话框用于指定区域类型，它与图 6.14 所示的 Specify Boundary Types 对话框非常类似。操作如下：

- 在 Name 栏输入区域名为"fluid_1"，在 Type 栏选择 FLUID，在 Entity 栏选择 Faces，并选中代表叶轮流体的面 face.1 作为流动区域 1。在确认对话框最上方的 Add 复选框选中的前提下，单击 Apply 按钮。这样，在对话框中部的 Name 列表及 Type 列表中将显示这个区域的名称和类型。
- 在 Name 栏输入区域名为"fluid_2"，在 Type 栏选择 FLUID，在 Entity 栏选择 Faces，并选中代表涡壳流体的面 face.5 作为流动区域 2。单击 Apply 按钮，再单击

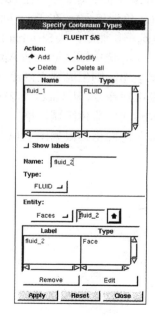

图 6.19 Specify Continuum Types 对话框

Close 按钮，关闭对话框。

注意，上面之所以要指定两个 FLUID 区域，是由于一个区域的流体(fluid_1)随着叶轮一起转动，另一个区域的流体(fluid_2)处在蜗壳内，是不转动的。

这样，边界类型和区域类型均指定完毕。我们在上面共定义了 5 种边界类型和两种区域类型。在后续进入 CFD 求解器后将针对这些不同的边界和区域给定相应的边界条件。

最后，选择 File / Export / Mesh 命令，给定文件名(如 Pump2D.msh)，并选中 Export 2D Mesh 复选框，可将上述网格模型存盘。

在 7.13 节将以此模型为例,详细介绍如何利用 FLUENT 求解该网格模型所对应的流动问题。

6.5　Pro/ENGINEER 与 GAMBIT 的联合使用

前面两节讨论的是如何生成二维网格,可实际工程中多数问题是三维的。因此,本节以轴流泵的流动分析为例,介绍如何利用三维造型软件 Pro/ENGINEER 生成三维实体模型,然后导入 GAMBIT 作进一步的修改补充,最后进行网格划分。本节还要结合此模型演示如何使用周期性边界条件。

6.5.1　三维轴流泵流动模拟问题概述

现研究如图 6.20 所示的三维轴流泵内的流动。该泵由旋转的叶轮、轴、静止的导叶体和外壁圆筒 4 部分构成。轴的下部连接叶轮,中部从导叶体穿过,上部接电动机。流体从下部沿轴向均匀进入叶轮,经过叶片的作用而获得能量,进入导叶体后,从导叶出口排出。已知叶轮直径为 650mm,轮毂直径为 302mm,叶片数为 4。为了更方便地说明问题,现只研究叶轮内的流动。

根据叶轮叶片数为 4 的特点,从叶轮的流动区域中取出 1/4,即包围一个叶片的有效区域为研究对象(计算域),如图 6.21 所示。注意,为了减小在计算过程中因计算域进口及出口位置对叶轮内部流场的影响,图中计算域的进口(下部边界)与出口(上部边界)适当向外作了延伸。

图 6.20　三维轴流泵示意图

该计算域从上至下分 3 个部分,上部实体和下部实体均是没有叶片作用的区域,中部实体是包围叶片的区域。每部分实体的上下表面都是相同的扇形面,都与 Z 轴垂直。3 个区域存在两个分界面。在中部实体中,还存在着一个扭曲的叶片实体。在整个计算域的左右两个边界面上使用周期性边界条件。

为了生成图 6.21 所示流动区域的实体模型,拟在 Pro/ENGINEER 中制作叶片的三维实体模型,然后在 GAMBIT 中生成上部实体、下部实体及包围叶片实体的中部实体。然后进行网格划分。

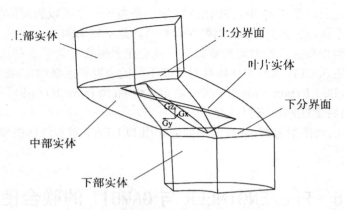

图 6.21　计算轴流泵叶轮流场用的计算区域

6.5.2　在 Pro/ENGINEER 中生成叶片实体模型

通常情况下，叶片的几何形状是通过从轮毂到轮缘的 5～8 个截面(圆柱面)上所规定的翼型所确定的，各截面上的翼型的形状及参数如图 6.22 所示。

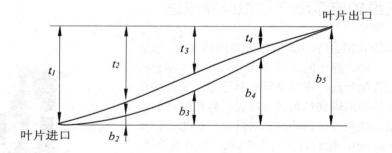

图 6.22　轴流泵叶片翼型的形状

每个截面上的翼型的大小、形状、安放角不尽相同，图 6.21 所示的两个翼型图实际为轮毂和轮缘上的翼型形状。根据给定的 N 个截面上翼型的形状和尺寸，在 Pro/ENGINEER 中，可按下述过程生成叶片的空间曲面：

（1）调用生成曲线的命令 Curve，针对给定的各翼型的尺寸(参见图 6.22)，生成翼型的空间型线，如图 6.23 所示。在该图中，从轮毂到轮缘共有 8 个截面。

（2）采用 Blended Surf(混成曲面)的方式，以图 6.23 所示的 8 个翼型曲线为轮廓，生成表示叶片的曲面。

（3）制作表示轮毂的圆柱面和表示轮缘的圆柱面，要求这两个圆柱面的高度大于图 6.21 所示中部实体的高度。图 6.24 是生成叶片曲面与轮毂圆柱面后的结果。

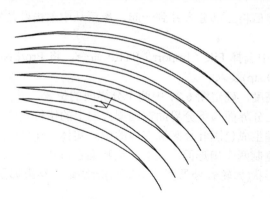

图 6.23 8 个截面上的翼型空间型线

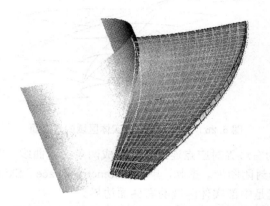

图 6.24 生成叶片表面及轮缘圆柱面后的结果

(4) 调用 Merge(曲面的融合)功能，将叶片曲面与轮毂的圆柱面、轮缘的圆柱面融合在一起，这样，多余的部分自然就去掉了，形成了一个封闭的曲面。

(5) 调用 Solid(创建实体)功能，将空间闭合曲面转化为实体，从而得到了叶片实体模型，如图 6.25 所示。

(6) 调用 Export 命令，将叶片实体模型以 STEP 格式存盘(例如保存为 Blade3D.stp)，这样，就完成了在 Pro/ENGINEER 中的造型工作。接下去，就可转入到 GAMBIT，制作图 6.21 中表示流体的区域，并划分网格。

图 6.25 叶片实体

6.5.3 在 GAMBIT 中生成计算区域的实体模型

在 Pro/ENGINEER 中生成了叶片的三维实体模型后，便可方便地在 GAMBIT 中制作图 6.21 所示的流体区域了。该区域的实体模型可按如下思路生成：先分别生成中间实体、上部实体和下部实体，然后将三部分合并到一起，最后从中差去叶片实体，得到最终结果。详细过程如下：

(1) 从 GAMBIT 中选择 File / Import / STEP 命令，将 Pro/ENGINEER 所生成的叶片三维实体模型(Blade3D.stp)装入。

(2) 根据叶片的高度，确定图 6.21 中两个分界面的位置，并按圆环的 1/4 大小构造这两个圆环面。注意，上分界面与下分界面在圆周方向上的错位角度应等于叶片的包角。

(3) 按下面的过程生成包围叶片区域在内的中间实体。在第(2)步生成的两个分界面的基础上，再在轴向上复制两个扇形面。注意各扇形面在圆周方向上错位的角度，应由叶片在某个圆柱截面上的形状(如轮毂处翼型的中位面)所决定。结果如图 6.26 所示。

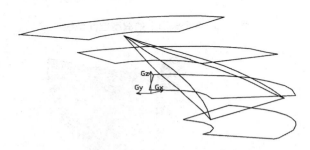

图 6.26　用于生成中部实体区域的过渡面

将这 4 个圆环面的右边界对应点连起来，形成两条空间曲线，与上下两个分界面的边界共 4 条曲线，构成一封闭图形。据此，单击 Geometry / Face / Skin Surface 按钮，便可生成一个曲面，该曲面就是中部实体区域的右曲面边界。

按同样过程，或者采用复制的办法，可生成中部实体区域的左边界曲面。

再制作两个分别表示轮毂和轮缘的圆柱面，这样，构成中部实体区域的六个曲面全部完成。最后，采用 Stitch Faces(缝合曲面)方式，将这 6 个曲面组装到一起，生成一个包含叶片所占区域在内的中部实体区域。结果如图 6.27 所示。

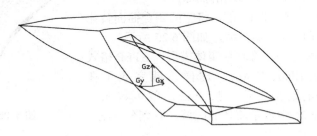

图 6.27　中部实体区域

(4) 使用 Sweep(拉伸)命令，将上分界面拉伸得到上部实体，将下分界面拉伸得到下部实体。

(5) 调用布尔并运算，将前面得到的中部实体、上部实体和下部实体合并成为一个实体。然后调用布尔差命令，从这个实体中差去叶片实体，再去除不必要的多余部分，得到图 6.21 所示的最终的实体模型。

6.5.4 三维问题的网格划分

三维问题与二维问题的网格划分过程和方法大体是一样的，不同点主要有两个：

● 二维问题对应的是面网格，网格划分时需要指定的是面(Faces)，而三维问题对应的是体网格，网格划分时需要指定的是体(Volumes)。

● 两者的网格单元和网格类型不尽相同。在三维问题中，常用的网格单元包括：Hex(六面体单元)、Hex/Wedge(网格主要由六面体组成，个别位置允许有楔形体)、Tet/Hybrid(网格主要由四面体组成，个别位置可以有六面体、锥体或楔形体)。常用的网格类型包括：Map(规则的结构网格)、Submap(块结构网格)、Cooper(非结构网格)、TGrid(混合网格)等。注意，结构网格和块结构网格只能使用 Hex 单元，非结构网格可以使用 Hex 单元或 Hex/Wedge 单元，混合网格使用 Tet/Hybrid 单元。对于复杂的模型，使用混合网格一般比较容易划分成功。

现结合三维轴流泵的实例，简述三维网格划分过程如下：

首先，对于存在周期性边界条件的几何模型(无论是二维还是三维问题)，在划分网格前必须对周期性边界面分别做网格链接，以保证在所生成的网格中相应的线、面、网格节点一一对应。在三维问题中，周期性边界对应的是面，因此叫做面的网格链接。在本例中，存在三组周期性边界，如图 6.28 所示。

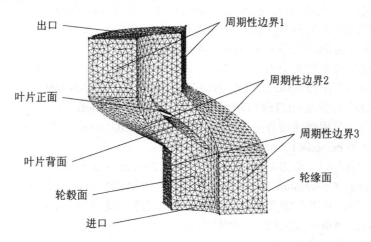

图 6.28 三维轴流泵叶轮计算域上的网格

为了设置网格链接，单击 Operation/Mesh/Face/Link Face Meshes 按钮，弹出 Link Face Meshes 对话框，如图 6.29 所示。

在该对话框中，要指定需要链接的两个面的名称、对应的一个顶点或多个顶点。例如，针对图 6.28 所示的周期性边界 1，需要在对话框的第 1 个 Face 列表框中选择周期性边界 1 的左界面，在 Vertices 列表框中选择一个点(可以选择左上角点)，然后在第 2 个 Face 列表框中

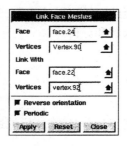

图 6.29 Link Face Meshes 对话框

选择周期性边界 1 的右界面，在 Vertices 列表框中选择右上角点。接着，选中 Reverse orientation 复选框，表示相对应的两个面在生成网格时，使用相反的回路方向在边界上分点。最后，选中 Periodic 复选框，表示这两个面具有周期性边界条件。单击 Apply 按钮，则完成了这一组周期性边界条件中两个面网格的链接。

按照同样办法，可为图 6.28 中其他两组周期性边界的面设置网格链接。

在完成了对周期性边界的网格链接后，单击 Operation / Mesh / Volume / Mesh Volume 按钮，弹出 Mesh Volumes 对话框。该对话框类似于图 6.12 所示的 Mesh Faces 对话框。在 Volumes 列表框中选取流动区域整体，从 Elements 列表框中选择 Tet/Hybrid(混合单元)，从 Type 列表框中选择 TGrid(混合网格)，在 Interval Size(指定网格间隔)一栏输入 20，单击 Apply 按钮后，生成网格。结果如图 6.28 所示。

6.5.5　指定边界类型和体的类型

该过程与二维问题的主要区别在于三维问题不是指定区域(Region)的类型，而是指定体(Volume)的类型。结合本例，过程如下：

(1) 指定求解器名称。在 Solver 菜单中指定求解器为 FLUENT5/6。

(2) 指定边界类型。单击 Operation / Zones / Specify Boundary Types 按钮，弹出图 6.14 所示的 Specify Boundary Types 对话框。在对话框中，分别指定：

- 叶片正面(凸面)的类型为 WALL(壁面)，名称为 blade_front；
- 叶片背面的类型为 WALL，名称为 blade_back；
- 贴近轮毂的面的类型为 WALL，名称为 wall_in；
- 贴近轮缘的面的类型为 WALL，名称为 wall_out；
- 进口面的类型为 VELOCITY_INLET(速度进口)，名称为 inlet；
- 出口面的类型为 OUTFLOW(出口条件)，名称为 outlet；
- 其他的三对周期性边界分别定义，类型都是 PERIODIC(周期性边界)，名称从上到下依次为 periodic1、periodic2 和 periodic3。

(3) 指定体的类型。单击 Operation / Zones / Specify Continuum Types 按钮，弹出图 6.19 所示的 Specify Continuum Types 对话框，该对话框用于指定体的类型。在本例中，体(Volume)只有一个，其类型定义为 FLIUID(流体)，名称可取作 impeller。

操作完成后，网格模型表面上仍维持图 6.28 的样子，但实际上已包含有边界类型的信息和体的类型的信息。调用 File / Export / Mesh 命令，给定文件名(如 Pump3D.msh)，可将上述网格模型存盘。

至此，轴流泵叶轮的三维网格全部生成，在 8.2 节将介绍如何在 FLUENT 中对此模型进行求解和分析。

6.6　本 章 小 结

网格划分是 CFD 模拟过程中最为耗时的环节，也是直接影响模拟精度和效率的关键因素之一。网格主要分为结构网格和非结构网格两大类，结构网格使用规则单元；便于编程计算，但适用性差，而非结构网格具有良好的灵活性，尤其对复杂问题比较有效。常用的 2D 网格单元主要是四边形和三角形单元，常用的 3D 网格单元主要是六面体、四面体和五面体单元。

考虑到目前多是通过专用的网格生成软件来制作所需要的网格，因此，本章重点介绍了如何利用专用前处理软件 GAMBIT 来生成网格。GAMBIT 的使用，主要分为 3 个环节：构造几何模型、划分网格和指定边界及计算区域的类型。

在构造几何模型时，既可利用 GAMBIT 提供的功能完成，也可在 CAD 软件中完成，或者将二者结合起来进行。本章给出了 3 个例子，分别是二维自然对流问题、二维离心泵流动问题和三维轴流泵流动问题。3 个例子分别演示了如何在 GAMBIT、AutoCAD 和 Pro/ENGINEER 环境中构造几何模型，同时在后一个例子中说明了如何使用周期性边界条件。

在划分网格这个环节，需要给定单元类型和网格类型等参数，需要注意不同的网格单元需要与不同的网格类型相匹配。对于复杂的问题，网格划分不容易一次成功，即使成功，计算的结果也可能有一定差异，因此，需要针对各种可能的网格类型与单元类型的组合进行试验。

此外，计算区域中常包括多种类型的边界及区域，因此，在生成计算网格后，还需要针对所计划采用的求解器，明确说明各边界的类型，说明哪个是流体区，哪个是固体区，以及哪个是转动区，哪个是静止区等。

网格划分在理论上没有太多难点，关键是需要广泛练习，不断积累经验，包括三维几何建模方面的经验。

后面两章将使用本章生成的网格模型，调用 FLUENT 求解器进行 CFD 计算。

6.7　复习思考题

(1)　网格在 CFD 计算中有怎样的作用？对计算结果有什么样的影响？

(2)　常用的网格类型有哪些？各有什么优缺点？各在什么场合下使用？

(3)　常用的二维及三维单元有哪些？与网格类型的对应关系是什么？各处的特点是什么？

(4)　生成网格的方式有哪些？你了解的前处理软件有哪些？特点如何？

(5)　GAMBIT 在几何造型方面的功能特点如何？使用 GAMBIT 如何创建模型？请在 GAMBIT 中创建简单的二维模型和三维模型，如矩形面、圆柱、立方体等。

(6)　为什么要将 AutoCAD 和 Pro/ENGINEER 等 CAD 软件与 GAMBIT 配合使用？如何将 CAD 模型导入 GAMBIT？

(7)　在利用 GAMBIT 划分网格时，需要设置哪些参数？它们对网格及计算结果有什么样的影响？对图 6.10 所示的二维自然对流问题，尝试使用不同间距、不同网格单元和不同网格类型划分网格，比较得到的网格模型的差别。

(8)　为何在划分网格后，还要指定边界类型和区域类型？常用的边界类型和区域类型有哪些？各用在什么条件下？以 6.4 节中的二维离心泵为例，练习边界类型及区域类型的指定方法。

    (9)　三维问题与二维问题的网格划分有哪些地方是不一样的？

    (10)　如何评价网格模型的质量？

第 7 章　FLUENT 软件的基本用法

FLUENT 是目前处于世界领先地位的 CFD 软件之一, 广泛用于模拟各种流体流动、传热、燃烧和污染物运移等问题。本章首先介绍 FLUENT 软件概况, 然后以实例方式介绍 FLUENT 的基本用法。下一章将给出更多应用实例。

7.1　FLUENT 概述

FLUENT 是一个用于模拟和分析在复杂几何区域内的流体流动与热交换问题的专用 CFD 软件。FLUENT 提供了灵活的网格特性, 用户可方便地使用结构网格和非结构网格对各种复杂区域进行网格划分。对于二维问题, 可生成三角形单元网格和四边形单元网格; 对于三维问题, 提供的网格单元包括四面体、六面体、棱锥、楔形体及杂交网格等。FLUENT 还允许用户根据求解规模、精度及效率等因素, 对网格进行整体或局部的细化和粗化。对于具有较大梯度的流动区域, FLUENT 提供的网格自适应特性可让用户在很高的精度下得到流场的解。

FLUENT 使用 C 语言开发完成, 支持 UNIX 和 Windows 等多种平台, 支持基于 MPI 的并行环境。FLUENT 通过交互的菜单界面与用户进行交互, 用户可通过多窗口方式随时观察计算的进程和计算结果。计算结果可以用云图、等值线图、矢量图、XY 散点图等多种方式显示、存储和打印, 甚至传送给其他 CFD 或 FEM 软件。FLUENT 提供了用户编程接口, 让用户定制或控制相关的计算和输入输出。

7.1.1　FLUENT 软件构成

从本质上讲, FLUENT 只是一个求解器。FLUENT 本身提供的主要功能包括导入网格模型、提供计算的物理模型、施加边界条件和材料特性、求解和后处理。FLUENT 支持的网格生成软件包括 GAMBIT、TGrid、prePDF、GeoMesh 及其他 CAD/CAE 软件包。

GAMBIT、TGrid、prePDF、GeoMesh 与 FLUENT 有着极好的相容性。TGrid 可提供 2D 三角形网格、3D 四面体网格、2D 和 3D 杂交网格等。GAMBIT 可生成供 FLUENT 直接使用的网格模型, 也可将生成的网格传送给 TGrid, 由 TGrid 进一步处理后再传给 FLUENT。prePDF、GeoMesh 是 FLUENT 在引入 GAMBIT 之前所使用的前处理器, 现 prePDF 主要用于对某些燃烧问题进行建模, GeoMesh 已基本被 GAMBIT 取代。而 FLUENT 提供了各类 CAD/CAE 软件包与 GAMBIT 的接口。

7.1.2 FLUENT 适用对象

FLUENT 广泛用于航空、汽车、透平机械、水利、电子、发电、建筑设计、材料加工、加工设备、环境保护等领域，以 FLUENT 6 为例，其主要的模拟能力包括：

- 用非结构自适应网格求解 2D 或 3D 区域内的流动；
- 不可压或可压流动；
- 稳态分析或瞬态分析；
- 无粘、层流和湍流；
- 牛顿流体或非牛顿流体；
- 热、质量、动量、湍流和化学组分的体积源项模型；
- 各种形式的热交换，如自然对流、强迫对流、混合对流、辐射热传导等；
- 惯性(静止)坐标系非惯性(旋转)坐标系模型；
- 多重运动参考系，包括滑动网格界面、转子与定子相互作用的动静结合模型；
- 化学组分的混合与反应模型，包括燃烧子模型和表面沉积反应模型；
- 粒子、水滴、汽泡等离散相的运动轨迹计算，与连续相的耦合计算；
- 相变模型(如熔化或凝固)；
- 多相流；
- 空化流；
- 多孔介质中的流动；
- 用于风扇、泵及热交换器的集总参数模型；
- 复杂外形的自由表面流动。

7.1.3 FLUENT 使用的单位制

FLUENT 提供英制(British)、国际单位制(SI)和厘米-克-秒制(CGS)等单位制，这些单位制之间可以相互转换。但 FLUENT 规定，对于边界特征、源项、自定义流场函数、外部创建的 X-Y 图散点图的数据文件数据，必须使用国际单位制。对于网格文件，不管在创建时用的什么单位制，在被 FLUENT 读入时，均假定为是用国际单位制(长度单位为米)创建的。因此，在导入网格文件时，要注意按当前设定的单位制对网格尺寸进行缩放处理，以保证其几何尺寸的有效性。

7.1.4 FLUENT 使用的文件类型

使用 FLUENT 时，涉及多种类型的文件，FLUENT 读入的文件类型包括 grid、case、data、profile、Scheme 及 journal 文件，输出的文件类型包括 case、data、profile、journal 以及 transcript 等。FLUENT 还可以保存当前窗口的布局以及保存图形窗口的硬拷贝。表 7.1 给出了 FLUENT 用到的主要文件类型。

表 7.1　FLUENT 用到的主要文件类型

文件名称	扩展名	功　能
grid(网格文件)	msh	包含所有节点的坐标及节点之间的连接性信息，不包括边界条件、流动参数或者解的参数。grid 文件是由 GAMBIT、TGrid、GeoMesh、preBFC 或第三方 CAD 软件包生成的。从 FLUENT 的角度来看，grid 文件只是案例文件的子集。grid 文件是 FLUENT 中最基本的文件之一，是在开始 CFD 求解之前一定要准备好的
case(案例文件)	Cas	包括网格、边界条件、解的参数、用户界面和图形环境的信息。这是 FLUENT 中的基本文件之一，是核心文件。在将网格导入 FLUENT 后，便可选择 File 菜单中的相关命令生成该文件。一般来讲，用户只要保留这个文件，一个完整的 CFD 模型就掌握在自己手中
data(数据文件)	Dat	包含每个网格单元的流场值以及收敛的历史纪录(残差值)。该文件是 FLUENT 中基本文件之一，用户可随时调用该文件查看计算结果
profile(边界信息文件)	用户指定	用于指定边界区域上的流动条件
journal(日志文件)	用户指定	记录用户输入过的各种命令
transcript(副本文件)	用户指定	记录全部输入及输出信息
HardCopy(硬拷贝文件)	取决于输出格式	将图形窗口中的内容硬拷贝输出为 TIFF、PICT 和 PostScript 等格式的文件
Export(输出文件)	取决于输出格式	FLUENT 允许用户将数据输出到 AVS、Data Explorer、EnSight、FAST、FIELDVIEW、I-DEAS、NASTRAN、PATRAN 及 Tecplot 等第三方 CAD/CAE 软件
Interpolation(转接文件)	用户指定	FLUENT 允许用户用两种网格方案对同一问题进行求解，中间通过 Interpolation 文件交换数据。具体过程是，先用第一种网格求解，然后将解的结果保存为 Interpolation 文件，再接着用第二套网格方案从该起点处继续往下计算
Scheme(源文件)	scm	Scheme 是 LISP 编程语言的一个分支，它用于定制 FLUENT 的界面、控制 FLUENT 的运行。用 Scheme 语言编写的源程序文件称为 Scheme 文件
.FLUENT(配置文件)	.FLUENT	包含用 Scheme 语言写成的语句，用于对 FLUENT 进行定制和控制。FLUENT 启动时，要寻找该文件，若找到它，就加载它
.cxlayout(界面布局文件)	.cxlayout	保存当前对话框及图形窗口的布局

7.2　FLUENT 求解步骤

FLUENT 是一个 CFD 求解器，在使用 FLUENT 进行求解之前，必须借助 GAMBIT、

Tgrid 或其他 CAD 软件生成网格模型。再简单的问题，也必须借助这些软件生成网格。FLUENT 4 及以前版本，只使用结构网格，而 FLUENT 5 之后使用非结构网格，但兼容传统的结构网格和块结构网格等。本章以 FLUENT 6 为例，介绍 FLUENT 的基本用法。

7.2.1　制订分析方案

同使用任何 CAE 软件一样，在使用 FLUENT 前，首先应针对所要求解的物理问题，制订比较详细的求解方案。制订求解方案需要考虑的因素包括以下内容。

(1)　决定 CFD 模型目标。确定要从 CFD 模型中获得什么样结果，怎样使用这些结果，需要怎样的模型精度。

(2)　选择计算模型。在这里要考虑怎样对物理系统进行抽象概括，计算域包括哪些区域，在模型计算域的边界上使用什么样的边界条件，模型按二维还是三维构造，什么样的网格拓扑结构最适合于该问题。

(3)　选择物理模型。考虑该流动是无粘、层流，还是湍流，流动是稳态还是非稳态，热交换重要与否，流体是用可压还是不可压方式来处理，是否多相流动，是否需要应用其他物理模型。

(4)　决定求解过程。在这个环节要确定该问题是否可以利用求解器现有的公式和算法直接求解，是否需要增加其他的参数(如构造新的源项)，是否有更好的求解方式可使求解过程更快速地收敛，使用多重网格计算机的内存是否够用，得到收敛解需要多久的时间。

一旦考虑好上述各问题后(当然个别问题只能等到计算结束后才有明确答案)，就可开始进行 CFD 建模和求解。

7.2.2　求解步骤

当决定了 7.2.1 中的几个要素后，便可按下列过程开展流动模拟。

(1)　创建几何模型和网格模型(在 GAMBIT 或其他前处理软件中完成)。

(2)　启动 FLUENT 求解器。

(3)　导入网格模型。

(4)　检查网格模型是否存在问题。

(5)　选择求解器及运行环境。

(6)　决定计算模型，即是否考虑热交换，是否考虑粘性，是否存在多相等。

(7)　设置材料特性。

(8)　设置边界条件。

(9)　调整用于控制求解的有关参数。

(10) 初始化流场。

(11) 开始求解。

(12) 显示求解结果。

(13) 保存求解结果。

(14) 如果必要，修改网格或计算模型，然后重复上述过程重新进行计算。

　　注意，FLUENT 求解器分为单精度与双精度两大类。单精度求解器速度快，占用内存少，一般选择单精度的求解器就可以满足需要。单精度求解器与双精度求解器的名称，在二维问题中分别是 FLUEND 2d 和 FLUENT 2ddp，在三维问题中分别是 FLUEND 3d 和 FLUENT 3ddp。这样，在上述第(2)步，就有 4 种启动选项。

7.3　FLUENT 的操作界面

　　FLUENT 启动后，出现类似图 7.1 所示的操作界面。该界面下部的窗口是 FLUENT 的控制台窗口(console window)，所有的命令都通过这个窗口的菜单或命令行发出。刚一启动 FLUENT 时，只显示此窗口。当用户从此窗口中发出某些与网格或图形相关的命令时，FLUENT 会打开新的图形窗口，如图 7.1 左上部窗口所示。此外，许多命令在执行过程中都会弹出对话框，如图 7.1 右上部的对话框所示。

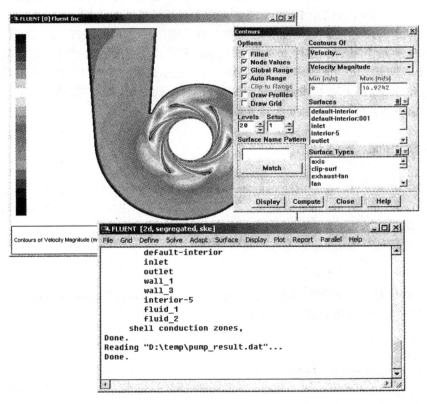

图 7.1　FLUENT 操作界面

7.3.1　文本命令与菜单

　　图 7.1 下部所示的 FLUENT 控制台窗口是一文本界面，用户可借助此界面输入各种命

令、数据和表达式，FLUENT 也利用这个窗口显示信息，从而达到用户与 FLUENT 交互的目的。需要特别说明的是，文本界面使用了一种叫做 Scheme 的编程语言对用户输入的命令和表达式进行管理。Scheme 是 LISP 语言的一种，简单易学，尤其是其宏功能非常有用。利用 Scheme，用户可编写具有复杂功能的控制程序，以对 FLUENT 的界面及运行过程进行控制。

用于操作 FLUENT 的命令，是按菜单的方式有层次地组织的。用户既可从控制台窗口顶端的菜单栏中选择所需的命令，也可从窗口中的命令行上输入信息。当然个别与操作系统有关的命令只能通过命令行输入。

界面顶端的菜单条共包含 11 个菜单。通过 File 菜单可以导入或导出文件、保存分析结果。通过 Grid 菜单对网格模型进行检查、修改。通过 Define 菜单设置求解器格式、选择计算模型、设置运行环境、设置材料特性、设置边界条件等。通过 Solve 菜单调整用于控制求解的有关参数、初始化流场、启动求解过程。选择 Display、Plot、Report 菜单，可对网格、计算中间过程、计算结果、相关报表等信息进行显示和查询。通过 Adapt 菜单可对网格进行自适应的设置和调整，Parallel 菜单专用于并行环境下的计算。

文本界面中的命令行提示符位于最下面一行，刚一启动 FLUENT 时，显示为 ">"。用户可在此提示符下可输入各种命令或 Scheme 表达式，直接回车可显示当前菜单层次下的所有命令。例如，在"根目录"下按 Enter 键，显示菜单栏中的 11 个菜单相对应的同名命令。如果在">"提示下输入"display"，则进入 display 命令层，提示符同时变为"/display>"。

许多 FLUENT 命令，都有简化的别名。

7.3.2 Scheme 表达式

在命令行提示符下，用户除了可以输入 FLUENT 命令外，还可以输入由 Scheme 函数组成的具有复杂功能的 Scheme 表达式。为了让读者对 FLUENT 中的 Scheme 表达式有一感性认识，现举两例。

例如，使用如下 Scheme 表达式，可打开图形窗口 1：

```
(ti-menu-load-string "di ow 1")
```

再如，如果要打开两个图形窗口，在图形窗口 0 显示网格的前视图，在图形窗口 1 显示网格的后视图，可使用如下 Scheme 表达式：

```
(for-each
(lambda (window view)
  (ti-menu-load-string (format #f "di ow ~a gr view rv ~a"
                             window view)))
'(0 1)
'(front back))
```

Scheme 在 FLUENT 中有很广泛的用途，FLUENT 允许用户编写具有专用功能的 Scheme 源程序文件。详细信息请参阅 FLUENT 用户手册[7]。

7.3.3　图形控制及鼠标使用

通过从 FLUENT 控制台窗口的 Display 菜单中选择相关命令，可决定在图形窗口中显示的内容。选择 Display / Options 命令，可更改图形窗口中的图形显示属性。单击图形窗口左上角，弹出一对话框，让用户复制或打印图形。要改变图形窗口的背景色或网格颜色，还可直接在命令行输入 Display / Set / Color 命令，然后输入要改变颜色的对象名称(直接回车显示所有对象名称)。

选择 Display / Mouse Buttons 命令，可调整鼠标按钮的定义。默认的鼠标按钮功能是：按住左键拖动，移动图形；按住中键拖动，缩放图形；按住右键拖动，执行用户预定义的操作。

7.4　使　用　网　格

FLUENT 不能自己生成网格，需要导入来自 GAMBIT 等前处理软件生成的网格。导入网格后，可以在 FLUENT 中对网格进行修改，如平移或缩放节点坐标，为并行计算划分子域，对单元重新排序以减少带宽，合并或分割不同的区域等。FLUENT 还可对网格进行诊断、报告内存的使用情况及网格的拓扑结构、显示网格中节点、面及单元的个数、确定计算域内单元体积的最大值和最小值、检查每一单元上是否包含合适的节点数和面数等。

7.4.1　导入网格

FLUENT 能够读取 GAMBIT、TGrid、GeoMesh、preBFC、ICEMCFD、I-DEAS、NASTRAN、PATRAN、ARIES、ANSYS 等产生的网格，处理 FLUENT 家族的 FLUENT/UNS、RAMPANT 和 FLUENT 4 的网格，还可将来自不同网格文件的网格组合成一个新的网格。现就各类网格的导入方式做一简介。

1.　导入 GAMBIT、Tgrid 和 GeoMesh 网格文件

在 GAMBIT、Tgrid 和 GeoMesh 等专用前处理软件内部，直接有生成 FLUENT 网格的选项。这些前处理软件生成的网格文件一般称为案例文件，具有 cas 扩展名，可直接在 FLUENT 中选择 File / Read / Case 命令，然后在弹出的 File 对话框中选中所要导入的文件，FLUENT 在导入过程中会报告网格的相关信息，如节点数、不同类型的单元数等。

2.　导入 FLUENT / UNS、RAMPANT 网格文件

直接在 FLUENT 中使用 File / Read / Case 命令导入。但需要注意，导入 FLUENT/UNS 网格文件后，FLUENT 只允许用户使用其分离式求解器；导入 RAMPANT 网格文件后，FLUENT 只允许使用耦合显式求解器。

3. 导入 FLUENT 4 网格文件

在 FLUENT 中使用 File / Import / FLUENT 4 Case 命令导入。注意对压力边界的处理，FLUENT4 与当前版本的 FLUENT 可能有区别，需要关注在导入过程中所给出的信息，并根据信息对网格做适当修改。

4. 导入 ICEMCFD 网格文件

ICEMCFD 可以产生两种方式的 FLUENT 网格文件，一种 FLUENT 4 方式的结构网格，另一种是 RAMPANT 方式的非结构网格。对于这两种网格，都可通过 File/Read/Case 命令导入。

5. 导入 preBFC 网格文件

preBFC 可生成结构网格或非结构网格。对于结构网格，直接在 FLUENT 中使用 File/Import/preBFC Structured Mesh 命令导入。对于非结构网格，实际为 RAMPANT 方式，通过 File/Read/Case 导入。

6. 导入 FIDAP 网格文件

在 FLUENT 中使用 File/Import/FIDAP 命令导入。

7. 导入其他 CAD/CAE 网格文件

要导入 I-DEAS、NASTRAN、PATRAN、ANSYS 等产生的网格，一般有 3 种方式可供选择：

- 将各自普通的网格先导入 TGrid 前处理软件，再由 TGrid 导出 FLUENT 网格文件。
- 直接通过 FLUENT 中的 File/Import/IDEAS Universal、File/Import/NASTRAN、File/Import/PATRAN 和 File/Import/ANSYS 命令导入。
- 在 CAD/CAE 软件中生成 FLUENT 格式的网格文件，然后在 FLUENT 中通过 File/Read/Case 导入。注意 CAD/CAE 软件中有些单元是 FLUENT 不接受的，一般只接受线性的三角形、四边形、四面体、六面体、楔形体单元。

8. 处理多重网格

有些情况下，可能需要从多个网格文件中读取信息，然后生成合并的网格。例如：对于复杂的形状来说，在生成软件时分块制作并单独保存网格文件，可能会使效率更高一些。FLUENT 并不要求各块网格在分界面处网格节点一定完全对应，因为它可以处理非一致的网格边界。读入多重网格的步骤如下：

(1) 在网格生成器中分别生成整个计算域的各块网格，将每块网格单独保存成一个网格文件。注意，如果某个网格是结构网格，必须首先使用 FLUENT 提供的转换器 fl42seg 对其进行转换。

(2) 用 TGrid 或 tmerge 转换器将各网格文件合并成一个网格文件。相对来讲，使用 TGrid 更为方便。合并的过程是，在 TGrid 中读入所有的网格文件，读入之后 TGrid 会自动合并网格，然后保存成一个网格文件即可。

(3) 将合并后的网格文件按导入 TGrid 网格文件的标准做法导入即可。

7.4.2　检查网格

在将网格导入 FLUENT 后，必须对网格进行检查，以便确定是否可直接用于 CFD 求解。选择 Grid/Check 命令，FLUENT 会自动完成网格检查，同时报告计算域、体、面、节点的统计信息。若发现有错误存在，FLUENT 会给出相关提示，用户需要按提示进行相应修改。如果 FLUENT 报告"WARNING: node on face thread 2 has multiple shadows"，说明有重复的影子节点存在。在设置周期性壁面边界时可能出现此问题，可选择 Grid/Modify-zones/Repair-periodic 命令修改。

除了检查网格的命令之外，FLUENT 还提供了以下命令：Grid/Info/Size、Grid/Info/Memory Usage、Grid/Info/Zones 和 Grid/Info/Partitions，可借助这些命令查看网格大小、内存占用情况、网格区域分布情况和分块情况。

7.4.3　显示网格

在将网格导入 FLUENT 后，用户可随时查看网格图。选择 Display / Grid 命令，弹出 Grid Display 对话框，如图 7.2 所示。

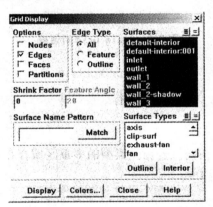

图 7.2　Grid Display 对话框

一般情况下，用户可在 Options 选项组中选中 Edges(单元边)复选框，在 Edge Type 选项组中选择 All(所有类型的边)单选按钮，在单击 Display 按钮后，便可将 Surfaces 列表框中选中的面的网格显示在图形窗口。

在 Options 选项组中，Nodes 表示显示节点，Faces 表示显示单元面(线)，Partitions 表示显示并行计算中子域边界。

在 Surfaces 列表框中给出了可供显示的所有的面。单击右上角的"二"字形图标，表示取消当前选中的面；单击"三"字形图标，表示选中所有的面。

单击 Surface Types 列表中的某项，满足该类型的所有的面被选中；单击 Outline 按钮，选中(或取消选中)所有边界上的面；单击 Interior 按钮，选中(或取消选中)所有内部边界面。单击 Colors 按钮，改变网格的颜色。

7.4.4 修改网格

对于不满意的网格，可选择相应命令对其进行修改。常用的操作包括：

1. 缩放网格

FLUENT 内部存储网格的长度单位是 m，我们在 GAMBIT 等软件中使用的是 mm，因此，在将 GAMBIT 网格导入 FLUENT 时，需要将网格缩小 1000 倍。为此，选择 Grid / Scale 命令，弹出 Scale Grid 对话框，如图 7.3 所示。在该对话框的 X 及 Y 文本框中均输入"0.001"即可。注意，FLUENT 在 Domain Extents 选项组中给出了网格整体的对角点的坐标，通过查看这个范围值可确定当前的长度单位是否需要改变。

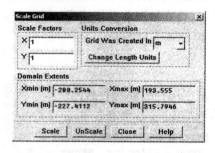

图 7.3 Scale Grid 对话框

2. 网格平移

通过 Grid/Translate 命令，可对网格进行整体平移。

3. 合并区域

通过 Grid/Merge 命令，可将具有相同类型的多重区域合并为一个。合并后，会使边界条件的设置及后处理变得更简单。

4. 分解区域

FLUENT 允许用户将单一表面或单元区域分为同一类型的多个区域。例如，在生成管道的网格时，只创建了一个壁面区域，而该壁面区域在不同的位置有不同的温度，就需要在 FLUENT 中将这个壁面区域分为多个小区域。再比如，如果想用滑移网格模型或多重参考系(MRF)进行求解，但在起初生成网格时忘记了为具有不同滑动速度的流体区域创建不同的区域，就需要将这个区域分解。该操作通过单击选择 Grid / Separate/Cells 命令完成。

5. 创建周期性区域

FLUENT 允许用户使用一致的或非一致的周期性区域建立周期性边界。如果两个区域有相同的节点和表面分布，则可以为他们创建一致的周期性边界；如果两个区域在边界上不一致，则可为它们创建非一致的周期性边界。创建两类周期性边界的命令分别是 Grid/Modify-zones/Make-periodic 和 Define/Grid-interfaces/Make-periodic。

6. 解除周期性区域

如果希望将原来已定义为周期性边界的两个区域解除关联关系，则可选择 Grid/modify-zones/slit-periodic 来实现。

7. 融合表面区域

当采用多个网格合并生成一个大的网格时，在各块网格的分界面上有两个边界区域，可选择 Grid / Fuse 命令将两个子块的网格界面溶合。

8. 将一个表面区域分割为两个表面区域

FLUENT 允许用户将任何具有双边类型的单一边界区域(即在边界的两侧均有单元存在)剪开为两个不同的区域，或者将耦合在一起的壁面区域完全解耦为两个单独的区域。当剪开表面区域后，求解器会复制所有表面和节点(位于二维的端点或三维的边上的节点除外)，其中一组表面和节点属于新生成的一个边界区域，另一组表面和节点属于另一个区域。选择 Grid/modify-zones/slit-face-zone 命令执行此操作。

9. 拉伸表面区域

该功能让用户在不退出求解器的条件下，延伸求解的计算域。选择 grid/modify-zones/extrude-face-zone-delta 执行此项操作。

10　记录计算域和子区域

记录计算域和子区域功能可以通过重新排列内存的节点、表面以及单元提高求解器的计算性能。选择 Grid/Reorder/Domain 和 GridReorder/Zones 命令可分别完成记录计算域和记录子区域的操作。然后可选择 Grid/Reorder/Print Bandwidth 命令，输出目前网格的划分。

11　删除和抑制单元区域

出于求解过程中的某些特殊考虑，我们可彻底删除一个单元区域及所有相关的表面区域，或者临时抑制某些单元区域。删除单元区域的命令是 Grid/Zone/Delete，抑制单元区域的命令是 Grid/Zone/Deactivate，激活被抑制的单元区域的命令是 Grid/Zone/Activate。

在上述操作之后，注意保存新文件。

7.4.5　光顺网格与交换单元面

如果使用的是三角形或四面体网格，当网格检查通过后，还需要光顺网格并交换单元面。光顺(smoothing)的目的是重新配置节点，交换单元面(swapping faces)的目的是修改单元连接性。该操作主要是为了改善网格质量，FLUENT 要求对三角形和四面体网格进行此操作，但不应对其他类型的网格进行此操作。

选择 Grid/Smooth/Swap 命令，打开 Smooth/Swap Grid 对话框，如图 7.4 所示。在该对话框中，单击 Smooth

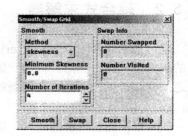

图 7.4　Smooth / Swap Grid 对话框

按钮表示光顺，单击 Swap 按钮表示交换单元面。当对话框中 Swap Info 选项组中的 Number Swapped 显示为 0 时，表示交换单元面的工作全部完成；若不为 0，需要重复单击 Swap 按钮。

7.5 选择求解器及运行环境

在准备好网格后，就需要确定采用什么样的求解器及采用什么样的工作模式。这里，FLUENT 提供了分离式和耦合式两类求解器，而耦合式求解器又分为隐式和显式两种。在计算模式方面，FLUENT 允许用户指定计算是稳态的还是非稳态的，计算模型在空间是普通的 2D 或 3D 问题，还是轴对称问题等。在运行环境方面，FLUENT 允许设置参考工作压力，还可让用户决定是否考虑重力。

7.5.1 分离式求解器

分离式求解器(segregated solver)是顺序地、逐一地求解各方程(关于 u、v、w、p 和 T 的方程)。也就是先在全部网格上解出一个方程(如 u 动量方程)后，再解另外一个方程(如 v 动量方程)。由于控制方程是非线性的，且相互之间是耦合的，因此，在得到收敛解之前，要经过多轮迭代。每一轮迭代由如下步骤组成：

(1) 根据当前的解的结果，更新所有流动变量。如果计算刚刚开始，则用初始值来更新。

(2) 按顺序分别求解 u、v 和 w 动量方程，得到速度场。注意在计算时，压力和单元界面的质量流量使用当前的已知值。

(3) 因第(2)步得到的速度很可能不满足连续方程，因此，用连续方程和线性化的动量方程构造一个 Poisson 型的压力修正方程，然后求解该压力修正方程，得到压力场与速度场的修正值(详见第 3 章)。

(4) 利用新得到的速度场与压力场，求解其他标量(如温度、湍动能和组分等)的控制方程。

(5) 对于包含离散相的模拟，当内部存在相间耦合时，根据离散相的轨迹计算结果更新连续相的源项。

(6) 检查方程组是否收敛。若不收敛，回到第(1)步，重复进行。

7.5.2 耦合式求解器

耦合式求解器(coupled solver)是同时求解连续方程、动量方程、能量方程及组分输运方程的耦合方程组，然后，再逐一地求解湍流等标量方程。由于控制方程是非线性的，且相互之间是耦合的，因此，在得到收敛解之前，要经过多轮迭代。每一轮迭代由如下步骤组成：

(1) 根据当前的解的结果，更新所有流动变量。如果计算刚刚开始，则用初始值来更新。

(2) 同时求解连续方程、动量方程、能量方程及组分输运方程的耦合方程组(后两个方程视需要进行求解)。

(3) 根据需要，逐一地求解湍流、辐射等标量方程。注意在求解之前，方程中用到的有关变量要用前面得到的结果更新。

(4) 对于包含离散相的模拟，当内部存在相间耦合时，根据离散相的轨迹计算结果更新连续相的源项。

(5) 检查方程组是否收敛。若不收敛，回到第(1)步，重复进行。

7.5.3　求解器中的显式与隐式方案

在分离式和耦合式两种求解器之中，都要想办法将离散的非线性控制方程线性化为在每一个计算单元中相关变量的方程组。为此，可采用显式和隐式两种方案实现这一线性化过程，这两种方式的物理意义如下：

- 隐式(implicit)　对于给定变量，单元内的未知量用邻近单元的已知和未知值来计算。因此，每一个未知量会在不止一个方程中出现，这些方程必须同时求解才能解出未知量的值。
- 显式(explicit)　对于给定变量，每一个单元内的未知量用只包含已知值的关系式来计算。因此未知量只在一个方程中出现，而且每一个单元内的未知量的方程只需解一次就可以得到未知量的值。

在分离式求解器中，只采用隐式方案进行控制方程的线性化。由于分离式求解器是在全计算域上解出一个控制方程的解之后才去求解另一个方程，因此，区域内每一个单元只有一个方程，这些方程组成一个方程组。假定系统共有 M 个单元，则针对一个变量(如速度 u)生成一个由 M 个方程组成的线性代数方程组。FLUENT 使用点隐式 Gauss-Seidel 方法来求解这个方程组。总体来讲，分离式方法同时考虑所有单元来解出一个变量的场分布(如速度 u)，然后再同时考虑所有单元解出下一个变量(如速度 v)的场分布，直至所要求的几个变量(如 w、p、T)的场全部解出。

在耦合式求解器中，可采用隐式或显式两种方案进行控制方程的线性化。当然，这里所谓的隐式和显式，只是针对耦合求解器中的耦合控制方程组(即由连续方程、动量方程、能量方程及组分输运方程组成的方程组)而言的，对于其他的独立方程(即湍流、辐射等方程)，仍采用与分离式求解器相同的解法(即隐式方式)来求解。

- 耦合隐式(coupled implicit)：耦合控制方程组中的每个方程在线性化时要生成一个涉及所有相关未知量的方程。如果系统中耦合的控制方程有 N 个(一般是 3～6)，总共有 M 个单元，则针对计算域中每个单元生成 N 个线性方程。系统总共有 $M \times N$ 个方程。因为每一个单元中有 N 个方程，所以称这种方程组为分块方程组。FLUENT 将点隐式 Gauss-Seidel 方法与代数多重网格(AMG)方法结合在一起来求解分块方程组。总的来讲，耦合隐式方案最后同时解出所有单元内的变量(u、v、w、p 和 T)。
- 耦合显式(coupled explicit)：耦合的一组控制方程都用显式的方式线性化。和隐式方案一样，通过这种方案也会得到区域内每一个单元具有 N 个方程的方程组。然而，方程中的 N 个未知量都是用已知值显式地表示出来，但这 N 个未知量是耦合的。正因为如此，不需要线性方程求解器。取而代之的，是使用多步(Runge-Kutta)方法来更新各未知量。总的来讲，耦合显式方案同时求解一个单元内的所有变量 (u、v、w、p 和 T)。

7.5.4　求解器的比较与选择

分离式求解器以前主要用于不可压流动和微可压流动，而耦合式求解器用于高速可压流动。现在，两种求解器都适用于从不可压到高速可压的很大范围的流动，但总的来讲，当计算高速可压流动时，耦合式求解器比分离式求解器更有优势。

FLUENT 默认使用分离式求解器，但是，对于高速可压流动、由强体积力(如浮力或者旋转力)导致的强耦合流动，或者在非常精细的网格上求解的流动，需要考虑耦合式求解器。耦合式求解器耦合了流动和能量方程，常常很快便可以收敛。耦合隐式求解器所需内存大约是分离式求解器的 1.5 到 2 倍，选择时可以根据这一情况来权衡利弊。在需要耦合隐式的时候，如果计算机的内存不够，就可以采用分离式或耦合显式。耦合显式虽然也耦合了流动和能量方程，但是它还是比耦合隐式需要的内存少，当然它的收敛性也相应差一些。

需要注意的是，在分离式求解器中提供的几个物理模型，在耦合式求解器中是没有的。这些物理模型包括：流体体积模型(VOF)、多项混合模型、欧拉混合模型、PDF 燃烧模型、预混合燃烧模型、部分预混合燃烧模型、烟灰和 NOx 模型、Rosseland 辐射模型、熔化和凝固等相变模型、指定质量流量的周期流动模型、周期性热传导模型和壳传导模型等。而下列物理模型只在耦合式求解器中有效，在分离式求解器中无效：理想气体模型、用户定义的理想气体模型、NIST 理想气体模型、非反射边界条件和用于层流火焰的化学模型。

一旦决定了采用何种求解器后，便可通过 Solver 对话框在 FLUENT 中设定计划采用的求解器。方法是，单击 Define/Models/Solver 命令，弹出如图 7.5 所示对话框。

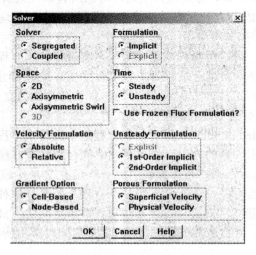

图 7.5　Solver 对话框

可在该对话框的 Solver 和 Formulation 选项组中选择合适的选项，从而设置所使用的求解器。其他各选项和方式见下一小节。

7.5.5　计算模式的选择

除了设置求解器格式外，用户还需要告诉 FLUENT 采用什么样的计算模式，如模型在空间上具有什么样的特征，在时间上是稳态还是非稳态等。这些信息，也通过图 7.5 所示的 Solver 对话框来输入。

在 Space 选项组中，可选择所计算的对象所具有的空间几何特征：2D(二维)、3D(三维)、Axisymmetric(轴对称)及 Axisymmetric Swirl(轴对称回转)。

在 Time 选项组可指定所求解的问题在时间上是 Steady(稳态)还是 Unsteady(非稳态)。

在 Velocity Formulation 选项组可指定在计算时速度是按 Absolute(绝对速度)还是 Relative(相对速度)处理。注意，Relative 选项只用于分离式求解器。

在 Gradient Option 选项组中，指定通过哪种压力梯度来计算控制方程中的导数项。方式有二：Cell-Based(按单元中的压力梯度计算)和 Node-Based(按节点的压力梯度计算)。

Porous Formulation 选项组用于指定多孔介质速度的方法。

如果在 Time 选项组中选择了 Unsteady，还会出现 Unsteady Formulation 选项组，让用户决定时间相关项的计算公式及方法。对于绝大多数问题，选择 1st-Order Implicit(一阶隐式)就已足够。只有对精度有特别要求时，才选择 2nd-Order Implicit(二阶隐式)。而 Explicit 选项只对耦合显式求解器有效。

在完成对求解器及相关的设置后，选择 File / Write / Case 命令，FLUENT 将结果保存到案例文件(*.cas)。

7.5.6　运行环境的选择

1.　参考压力的选择

在 FLUENT 中，压力(包括总压和静压)都是相对压力值(gauge pressure)，即相对于运行参考压力(operating pressure)而言的。当需要绝对压力时，FLUENT 会把相对压力与这一参考压力相加后输出给用户。

参考压力的数值是由用户提前设定的。选择 Define / Operating Conditions 命令，弹出 Operating Conditions 对话框，如图 7.6 所示。用户可在此对话框中设置参考压力的大小。如果用户不设置参考压力大小，则默认为标准大气压，即 101325Pa。

对于不可压流动，若边界条件中不包含有压力边界条件时，用户应设置一个参考压力位置。在计算中，FLUENT 强制这一点的相对压力值为 0。实际上，FLUENT 在每轮迭代结束后，都要将整个压力场均减去这个参考压力位置的压力值，从而使得所有点的压力均按照参考压力位置的值来度量。如果用户不指定参考压力位置，则默认为(0,0,0)点。

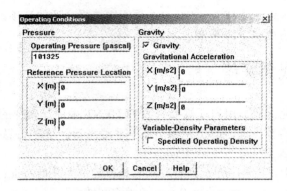

图 7.6　Operating Conditions 对话框

2.　重力选项

如果所计算的问题需要计及重力影响，需要选中 Operating Conditions 对话框中的 Gravity 复选框。同时在 X、Y 及 Z 3 个方向上指定重力加速度的分量值。默认情况下，FLUENT 是不计重力影响的。

7.6　确定计算模型

在准备好网格，并选择了求解器的格式后，就需要决定采用什么样的计算模型，即通知 FLUENT 是否考虑传热，流动是无粘、层流还是湍流，是否多相流，是否包含相变，计算过程中是否存在化学组分变化和化学反应等。如果用户对这些模型不作任何设置，在默认情况下，FLUENT 将只进行流场求解，不求解能量方程，认为没有化学组分变化，没有相变发生，不存在多相流，不考虑氮氧化合物污染。下面对相关模型及其激活方法作一简介。

7.6.1　多相流模型

FLUENT 提供了 3 种多相流模型(Multiphase Model)：VOF(Volume of Fluid)模型、Mixture(混合)模型和 Eulerian(欧拉)模型。选择 Define / Models / Multiphase 命令，弹出 Multiphase Model 对话框，如图 7.7 所示。

默认状态下，FLUENT 屏蔽多相流计算，即 Multiphase Model 对话框的 Off 单选按钮处于选中状态。当用户选择了某种多相流模型时，对话框会进一步展开，以包含相应模型的有关参数。图 7.7 是选择 Volume of Fluid 单选按钮后得到的结果。下面对 3 种多相流模型逐一进行简介。

1.　VOF 模型

该模型通过求解单独的动量方程和处理穿过区域的每一流体的容积比来模拟两种或 3 种不能混合的流体。典型的应用包括流体喷射、流体中大泡运动、流体在大坝坝口的流动、气液界面的稳态和瞬态处理等。

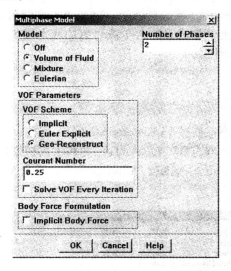

图 7.7　Multiphase Model 对话框

2.　Mixture 模型

这是一种简化的多相流模型,用于模拟各相有不同速度的多相流,但是假定了在短空间尺度上局部的平衡。相之间的耦合应当是很强的。它也用于模拟有强烈耦合的各向同性多相流和各相以相同速度运动的多相流。典型的应用包括沉降(sedimentation)、气旋分离器、低载荷作用下的多粒子流动、气相容积率很低的泡状流。

3.　Eulerian 模型

该模型可以模拟多相分离流及相互作用的相,相可以是液体、气体、固体。与在离散相模型中 Eulerian-Lagrangian 方案只用于离散相不同,在多相流模型中 Eulerian 方案用于模型中的每一相。

7.6.2　能量方程

FLUENT 允许用户决定是否进行能量方程(Energy Equation)的计算。选择 Define /
Models / Energy 命令,弹出 Energy 对话框,如图 7.8 所示。

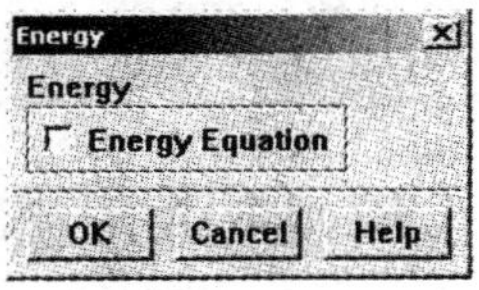

如果用户选中 Energy Equation 复选框,则表示计算过程中要使用能量方程,考虑热交换。对于一般的液体流动问题,如水利工程及水力机械流场分析,可不考虑传热;而在气体流动模拟时,往往需要考虑传热。

在 FLUENT 中使用其他模型时,如果考虑传热,用户需要激活相应的模型、提供热边界条件、给出控制传热和(或)依赖于温度而变化的各种介质参数。

图 7.8　Energy 对话框

如果模拟的是粘性流动,并且希望在能量方程中包含粘性生成热,在下面要介绍的

Viscous Model 对话框中激活 Viscous Heating 选项(这一选项仅在激活能量方程的前提下出现，且只能用于分离式求解器)。默认状态下，FLUENT 在能量方程中忽略了粘性生成热，而耦合式求解器则包含有粘性生成热。对于流体剪切应力较大(如流体润滑问题)和高速可压流动，用户应该考虑粘性耗散。

7.6.3 粘性模型

FLUENT 共提供了 7 种粘性模型(Viscous Model)：无粘、层流、Spalart-Allmaras 单方程、k-ε 双方程模型、k-ω 双方程、Reynolds 应力和大涡模拟模型，其中大涡模拟模型只对三维问题有效。选择 Define / Models / Viscous 命令，弹出 Viscous Model 对话框，如图 7.9 所示。

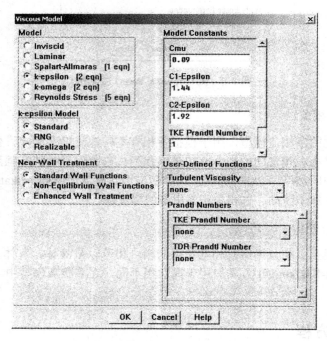

图 7.9 Viscous Model 对话框

Viscous Model 对话框显示出了可供选择的湍流模型。在默认情况下，FLUENT 只进行无粘计算，即 Viscous Model 对话框的 Inviscid 单选按钮为选中状态。各种模型的基本特性如下：

1. Inviscid 模型

进行无粘计算。

2. Laminar 模型

用层流的模型进行流动模拟。层流模拟同无粘模拟一样，不需要用户输入任何与计算模型有关的参数。

3　Spalart-Allmaras(1 eqn)模型

用 Spalart-Allmaras 单方程模型进行湍流计算。这是用于求解动力涡粘输运方程的相对简单的一种模型，它包含了一组最新发展的单方程模型，在这些方程里不必要去计算和局部剪切层厚度相关的长度尺度。Spalart-Allmaras 模型是专门用于求解航空领域的壁面限制流动，对于受逆压力梯度作用的边界层流动，已取得很好的效果，在透平机械中的应用也越来越普遍。

原始的 Spalart-Allmaras 模型实际是一种低雷诺数模型，要求在近壁面区的网格划分得很细。但在 FLUENT 中，由于引入了壁面函数法，这样，Spalart-Allmaras 模型用在较粗的壁面网格时也可取得较好的结果。因此，当精确的湍流计算并不是十分需要时，这种模型是最好的选择。需要注意的是，Spalart-Allmara 模型是一种相对比较新的模型，现在不能断定它适用于所有类型的复杂工程流动。单方程模型经常因为对长度尺度的变化不敏感而受到批评，例如，当壁面约束流动突然转变为自由剪切流时，就属于这种情况。

4.　k-epsilon(2 eqn)模型

使用 k-ε 双方程模型进行湍流计算。该模型又分为标准 k-ε 模型、RNG k-ε 模型和 Realizable k-ε 模型 3 种。3 种模型的特点在本书第 4 章有介绍。这类模型是目前粘性模拟使用最广泛的模型。各种模型需要输入的参数不同，这些参数在第 4 章中有相应介绍。用户在初次使用 FLUENT 时，可暂时用其默认值，待以后有经验时再修正。

5.　k-omega(2 eqn)模型

使用 k-ω 双方程模型进行湍流计算。k-ω 双方程模型分为标准 k-ω 模型和 SST k-ω 模型。标准 k-ω 模型基于 Wilcox k-ω 模型，在考虑低雷诺数、可压缩性和剪切流特性的基础上修改而成。Wilcox k-ω 模型在预测自由剪切流传播速率时，取得了很好的效果，成功应用于尾迹流、混合层流动、平板绕流、圆柱绕流和放射状喷射。因而，可以说该模型能够应用于壁面约束流动和自由剪切流动。SST k-ω 模型的全称是剪切应力输运(shear-stress transport)k-ω 模型，是为了使标准 k-ω 模型在近壁面区有更好的精度和算法稳定性而发展起来的，也可以说是将 k-ε 模型转换到 k-ω 模型的结果。因此，SST k-ω 模型在许多时候比标准 k-ω 模型更有效。

6.　Reynolds Stress 模型

使用 Reynolds 应力模型(RSM)进行湍流计算。在 FLUENT 中，Reynolds 应力模型是最精细制作的湍流模型。它放弃了各向同性的涡粘假定，直接求解 Reynolds 应力方程。由于它比单方程和双方程模型更加严格地考虑了流线弯曲、旋涡、旋转和张力快速变化，它对于复杂流动总体上有更高的预测精度。但是，为使 Reynolds 方程封闭而引入了附加模型(尤其是对计算精度有重要影响的压力应变项和耗散率项模型)，也会使这种方法的预测结果的真实性受到挑战。

总体来讲，Reynolds应力模型的计算量很大。当要考虑Reynolds应力的各向异性时，例如飓风流动、燃烧室高速旋转流、管道中二次流，必须用Reynolds应力模型。

7.　Large Eddy Simulation 模型

使用大涡模拟(LES)模型进行湍流计算。该模型只对三维问题有效，是目前比较有潜力的湍流模型。在本书第4章中有关于其特性的介绍。

在上述几种湍流模型中，从计算的角度看，Spalart-Allmaras模型在FLUENT中是最经济的湍流模型。标准 $k\text{-}\varepsilon$ 模型比Spalart-Allmaras模型耗费更多的计算资源。Realizable $k\text{-}\varepsilon$ 模型比标准 $k\text{-}\varepsilon$ 模型需要稍多一点的计算资源。而RNG $k\text{-}\varepsilon$ 模型由于在控制方程中有额外的函数和非线性，因而比标准 $k\text{-}\varepsilon$ 模型多消耗10%～15%的CPU时间。$k\text{-}\varepsilon$ 模型也是两方程模型，计算时间与 $k\text{-}\varepsilon$ 相当。

与 $k\text{-}\varepsilon$ 模型和 $k\text{-}\varepsilon$ 模型相比，RSM因为增加了Reynolds应力方程而需要更多的内存和CPU时间。然而，FLUENT的有效程序设计，使RSM算法并没有在CPU时间方面增加很多。在每个迭代法中，RSM比 $k\text{-}\varepsilon$ 模型和 $k\text{-}\varepsilon$ 模型要多耗费50%～60%的CPU时间，以及多需要15%～20%的内存。

7.6.4　辐射模型

FLUENT 共提供了 5 种辐射模型(Radiation Model)：Rossland(Rossland 辐射模型)、P1(P1辐射模型)、RTRM(离散传播辐射模型)、S2S(表面辐射)和 DO(离散坐标辐射模型)。借助这些辐射模型，用户可以在其计算中考虑由于辐射而引起的加热/冷却等。一旦使用了辐射模型，每轮迭代过程中能量方程的求解计算就会包含有辐射热流。同时，若用户激活了辐射模型，FLUENT 就会自动激活能量方程的计算。

选择 Define/Models/Radiation 命令，将弹出 Radiation Model 对话框，如图 7.10 所示。

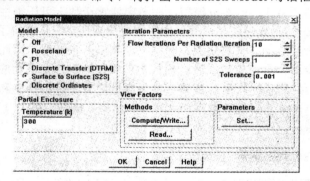

图 7.10　Radiation Model 对话框

Radiation Model 对话框显示出了可供选择的辐射模型。在默认情况下，FLUENT 是屏蔽辐射热传导计算的，即 Radiation Model 对话框的 Off 单选按钮为选中状态。一旦选择了某种辐射模型，对话框将会扩展以包含该模型相应的设置参数。注意，辐射模型只能使用分离式求解器。

辐射模型能够应用的典型场合包括：火焰辐射传热，表面辐射换热，导热、对流与辐射的耦合问题，采暖、通风、空调中通过窗口的辐射换热及汽车车厢的传热分析，玻璃加工及玻璃纤维拉拔和陶器加工等。关于辐射模型的特性及用法，见 FLUENT 用户手册。

7.6.5　组分模型

组分模型(Species Model)用于对化学组分的输运和燃烧等化学反应进行模拟。FLUENT 提供的组分模型包括：Generalized finite-rate model(通用有限速率模型，即 Species Transport)、Non-premixed combustion model(非预混燃烧模型)、Premixed combustion model(预混燃烧模型)、Partially premixed combustion model(部分预混合燃烧模型)和 Composition PDF Transport model(组分 PDF 输运模型)。

选择 Define/Models/Species 命令，弹出 Species Model 对话框，如图 7.11 所示。

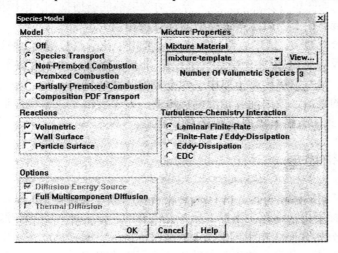

图 7.11　Species Model 对话框

Species Model 对话框显示出了可供选择的组分模型。在默认情况下，FLUENT 屏蔽组分计算，即 Species Model 对话框的 Off 单选按钮为选中状态。一旦选择了某种组分模型，对话框将会扩展以包含该模型相应的设置参数。各种模型的基本特性如下：

1.　Species Transport 模型

该模型实际对应于通用有限速率模型，它建立在对组分输运方程的解的基础上，同时采用了用户所定义的化学反应机制。以源项的形式出现在组分输运方程中的反应率是该模型的关键，该反应率可在 Arrhenius 速率表达式等三种模型中计算得到。

2.　Non-premixed combustion 模型

在非预混和燃烧模型中，并不是解每一个组分输运方程，而是解一个或两个守恒标量(混和份额)的输运方程，然后从预测的混合份额分布推导出每一个组分的浓度。该模型主要为模拟湍流扩散火焰而设计，并在此方面比有限速率模型有更多优势。

3.　Premixed combustion 模型

预混和燃烧模型主要用于完全预混合的燃烧系统。在这些问题中，充分混合的反应物和燃烧产物被火焰前缘分开。通过求解反应发展变量来预测前缘的位置。湍流的影响是通过湍流火焰速度来考虑的。

4.　Partially premixed combustion 模型

部分预混燃烧模型是用于描述非预混燃烧和完全预混燃烧结合的系统。在这种模型法中，通过分别求解混合份额方程和反应发展变量来确定组分浓度和火焰前缘位置。

5.　Composition PDF Transport 模型

部分 PDF 输运模型模拟湍流火焰中真实的有限率化学反应现象。在该模型中使用了概率密度函数(probability density function，PDF)。借助该模型，任意化学机制都能输入到 FLUENT 中，如非均衡组分及点火／熄灭等运动效果都能被捕捉到。该模型可应用于预混、非预混及部分预混火焰中，但注意该模型的计算量相当大。

在上述各组分模型中，通用有限速率模型主要用于化学组分混合、输运和反应的问题，壁面或粒子表面反应的问题(如化学蒸气沉积)。非预混燃烧模型主要用于包含有湍流扩散火焰的反应系统。预混燃烧模型主要用于完全预混的燃烧反应系统。对于区域内具有变等值比的预混火焰的模拟，使用部分预混燃烧模型。对于有限率化学反应非常重要的湍动火焰，使用 EDC 格式的有限率模型或 PDF 输运模型。

7.6.6　离散相模型

除了求解连续相的输运方程，FLUENT 也可以借助离散相模型(Discrete Phase Model)在 Lagrangian 坐标下模拟流场中离散的第二相(discrete phase)。由球形颗粒(代表液滴或气泡)构成的第二相分布在连续相中。FLUENT 可以计算这些颗粒的轨道以及由颗粒引起的热量/质量传递。相间耦合及耦合结果对离散相轨迹、连续相流动的影响均可考虑进去。借助 FLUENT 提供的离散相模型，可以用 Lagrangian 公式计算离散相的运动轨迹，预测连续相中由于湍流涡旋的作用而对颗粒造成的影响，离散相的加热或冷却，液滴的蒸发与沸腾，液滴的迸裂与合并，模拟煤粉燃烧，以及连续相与离散相间的耦合等。

选择 Define/Models/Discrete Phase 命令，弹出 Species Model 对话框，如图 7.12 所示。

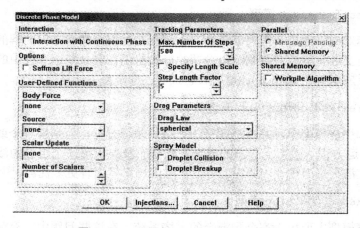

图 7.12　Discrete Phase Model 对话框

　　该对话框允许用户设置与粒子的离散相的计算相关的参数，包括是否激活离散相与连续相间的耦合计算，设置粒子轨迹跟踪的控制参数，设置计算中使用的其他模型，设置用于计算粒子上力平衡的阻力律，设置液滴破碎及碰撞的有关参数，以及通过用户自定义函数引入的对离散相模型的定制。

7.6.7　凝固和熔化

　　FLUENT 可用来求解包含有凝固(solidification)和(或)熔化(melting)的流体流动问题，这种凝固和熔化现象可以在一特定温度下发生(如纯金属的熔化)，也可在一个温度范围内发生(如二元合金的熔化)。液固模糊区域按多孔介质来处理，多孔部分等于液体所占份额，一个适当的动量"容器"被引入到动量方程以考虑因固体材料的存在而引起的压降。在湍流方程中也同样引入了一个"容器"以考虑在固体区域中减少的多孔介质。借助 FLUENT 的凝固和熔化模型，可以计算纯金属及二元合金的液固凝结和熔化，模拟连续的铸造过程，模拟因空气间隙导致的固化的材料与壁面之间的热接触阻抗，模拟带有凝固和熔化的组分传输等。

　　选择 Define/Models/Solidification & Melting 命令，弹出 Solidification and Melting 对话框，如图 7.13 所示。

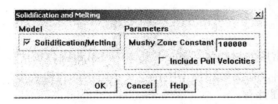

图 7.13　Solidification and Melting 对话框

　　默认情况下，FLUENT 是不进行凝固和熔化计算的。如果用户选中 Solidification / Melting 复选框，则表示计算过程中要进行凝固和熔化计算，同时需要用户给出 Mushy Zone Constant 值，用户给出 10e+4～10e+7 之间的一个数即可。激活该模型后，还需要同时在材料特性及边界条件中作相应设置。

7.6.8　声学特性

　　FLUENT 可以用来预测空气动力学所产生的声学特性(Acoustics)，如噪声。在 Define/Models/Acoustics 命令下，有 Models & Parameters、Sources、Receivers、Read & Compute Sound 4 个命令，分别用于设置声学模型和参数、声源、声音接收位置，以及读取和计算声压信号的有关文件。

7.6.9　污染物模型

　　FLUENT 提供了污染物模型(Pollutants)，用以模拟 NO_x 及烟灰形成的过程。NO_x 排放主要是一氧化氮(NO)。其次是二氧化氮(NO_2)和一氧化二氮(N_2O)。NO_x 会导致光化学雾、酸雨和臭氧损耗等。因此，NO_x 是一种污染物。FLUENT 中的 NO_x 模型提供了一种理解 NO_x 产生源和帮助设计 NO_x 控制方法的工具。选择 Define/Models/Pollutants/NO_x 命令，可设置模拟 NO_x 的相关参数。选择 Define/Models/Pollutants/Soot 命令，可设置模拟燃烧系统中烟灰形成过程的相关参数。

在全部模型设置完成后，选择 File/Write/Case 命令，FLUENT 将结果保存到案例文件(*.cas)中。

7.7　定　义　材　料

在 FLUENT 中，流体和固体的物理属性都用材料(material)这个名称来一并表示。FLUENT 要求为每个参与计算的区域指定一种材料。FLUENT 在其材料数据库中已经提供了如 air(空气)和 water(水)等一些常用材料，用户可从中复制过来直接使用，或修改后使用。当然，用户还可创建新的材料。一旦这些材料被定义好以后，便可使用下一节要介绍的设置边界条件的过程将材料分配给相应的边界区域。本节只介绍如何定义材料，下一节介绍如何使用已定义的材料。

7.7.1　材料简介

在 FLUENT 中，常用的材料包括 Fluid(流体)与 Solid(固体)两种，在组分计算中专门定义了 Mixture(混合)材料，在离散相模型中还定义了附加的材料类型。

Fluid 材料包含的属性有：

- 密度或分子量(Density and/or molecular weights)
- 粘度(Viscosity)
- 比热容(Heat capacity)
- 热传导系数(Thermal conductivity)
- 质量扩散系数(Mass diffusion coefficients)
- 标准状态焓(Standard state enthalpies)
- 分子运动论参数(Kinetic theory parameters)

Solid 材料只有密度、比热容和热传导系数属性(对于模拟辐射时使用的半透明性质的固体材料，允许附加辐射属性)。

在使用分离式求解器时，固体材料不需要密度和比热容属性，除非模拟非稳态流动或固体区域是运动的。在稳态流动计算时，虽然在属性列表中出现比热容，但只是在处理焓时才使用，并不参与流动计算。

7.7.2　定义材料的方法

FLUENT 预定义了一些材料，用户可自定义新材料，还可从材料数据库中复制已有材料，或者修改已有材料。所有材料的定义、复制与修改，都是通过 Materials 对话框来实现的。选择 Define / Materials 命令，弹出图 7.14 所示的 Materials 对话框。

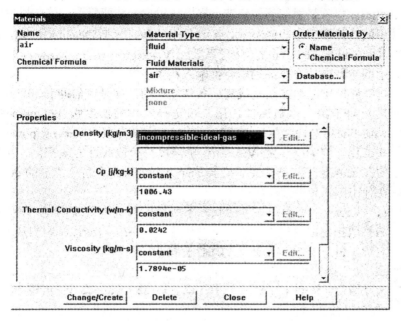

图 7.14 Materials 对话框

在对话框中，可在相应条目下选择或输入相关数据，从而实现对材料的创建、修改或删除。下面结合主要条目的说明来介绍对话框的使用。

- Name：显示当前材料的名称。如果用户要生成新材料，无论是采用创建还是采用复制的方法，可在此输入所要生成的材料名称。如果要修改已存在的材料，则需要从右边的 Fluid Materials(或 Solid Materials，这取决于在 Material Type 项中的选择)下拉列表中选择已有材料。

- Chemical Formula：显示材料的化学式。一般情况下，用户不应修改这个文本框，除非自己创建全新的材料。

- Material Type：该下拉列表框包含有所有可用的材料类型清单。FLUENT 默认的材料类型只有 fluid(流体)和 solid(固体)。如果模拟组分输运，FLUENT 会增加 mixture(混合)材料类型。如果模拟离散相，还可能出现其他类型。

- Fluid Materials / Solid Materials：该下拉列表框包含与在 Material Type 中所选材料类型相对应的已定义的全部材料清单。用户可以从这个列表中选择一个材料进行修改或删除。

- Order Materials By：允许用户对已存在的材料名称进行排序。排序方式可按 Name(名称)或 Chemical Formula(化学式)。

- Database：打开 FLUENT 提供的材料数据库，用户可从中复制预定义的材料到当前求解器中。数据库提供了许多常用的材料。例如，可从数据中将 water(水)复制过来，然后在这个对话框中对其做适当修改(如果需要的话)，water 便成了当前求

解器中可以使用的材料。默认情况下，只有数据库中的 air(空气)和 aluminum(铝)
出现在当前求解器中。

- Properties：包含材料的各种属性，用以让用户确认或修改。这些属性的范围因当前使用的计算模型不同而不同。经常使用的条目包括 Density(密度)、c_p(常压比热容)、Thermal conductivity(热传导系数)、Viscosity(粘度)等，用户可根据自己求解问题中的实际流体介质的物理特性输入相关参数。

  注意有些属性可能是随温度或其他条件变化的，这时可借助 profile 文件来设置这些特性。对于绝大多数属性，用户可选择它们随温度按 polynomial(多项式)、piecewise-linear(分段线性)、piecewise-polynomial(分段多项式)或 power-low(幂指数)等形式变化。例如，假定 Viscosity 随温度呈分段线性方式变化，则可从图 7.14 所示的 Viscosity 下拉列表中，选择 piecewise-linear 来替代当前的 constant(常数)，然后在弹出的对话框中，输入相关的系数即可。

- Change / Create：使用户在当前状态下所做的修改生效或创建一种新材料。如果当前名称所指定的材料不存在，则创建它。如果用户修改了材料属性，但没有改变其名称，FLUENT 将用修改的属性直接更新材料。

- Delete：从当前计算模型的材料清单中删除所选定的材料。

在材料定义完成后，从 FLUENT 中选择 File / Write / Case 命令，可将当前定义的材料全部保存到案例文件(*.cas)中。

7.8 设置边界条件

在导入网格并经过检查没有任何问题，并已按 7.5 节和 7.6 节的方法确定了求解器的格式及使用的各个计算模型后，就可按本节介绍的方法设置边界条件。本节只介绍设计边界条件的总体方法和过程，下一节介绍各种常用的边界条件。

7.8.1 FLUENT 提供的边界条件类型

FLUENT 提供了数十种边界条件，分成四大类，表 7.2 给出了基本的边界条件。

表 7.2　FLUENT 提供的基本边界条件类型

类别	边界条件名称	物理意义
进口边界、出口边界	速度进口 (velocity inlet)	用于定义流动进口边界处的速度和流动的其他标量型变量
	压力进口 (pressure inlet)	用来定义流动进口边界的总压(总能量)和其他标量型变量(如温度)，即进口边界上总压等标量型变量是固定的
	质量进口 (mass flow inlet)	用来规定进口的质量流量，即进口边界上质量流量固定，而总压等可变。该边界条件与压力进口边界条件相反。该边界条件只用于可压流动，对于不可压流动，请使用速度进口边界条件

续表

类别	边界条件名称	物理意义
进口边界、出口边界	出流(outflow)	用于规定在求解前流速和压力未知的出口边界。该边界条件适用于出口处的流动是完全发展的情况。在该边界上，用户不需定义任何内容(除非模拟辐射传热、离散相及多口出流)。该条件不能用于可压流动。该条件也不能与压力进口边界条件一起使用，这时可用压力出口边界条件
	压力出口(pressure outlet)	用于定义流动出口的静压(如果有回流存在，还包括其他的标量型变量)。当有回流时，使用压力出口边界条件来代替出流边界条件常常有更好的收敛速度
	压力远场(pressure far-field)	用来描述无穷远处的自由可压流动。该边界条件只用于可压流动，气体的密度通过理想气体定律来计算。为了得到理想计算结果，要将该边界远离我们所关心的计算区域。
	进风口(inlet vent)	用于描述具有指定的损失系数、流动方向、周围(进口)总压和温度的进风口
	排风口(outlet vent)	用于描述具有指定的损失系数、周围(排放处)的静压和温度的排风口
	进气扇(intake fan)	用于描述具有指定的压力阶跃、流动方向、周围(进口)总压和温度的外部进气扇
	排气扇(exhaust fan)	用于描述具有指定的压力阶跃、周围(排放处)的静压的外部排气扇
壁面、重复、轴类边界	壁面(wall)	用于限定流体和固体区域。在粘性流动中，壁面处默认为无滑移边界条件，但用户可以根据壁面边界区域的平移或者转动来指定一个切向速度分量，或者通过指定剪切来模拟一个"滑移"壁面
	对称(symmetry)	用于物理外形以及所期望的流动的解具有镜像对称特征的情况，也可用来描述粘性流动中的零滑移壁面。在对称边界上，不需要定义任何边界条件，但必须定义对称边界的位置。注意，对于轴对称问题中的中心线，应使用轴边界条件来定义，而不是对称边界条件
	周期(periodic)	用于所计算的物理几何模型和所期待的流动的解具有周期性重复的情况
	轴(axis)	用于描述轴对称几何体的中心线。在轴边界上，不必定义任何边界条件
内部单元区域	流体(fluid)	流体区域是一个单元组，所有激活的方程(在 7.6 节选定计算模型后就被激活)都要在这些单元上进行求解。向流体区域输入的信息只是流体介质(材料)的类型。对于当前材料列表中没有的材料，需要用户自行定义。注意，多孔介质也当作流体区域对待
	固体(solid)	固体区域也是一个单元组，只不过这组单元仅用来进行传热求解计算，不进行任何流动计算。作为固体处理的材料可能事实上是流体，但是假定其中没有对流发生。固体区域仅需要输入材料类型

类别	边界条件名称	物理意义
内部表面边界	风扇(fan)	风扇是集总参数模型,用于确定具有已知特性的风扇对于大流域流场的影响。这种边界条件允许用户输入风扇的压力与流量关系曲线,给定风扇旋流速度的径向和切向分量。风扇模型并不提供对风扇叶片上的流动的详细描述,它只预测通过风扇的流量
	散热器(radiator)	是热交换器(如散热器或冷凝器)的集总参数模型,用于模拟热交换器对流场的影响。在这种边界条件中,允许用户指定压降与传热系数作为正对着散热器方向的速度的函数
	多孔介质阶跃(porous jump)	用于模拟速度和压降特性均为已知的薄膜。它本质上是内部单元区域中使用的多孔介质模型的一维简化。这种边界条件可用于通过筛子和过滤器的压降模拟,及不考虑热传导影响的散热器模拟。该模型比完整的多孔介质模型更可靠、更容易收敛,应尽可能采用
	内部界面(interior)	用在两个区域(如水泵中同叶轮一起旋转的流体区域与周围的非旋转流体区域)的界面处,将两个区域"隔开"。在该边界上,不需要用户输入任何内容,只需指定其位置

💡 **注意:** 表 7.2 中最后一类边界条件,即"内部表面边界",是定义在单元表面上的,这意味着它们是没有厚度的,但由此可以引入流场特性的分步变化情况。

7.8.2　设置边界条件的方法

在 FLUENT 中设置边界条件之前,需在生成网格模型时,就将具有不同边界条件类型的边界和区域标记出来。进入 FLUENT 后,通过 Boundary Conditions 对话框来完成设置边界条件的工作。选择 Define / Boundary Conditions 命令,弹出图 7.15 所示的 Boundary Conditions 对话框。

在该对话框中,左侧的 Zone 列表自动显示出在生成网格模型时所设置的各边界和区域的名称,右侧的 Type 列表显示出对应的边界条件类型。现将有关操作方式介绍如下。

1.　设置边界条件

为了给一个特定的区域设置边界条件,可单击 Zone 列表中的边界或区域名称,从 Type 列表中单击边界类型,然后选择 Set 按钮,FLUENT 会弹出相应的对话框,例如,Velocity Inlet 对话框。用户在新对话框中可为当前边界设置具体数值。设置的方法有两种,一是直接在对话框中输入数值,二是利用 Profile 文件。在 7.9 节将结合常用边界条件介绍直接在对话框中输入数值的方法,在 7.14 节将介绍通过 Profile 文件输入数据的方法,在 7.13 节结合具体实例演示如何设置进口速度、壁面、出口、内部边界(interior)、fluid 区域、旋转参考系等类型的边界条件。

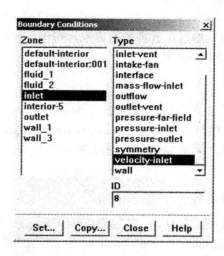

图 7.15　Boundary Conditions 对话框

2.　改变边界类型

某些时候，需要对边界的类型进行更改。例如，如果在生成网格时指定某边界是压力进口，但是你现在想使用速度进口，这就需要先把压力进口改为速度进口，然后才能进行边界条件的设置。改变边界类型的步骤是：在 Zone 列表中选定所要修改的边界区域，在 Type 列表中选择正确的边界区域类型，然后在出现的确认此更改的对话框中，单击 Yes 按钮。接着，弹出相应对话框，让用户输入边界条件的相关数值。

💡 注意：　不能将当前边界修改为任意其他类型，只能修改为同类别的边界。表 7.3 列出了边界的类型转换限制，只能在表中每一个类别中改变边界类型。

表 7.3　边界类型转换限制表

类　　别	边界区域
面(Faces)	轴、出流、质量进口、压力远场、压力进口、压力出口、对称边界、速度进口、壁面、进风口、进气扇、排风口、排气扇
双重面(Double-Sided Faces)	风扇、内部界面、多孔介质阶跃、散热器、壁面
周期(Periodic)	周期边界
单元(Cells)	流体、固体(多孔介质按流动区域对待)

3.　复制边界条件

对于系统中具有相同或相近边界条件的区域，可采用复制边界条件的方法快速地设置边界条件。方法是，在 Boundary Conditions 对话框中，单击 Copy 按钮，将弹出 Copy BCs 对话框。然后选中要复制的源和目标即可。

4.　在图形区选择边界区域

在 Boundary Conditions 对话框中，边界区域是以名称(代号)表示的，不直观。在为边界区域设置边界条件时,可用鼠标在图形窗口选择适当的区域。方法是,先选择 Display/Grid 命令显示计算模型的网格图,然后在所需要的边界上右击,选中的边界区域将自动出现在 Boundary Conditions 对话框的 Zone 列表中。

5.　改变边界区域名称

在默认情况下,边界区域是以其类型名加一个编号组成,如 pressure-inlet-3。为使其名称所指更明确,可修改这个默认名称。方法是,从 Boundary Conditions 对话框的 Zone 列表中选择要重命名的边界区域,单击 Set 按钮,打开新的对话框,在 Zone Name 文本框中输入新名称。

6.　定义非均匀的边界条件

当某一边界上的物理量不是常数时,其边界条件可通过 profile 文件来设置。在这个文件中,可使用各种数据,包括实验数据和前面求解得到的结果数据,还可使用用户自定义函数(UDF)功能定义的函数。

7.　定义随时间变化的边界条件

随时间变化的边界条件是瞬态边界条件,FLUENT 只允许边界值随时间变化,在空间上必须是均匀的。要设置这类边界条件,必须使用瞬态信息文件(Transient profile)。详细内容参见 FLUENT 用户手册[7]。

8.　保存边界条件

选择 File/Write/Case 命令,可将当前设置的边界条件保存为案例文件(*.cas)。为不同的边界条件组合,可保存为不同的案例文件。

7.8.3　给定湍流参数

在进行流动与传热计算时,多数情况下流动处于湍流状态,这样,在计算区域的进口、出口及远场边界,就需要给定输运的湍流参数。本节介绍对于一些常用的计算模型来讲,哪些湍流参数需要给定,以及如何给定。

1.　需要用户给定的湍流参数

无论用户使用哪种进口、出口及远场边界条件,在输入边界上物理量数值的对话框中,都会出现 Turbulence Specification Method 项目,意为让用户指定使用哪种模型来输入湍流参数。这时,FLUENT 会给出如下的一个(或几个)选项(所给出的选项的数目取决于当前使用用的湍流模型):

- K and Epsilon(湍动能 k 和湍动耗散率 ε)
- K and Omega(湍动能 k 和比耗散率 ω)
- Reynolds-Stress Components(Reynolds 应力分量 $\overline{u_i' u_j'}$)
- Modified Turbulent Viscosity(修正的湍流粘度 $\tilde{\nu}$)
- Intensity and Length Scale(湍流强度 I 和湍流长度尺度 l)

- Intensity and Viscosity Ratio(湍流强度 I 和湍动粘度比 μ_t/μ)
- Intensity and Hydraulic Diameter(湍流强度 I 和水力直径 D_H)
- Turbulent Viscosity Ratio(湍动粘度比 μ_t/μ)

用户可从上面给出的选项中选择其一，然后便可按稍后给出的公式计算选定的湍流参数，并作在边界上的值输入到边界条件对话框。为便于选择，表 7.4 给出了在设置边界湍流特性时，各种湍流模型所经常使用的湍流参数组合。注意，表 7.4 中的对应关系不是绝对的，比如，有时用湍流强度 I 和湍动粘度比 μ_t/μ 的组合方式为 k-ε 模型在边界上赋值。

表 7.4　在设置边界湍流特性时所经常使用的湍流参数组合

湍流模型	使用的湍流参数组合
Spalart-Allmaras 模型	修正的湍流粘性 $\tilde{\nu}$
	湍流强度 I 和湍流长度尺度 l
	湍流强度 I 和湍动粘性比 μ_t/μ
	湍流强度 I 和水力直径 D_H
	湍动粘度比 μ_t/μ
k-ε 模型	湍动能 k 和湍动耗散率 ε
k-ω 模型	湍动能 k 和比耗散率 ω
RSM	湍动能 k 和湍动耗散率 ε ，或湍流强度 I
	Reynolds 应力分量 $\overline{u_i' u_j'}$
LES 模型	流强度 I

2. 湍流参数的计算式

湍流强度 I(turbulence intensity)按下式计算：

$$I = u'/\bar{u} = 0.16\left(Re_{D_H}\right)^{-1/8} \tag{7.1}$$

其中， μ' 和 $\bar{\mu}$ 分别为湍流脉动速度与平均速度，Re_{D_H} 为按水力直径 D_H 计算得到的 Reynolds 数。对于圆管，水力直径 D_H 等于圆管直径，对于其他几何形状，按等效水力直径确定。湍流长度尺度 l (turbulence length scale)按下式计算：

$$l = 0.07L \tag{7.2}$$

这里，L 为关联尺寸。对于充分发展的湍流，可取 L 等于水力直径。湍动粘度比 μ_t/μ (Turbulent Viscosity Ratio)正比于湍动 Reynolds 数，一般可取 $1 < \mu_t/\mu < 10$ 。修正的湍流粘度 $\tilde{\nu}$ (Modified Turbulent Viscosity)按下式计算：

$$\tilde{\nu} = \sqrt{\frac{3}{2}}\,\bar{u}Il \tag{7.3}$$

湍动能 k (Turbulent Kinetic Energy)按下式计算：

$$k = \frac{3}{2}\left(\bar{u}I\right)^2 \tag{7.4}$$

如果已知湍流长度尺度 l ，则湍动耗散率 ε (Turbulent Dissipation Rate)按下式计算：

$$\varepsilon = C_\mu^{3/4} \frac{k^{3/2}}{l} \tag{7.5}$$

式中，C_μ 取 0.09。如果已知湍动粘度比 μ_t / μ，则湍动耗散率 ε 按下式计算：

$$\varepsilon = \rho C_\mu \frac{k^2}{\mu} \left(\frac{\mu_t}{\mu} \right)^{-1} \tag{7.6}$$

如果已知湍流长度尺度 l，则比耗散率 ω (Specific Dissipation Rate)按下式计算：

$$\omega = \frac{k^{1/2}}{C_\mu^{1/4} l} \tag{7.7}$$

如果已知湍动粘度比 μ_t / μ，比耗散率 ω 按下式计算：

$$\omega = \rho \frac{k}{\mu} \left(\frac{\mu_t}{\mu} \right)^{-1} \tag{7.8}$$

当使用 RSM 时，除了通过湍流强度 I 给定湍流量外，还可直接给定 Reynolds 应力分量 $\overline{u_i' u_j'}$。这里，按下式计算：

$$\overline{u_i' u_j'} = 0 \quad (i \neq j) \tag{7.9a}$$

$$\overline{u_i' u_j'} = \frac{2}{3} k \quad (i = j) \tag{7.9b}$$

注意，在式(7.9)中下标不求和。

3.　使用 profile 输入边界上的湍流参数

上面给出了边界上各湍流物理量的计算公式。如果在整个边界上，湍流物理量是均匀分布(处处相等)，则可直接通过对话框输入这些湍流参数，若湍流参数在边界上随空间坐标而变化，则必须使用 profile 文件。

借助实验数据和经验公式，可以更加准确地给定边界上不同位置的湍流物理量大小，我们即可通过离散点给定湍流量，也可通过某种解析表达式(如果可以找到的话)，在 profile 文件中精确地描述湍流物理量在边界上的分布结果。

对于 profile 文件，既可通过 Scheme 语言创建，也可通过 C 语言(即 UDF 功能)创建。在 7.14 节将简要介绍 UDF 的使用方式。

7.9　常用的边界条件

7.8 节给出了设置边界条件的基本方法和过程，但没有针对具体的边界条件介绍用户给定的内容。为了读者更好地掌握和应用各种常见的边界条件，本节挑选几种典型的边界条件进行专门介绍。

7.9.1　压力进口

压力进口(pressure-inlet)边界条件用于定义流动进口的压力以及流动的其他标量特性参

数。这种边界条件对可压和不可压流动计算均适用，可用于进口的压力已知但流量或速度未知的情况，例如，浮力驱动的流动。压力进口边界条件也可用来定义外部流动或无约束流动中的"自由"边界。

压力进口边界条件的有关数据通过 Pressure Inlet 对话框输入，如图 7.16 所示。该对话框从图 7.15 所示的 Boundary Conditions 对话框中打开。当用户在 Boundary Conditions 对话框中为某个边界选择了 pressure-inlet 类型，并单击 Set 按钮，或者更改某个边界的类型为 pressure-inlet 后，便弹出 Pressure Inlet 对话框。

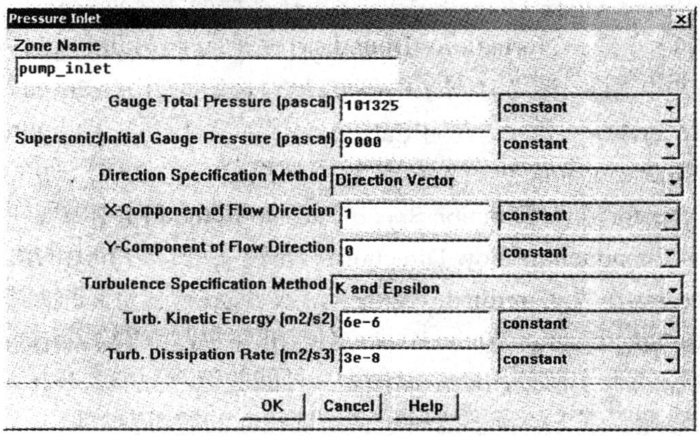

图 7.16　Pressure Inlet 对话框

在讨论该对话框中各参数之前，我们首先针对 FLUENT 中压力的定义说明两点：

第一、FLUENT 中存在总压(total pressure)、静压(static pressure)和压力(pressure)3 个概念，分别用 p_0、p_s 和 p'_s 来表示，单位都是帕(Pa)。三者之间的关系按下式定义(对不可压流动)：

$$p_0 = p_s + \rho |v|^2 \tag{7.10}$$

$$p_s = p'_s + \rho_0 gz \tag{7.11}$$

式中，z 为压力测点处的几何高程值，v 为流动速度。由此定义可以看出，FLUENT 中的压力场 p'_s 是不包含在重力作用下因高程差产生的势能的。这样，用户在输入压力场的压力值时，也不要包含高程因素。在 FLUENT 生成的压力报告中，压力值也没有体现高程影响。

第二，FLUENT 中的各种压力，若没有特别声明，都是相对压力值(gauge pressure)，即相对于参考压力(operating pressure)而言的。而参考压力的数值是由用户通过 Define / Operating Conditions 命令来设置的。若用户不设置参考压力，则默认参考压力为标准大气压，即 101325Pa。

下面对 Pressure Inlet 对话框中的主要内容逐一简介。注意因 FLUENT 允许用户激活不同的计算模型，并允许在不同的坐标系下、以不同方式设置压力及相关物理量的值，因此，该对话框中选项的数目和形式经常有变化，现只对部分常用选项进行介绍。

- Zone Name：设置边界区域的名称。默认名称是由 FLUENT 根据边界区域的性质自行给定的。用户在此可修改此名称。
- Gauge Total Pressure：设置入流口的总压 p_0。注意该值是相对于参考压力的相对压力。

- Total Temperature：设置入流口的总温度。该项在用户激活能量模型后才出现。
- Supersonic / Initial Gauge Pressure：当进口的局部流动是超音速时，要求用户指定静压。如果流动是亚音速的，FLUENT 会忽略 Supersonic / Initial Gauge Pressure，而由指定的驻点值来计算。如果你打算使用压力进口边界条件来初始化计算域，FLUENT 会使用 Supersonic / Initial Gauge Pressure 与指定的驻点压力，根据等熵关系(对可压流动)或 Bernoulli 方程(对不可压流动)，来计算压力初始值。
- Direction Specification Method：指定采用什么样的方式来定义流动方向。FLUENT 提供了两种方式，Normal to Boundary(流动方向与进口边界垂直)与 Direction Vector(方向矢量)。图 7.16 所示结果就是直接给定方向矢量的各个分量值。
- Coordinate System：指定是使用 Cartesian(直角坐标系)、Cylindrical(柱坐标系)还是 Local Cylindrical(局部柱坐标系)来输入速度值。该选项只有在三维情况下，且将 Direction Vector 作为 Direction Specification Method 时才出现。
- X，Y，Z-Component of Flow Direction：设置在进口边界上的流动方向。该项当用户将 Cartesian 作为 Coordinate System，或者系统是二维非轴对称情况时出现。
- Turbulence Specification Method：指定使用哪种模型来输入湍流参数。FLUENT 给出的选项取决于当前使用的湍流模型，可能的选项见 7.8.3 小节，用户可从中选择其一。在选择了某种湍流模型后，会出现相应的湍流参数项。
- Turb. Kinetic Energy 与 Turb. Dissipation Rate：指定边界上的湍动能 k 和湍动耗散率 ε。用户可按 7.8.3 小节给出的公式计算这两个湍流参数。

如果用户在 7.6 节还激活了其他计算模型(如多相流模型)，在图 7.16 所示的 Pressure Inlet 对话框中还会有其他项需要用户输入。

在默认情况下，FLUENT 用表 7.5 中的值给 Pressure Inlet 对话框的各项赋值。

表 7.5　Pressure Inlet 对话框各项的默认值

项　目	默 认 值
Gauge Total Pressure	0
Supersonic / Initial Gauge Pressure	0
Total Temperature	300
X-Component of Flow Direction	1
Y-Component of Flow Direction	0
Z-Component of Flow Direction	0
Turb. Kinetic Energy	1
Turb. Dissipation Rate	1

还需要注意的是，在图 7.16 所示对话框中，字符 constant 表示相应的项是常数。对于随边界位置变化的物理量，沿边界不等于常数，就必须通过 profile 文件的方式给定，详见 7.14 节。

7.9.2　速度进口

速度进口(velocity-inlet)边界条件用于定义在流动进口处的流动速度及相关的其他标量型流动变量。这一边界条件用于不可压流，如果用于可压流可能导致非物理结果。注意不要让速度进口的边界离固体障碍物过近，因为这会导致入流驻点特性具有较高的非一致性。

速度进口边界条件的有关数据通过 Velocity Inlet 对话框输入，如图 7.17 所示。该对话框从图 7.15 所示的 Boundary Conditions 对话框中打开。当用户在 Boundary Conditions 对话框中为某个边界选择了 velocity-inlet 类型，并单击 Set 按钮，或者更改某个边界的类型为 velocity-inlet 后，便弹出 Velocity Inlet 对话框。

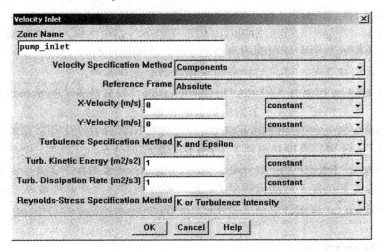

图 7.17　Velocity Inlet 对话框

在该对话框中，需要用户给定进口边界上速度及相关变量的值。因 FLUENT 允许用户激活不同的计算模型，允许在不同的坐标系下、以不同方式设置速度的大小和方向，因此，该对话框中选项的数目和形式并不确定，现只对部分选项介绍如下。

- Zone Name：设置边界区域的名称。默认名称是由 FLUENT 根据边界区域的性质自行给定的。用户在此可修改此名称。
- Velocity Specification Method：设置定义进口速度的方式。FLUENT 提供了 3 种方式让用户定义进口速度：Magnitude and Direction(指定速度的大小和方向)、Components(指定速度分量)和 Magnitude, Normal to Boundary(指定速度大小，方向垂直于边界)。
- Reference Frame：说明速度是相对值还是绝对值。选择 Absolute 表示速度为绝对值；选择 Relative to Adjacent Cell Zone 表示速度是相对于相邻单元区的值。如果不使用运动参考系，这两个选项的效果是一样的。
- Coordinate System：指定是使用 Cartesian(直角坐标系)、Cylindrical(柱坐标系)还是 Local Cylindrical(局部柱坐标系)来输入速度值。该选项只有在三维情况下，且将 Magnitude and Direction 或 Components 作为 Velocity Specification Method 才出现。

- X,Y,Z-Velocity：设置在边界上的速度矢量的分量。该项只有当用户将 Components 作为 Velocity Specification Method，且将 Cartesian 作为 Coordinate System 时，才出现。
- Radial, Tangential, Axial-Velocity：设置在边界上的速度矢量的分量。该项只有当用户将 Components 作为 Velocity Specification Method，且将 Cylindrical 或 Local Cylindrical 作为 Coordinate System 时，才出现。
- Axial, Radial, Swirl-Velocity：设置在边界上的速度矢量的分量。该项只有对 2D 轴对称问题才出现。
- Angular Velocity：为三维流动指定角速度 Ω。该项只有当将 Components 作为 Velocity Specification Method，将 Cylindrical 或 Local Cylindrical 作为 Coordinate System 时，才出现。
- Turbulence Specification Method：指定使用哪种模型来输入湍流参数。FLUENT 给出的选项取决当前使用的湍流模型，可能的选项见 7.8.3 小节，用户可从中选择其一。在选择了某一选项后，会出现相应的湍流参数项。
- Turb. Kinetic Energy 与 Turb. Dissipation Rate：设置边界上的湍动能 k 和湍动耗散率 ε。用户可按 7.8.3 小节给出的公式计算这两个湍流参数。
- Reynolds-Stress Specification Method：决定使用哪种方法来指定边界上的 Reynolds 应力。该选项只当用户激活了 RSM 湍流模型时才出现。此时，用户可以选择 K or Turbulence Intensity 和 Reynolds-Stress Components 两种方式之一。前一种方式让用户给定湍动能 k 或湍流强度 I，后一种方式是让用户直接输入 Reynolds 应力的各分量 $\overline{u_i' u_j'}$。详细计算公式见 7.8.3 小节。

7.9.3　质量进口

质量进口(mass-flow-inlet)边界条件用来规定进口的质量流量。设置进口边界上的质量总流量后，允许总压随着内部求解进程而变化。该边界条件与压力进口边界条件正好相反，在压力进口边界条件中，质量流量变化，总压固定。

与对总压的匹配要求相比，对规定的质量流量的匹配要求显得更重要时，要使用质量进口边界条件。一个应用此边界条件的典型应用是：一股小的冷却喷射流动以固定的流量与主流场相混，而主流的流速由压力进口和压力出口边界条件所控制。

注意：　进口总压的调整可能会降低解的收敛性，所以如果压力进口边界条件和质量进口条件都可以接受，你应该选择压力进口边界条件。还需要注意的是，对于不可压流动，不必使用质量进口边界条件，因为密度是常数，速度进口边界条件就已经确定了质量流量。因此，质量进口边界条件只用于可压流动，对于不可压流动，请使用速度进口边界条件。

质量进口边界条件的有关数据通过 Mass-flow Inlet 对话框输入，如图 7.18 所示。该对话框从图 7.15 所示的 Boundary Conditions 对话框中打开。

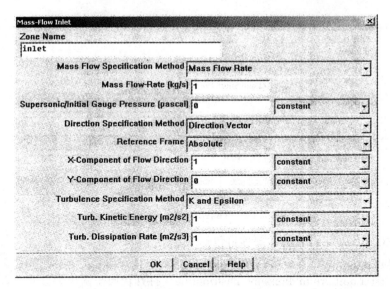

图 7.18　Mass-flow Inlet 对话框

因 FLUENT 允许用户激活不同的计算模型，同时以不同方式给定有关参数，因此对话框中选项的数目和形式是不确定的，现只对部分选项介绍如下。

- Mass Flow Specification Method：设置定义进口质量流量的方式。FLUENT 提供了 3 种方式让用户定义进口质量流量，即 Mass Flow Rate(进口边界上总的质量流量)、Mass Flux(单位面积上的质量流量)和 Mass Flux with Average Mass Flux(单位面积上的质量通量及其平均值)。
- Mass Flow-Rate：设置进口边界上总的质量流量，默认情况下单位为 kg/s。该值被面积除后，得到进口边界上平均分布的单位面积上的质量流量。
- Mass Flux：设置单位面积上的质量流量，默认情况下单位为 $kg/m^2 \cdot s$。这种方式允许边界上不同位置处的质量流量不同，但需要通过 profile 文件来设置变化规律。

Mass-flow Inlet 对话框中其他各项的物理意义及设置方法，参见 7.9.1 和 7.9.2 小节。

7.9.4　压力出口

压力出口(pressure-outlet)边界条件需要在出口边界处设置静压(注意是相对压力)。静压值的设置只用于亚音速流动。如果当地流动变为超音速，所设置的压力就不再被使用了，此时压力要从内部流动中推断。在这种边界条件下，所有其他的流动属性都从内部推断。

在设置这种边界条件时，还有一组"回流(backflow)"条件需要用户指定。在 FLUENT 在求解过程中，当压力出口边界上流动反向时，就使用这组回流条件。当指定了较真实的回流方向时，收敛困难的程度可被减小到最低。

压力出口边界条件的有关数据通过 Pressure Outlet 对话框输入，如图 7.19 所示。该对话框从图 7.15 所示的 Boundary Conditions 对话框中打开。

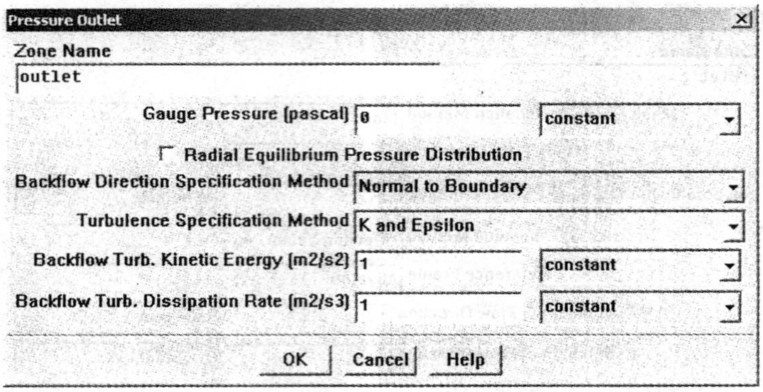

图 7.19 Pressure Outlet 对话框

Pressure Outlet 对话框中的主要项目包括：

- Gauge Pressure　设置出口边界的静压。
- Radial Equilibrium Pressure Distribution　打开径向平衡压力分布。该选项出现于 3D 轴对称问题中。
- Backflow Direction Specification Method　设置定义出口回流方向的方式。FLUENT 提供了 3 种方式，即 Normal to Boundary(垂直于边界)、Direction Vector(给定方向矢量)和 From Neighboring Cell(来自相邻单元)。
- Backflow Conditions　回流条件包含有总温(对能量计算有效)、湍流参数(对湍流计算有效)、组分质量份额(对组分计算有效)等。用户可根据相关公式或数据设置这些参数。

7.9.5　出流

　　出流(outflow)边界条件用于模拟在求解前流速和压力未知的出口边界。在该边界上，用户不需定义任何内容(除非模拟辐射传热、粒子的离散相及多口出流)。该边界条件适用于出口处的流动是完全发展的情况。所谓完全发展，意味着出流面上的流动情况由区域内部外推得到，且对上游流动没有影响。出游边界条件不能用于可压流动，也不能与压力进口边界条件一起使用(压力进口边界条件可与压力出口边界条件一起使用)。

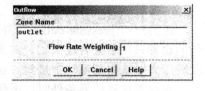

图 7.20 Outflow 对话框

　　设置出流边界条件比较简单。从图 7.15 所示的 Boundary Conditions 对话框中可打开 Outflow 对话框，如图 7.20 所示。用户只需要给定所指定的出流边界上流体的流出量的权重(占总流出量的百分比)。如果系统只有一个出口，则直接输入"1"即可。

💡 **注意：** 在使用出流边界条件时，如果在计算过程中，在出流边界上的任何一点有回流，计算的收敛性都会受到影响，尤其在进行湍流计算时，这种现象比较明显。这里，可尝试使用压力出口边界条件代替出流边界条件。

7.9.6　压力远场

压力远场(pressure-far-field)边界条件用来描述无穷远处的自由可压流动。该边界条件只用于可压气体流动，气体的密度通过理想气体定律来计算。为了得到理想计算结果，要将该边界远离我们所关心的计算区域。

压力远场条件的有关数据通过 Pressure Far-Field 对话框输入，如图 7.21 所示。该对话框从图 7.15 所示的 Boundary Conditions 对话框中打开。

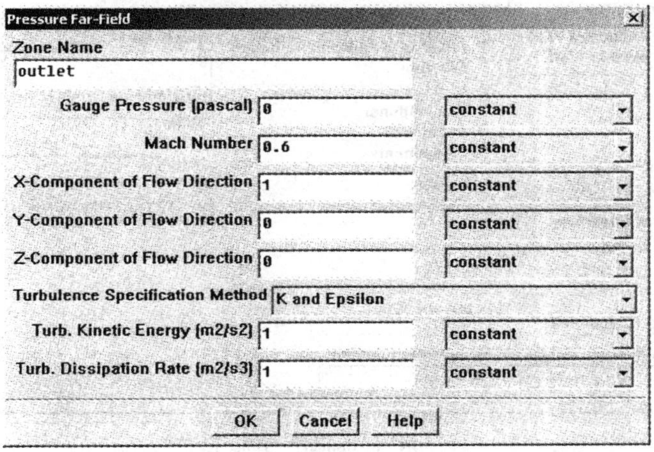

图 7.21　Pressure Far-Field 对话框

在该对话框中，需要定义 Gauge Pressure(静压)、Mach number(Mach 数)、X-Y-Z-Component of Flow Direction(流动方向的 X=Y、Z 分量)、Turb.kinetic Energy(湍功能)及 Turb.Dissipation Rate(耗散率)等。相关参数的物理意义及给定方法参考前面对其他边界条件的介绍。

7.9.7　壁面

壁面(wall)用于限定 fluid 和 solid 区域。在粘性流动中，壁面处默认为无滑移边界条件，但用户可以根据壁面边界区域的平移或转动来指定一个切向速度分量，或者通过指定剪切来模拟一个"滑移"壁面。在流体和壁面之间的剪应力和热传导可根据流场内部的流动参数来计算。

壁面边界条件的有关数据通过 Wall 对话框输入，如图 7.22 所示。该对话框从图 7.15 所示的 Boundary Conditions 对话框中打开。

Wall 对话框输入包含 6 个选项卡。其中，Thermal 选项卡显示壁面的热边界条件(只在打开能量方程时可用)，DPM 选项卡显示壁面的离散相边界条件(只在定义了离散相时可用)，Momentum 选项卡显示壁面上的动量边界条件，Species 选项卡显示壁面上的组分边界条件(只在激活组分输运方程时可用)，Radiation 选项卡显示 DO 辐射模型在壁面上的边界

(只在使用 DO 辐射模型时可用)，UDS 选项卡显示用户定义的标量值在壁面上的边界条件(只当用户在 User-Defined Scalars 对话框中定义了自定义标量时可用)。现主要对 Thermal 及 Momentum 选项卡中的选项简单介绍一下。

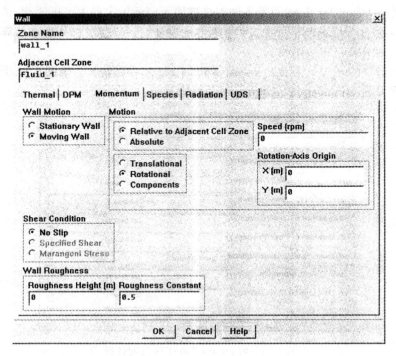

图 7.22　Wall 对话框

- Adjacent Cell Zone：给出了与壁面相邻的单元区的名称。用户不能修改该信息。
- Thermal Conditions：位于 Thermal 选项卡，让用户选择热边界条件类型：Heat Flux(选择热通量)、Temperature(选择给定的壁面温度)、Convection(选择对流传热边界条件模型)、Radiation(选择外部辐射边界条件)、Mixed(选择对流与外部辐射相组合的边界条件模型)和 Coupled(选择耦合的传热条件。只适用于在两区域间形成界面的壁面)。
- Material Name：设置壁面的材料类型。该项只有当壁面厚度不为零时出现，而壁面材料特性需要通过 7.7.2 小节介绍的 Materials 对话框定义。
- Wall Motion：位于 Momentum 选项卡中，指定壁面是运动的还是静止的。
- Motion：对于运动的壁面，指定运动的方式。运动方式包括 Relative to Adjacent Cell Zone(相对于对话框中指定的相邻单元区运动)、Absolute(以指定的绝对速度运动)、Translational(平移)、Rotational(转动)、Components(能够让用户指定壁面运动速度分量)、Speed(设置平移或转动的速度值，这取决于你在前面是选择的平移还是转动)、Direction(设置平移速度的方向矢量，只在平移方式下出现)、Rotation-Axis Origin(设置转轴原点的坐标，只在转动方式下出现)、Rotation-Axis Direction(设置转轴的方向矢量，只在转动方式下出现)、Velocity Components(设置壁面运行的 X、Y 和 Z 速度分量，只在选定 Components 方式时出现)。

- Shear Condition：用于指定壁面上的剪切条件，包括 No Slip(无滑移，无需要输入任何其他信息)、Specified Shear(指定零剪切或非零剪切，对运动的壁面无效)和 Marangoni Stress(指定由因温度引起的表面张力所导致的剪应力)
- Wall Roughness：定义湍流计算中的壁面粗糙度，包括 Roughness Height(粗糙度的厚度值 K_s)及 Roughness Constant(粗糙度常数 C_K)。默认状态下，FLUENT 假定粗糙度的厚度值 K_s 为零，表示壁面是光滑的。对于均匀砂粒状的表面，可将砂粒高度取为 K_s。对于非均匀砂粒的表面，可用平均砂粒高度代替。FLUENT 默认的粗糙度常数 C_K 为 0.5。对于均匀砂粒状的表面，一般不需要调整这个值。但对于非均匀砂粒的表面，如带有筋板或网眼的表面，可取 $C_K = 0.5 \sim 1.0$，目前 C_K 尚无准确计算方法。
- Wall Adhesion：定义在壁面上相间的接触角度。该项只在采用 VOF 模型计算带有自由界面的多相流时才出现。

在 7.13 节将演示如何使用壁面边界条件来设定水泵转轮内的流动边界问题。

7.9.8　流体

与前面介绍的各种边界条件不同，流体(fluid)条件实际上并不是针对具体边界而言的，而是一个单元组，即一个区域，因此称为流体区域条件。所有激活的方程(在 7.6 节选定计算模型时被激活)都要在这些单元上进行求解。向流体区域输入的信息只是具有 fluid 类型的材料名称。用户可从 7.7 节定义的 fluid 类型的材料中选择。

如果模拟组分输运或燃烧，不必在这里选择材料类型，因为在用户激活组分模型时，Species Model 对话框会要求用户指定 mixture 类型的材料。对于多相流模拟，也同样不在这里指定材料类型。

在设置流体区域时，允许设置热、质量、动量、湍动能、组分以及其他标量型变量的源项。如果是运动区域，还需指明区域运动的方向和速度。如果存在与流体区域相邻的旋转周期性边界，则需要指定旋转轴。如果使用 $k\text{-}\varepsilon$ 双方程模型或 Spalart-Allmaras 单方程模型来模拟湍流，可以选择将流体区域定义为层流区。如果用 DO 模型模拟辐射，可以指定流体是否参加辐射。

设置流体区域的有关数据通过 Fluid 对话框输入，如图 7.23 所示。该对话框从图 7.15 所示的 Boundary Conditions 对话框中打开。

Fluid 对话框的主要条目包括以下内容。

- Zone Name：流体区域的名称。默认名称是由 FLUENT 根据区域的性质自行给定的，用户可修改此名称。
- Material Name：设置流体的材料。下拉列表中包含已经装载到求解器中的所有材料的名称，供用户选择。注意，材料是通过 Materials 对话框来定义的(见 7.7.2 小节)。你可单击右侧的 Edit 按钮，打开 Materials 对话框，修改材料的属性(如密度等)。如果模拟组分输运或多相流，将不会出现 Material Name 列表。
- Source Terms：让用户指定质量、动量、能量、湍动能、组分以及其他标量型变量的源项。选中某个复选框后，将对话框展开，让用户输入所希望的源项的值。

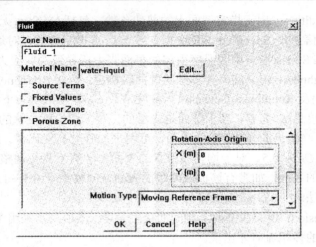

图 7.23　Fluid 对话框

- Fixed Values：将一个或多个变量在求解过程上保持定值，FLUENT 不会去计算它们。注意，只能使用分离式求解器时才能固定速度分量、温度和组分份额。
- Laminar Zone：屏蔽流体区域内的湍流生成与湍动粘性计算。只有当使用 $k\text{-}\varepsilon$ 模型或 Spalart-Allmaras 模型来模拟湍流时，才会出现该项。
- Porous Zone：表示该区域是多孔介质。选中这个复选框后，会出现关于多孔介质的参数输入项。
- Motion Type：指定区域运动的方式。FLUENT 提供了 3 种方式：Stationary(该区域不是运动的)、Moving Reference Frame(按照某一参考系运动)、Moving Mesh(该区域是滑移网格中的滑移区)。当用户选择后两个选项时，对话框会进一步展开，让用户输入相关的速度值。在后续的 7.13 节及 8.2 节将演示如何使用 Moving Reference Frame 选项。
- Rotation-Axis Origin：指定流体区域的转动轴的原点。该项只在 3D 或 2D 非轴对称模型中出现。
- Rotation-Axis Direction：指定流体区域的转动轴的方向矢量。如果转轴与 Z 轴相同，则可输入(0,0,1)。该项只出现在 3D 模型中。
- Rotational Velocity：指定运动参考系的旋转速度。
- Translational Velocity：指定运动参考系的平移速度。

7.9.9　固体

同流体区域类似，固体(solid)区域也是一个单元组，只不过这组单元仅用来进行传热求解计算，不进行任何流动计算。作为固体对待的材料可能事实上是流体，但是假定其中没有对流发生。固体区域仅需要输入 solid 类型的材料名称。

在设置固体区域时，允许设定热的体积源项或指定温度为定值，同时还可指定区域的运动方式。如果存在与该区域相邻的旋转周期性边界，则需要指定旋转轴。如果用 DO 模型模拟辐射，可以指定流体是否参加辐射。

设置固体区域的有关数据通过 Solid 对话框输入，如图 7.24 所示。该对话框从图 7.15
所示的 Boundary Conditions 对话框中打开。

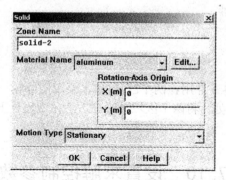

图 7.24   Solid 对话框

Solid 对话框中与前面介绍的 Fluid 对话框，在内容与用法上相近，只是固体区域的材
料应注意选择 solid 类型(即从 7.7 节定义的 solid 类型的材料中选择)。

7.9.10   周期性

周期性(periodic)边界条件用于所计算的物理几何模型和所期待的流动的解具有周期性
重复的情况。通过图 7.25 所示的 Periodic 对话框设置周期性边界条件。该对话框从图 7.15
所示的 Boundary Conditions 对话框中打开。

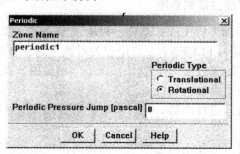

图 7.25   Periodic 对话框

在该对话框中，可指定周期性边界的形式：Translationl(平动)或 Rotational(转动)。如果
使用耦合式求解器，还会出现 Periodic Pressure Jump 文本框，用于设置穿过周期性边界的
压力增加(或降低)，即允许通过周期性平面具有压力降。

💡 注意： 要使用周期性边界条件，必须在 GAMBIT 中生成网格时就提前对对称边界的
　　　　　网格分布作相应设置(详见第 6 章)。

7.9.11   对称

对称(symmetry)边界条件用于物理外形以及所期望的流动的解具有镜像对称特征的情

况，也可用来描述粘性流动中的零滑移壁面。在对称边界上，不需要定义任何边界条件，但必须定义对称边界的位置。注意，对于轴对称问题中的中心线，应使用轴边界条件来定义，而不是用对称边界条件。

7.9.12　内部界面

内部界面(interior)边界条件用在两个区域(如水泵中同叶轮一起旋转的流体区域与周围的非旋转流体区域)的界面处，将两个区域"隔开"。在该边界上，不需要用户输入任何内容，只需指定其位置。

7.10　设置求解控制参数

在完成了网格、计算模型、材料和边界条件的设置后，原则上就可以让 FLUENT 开始进行求解计算，但为了更好地控制求解过程，需要在求解器中进行某些设置。设置的内容主要包括：选择离散格式、设置欠松弛因子、初始化场变量及激活监视变量等。下面按操作流程顺序介绍这些内容。

7.10.1　设置离散格式与欠松弛因子

1.　离散格式对求解器性能的影响

在第 2 章中提到，控制方程中的扩散项一般采用中心差分格式离散，而对流项则可采用多种不同的格式进行离散。FLUENT 允许用户为对流项选择不同的离散格式(注意粘性项总是自动使用二阶精确度的离散格式)。默认情况下，当使用分离式求解器时，所有方程中的对流项均用一阶迎风格式离散；当使用耦合式求解器时，流动方程使用二阶精度格式、其他方程使用一阶精度格式进行离散。此外，当使用分离式求解器时，用户还可为压力选择插值方式。

当流动与网格对齐时，如使用四边形或六面体网格模拟层流流动，使用一阶精度离散格式是可以接受的。但当流动斜穿网格线时，一阶精度格式将产生明显的离散误差(数值扩散)。因此，对于 2D 三角形及 3D 四面体网格，注意要使用二阶精度格式，特别是对复杂流动更是如此。一般来讲，在一阶精度格式下容易收敛，但精度较差。有时，为了加快计算速度，可先在一阶精度格式下计算，然后再转到二阶精度格式下计算。如果使用二阶精度格式遇到难于收敛的情况，则可考虑改换一阶精度格式。

对于转动及有旋流的计算，在使用四边形及六面体网格时，具有三阶精度的 QUICK 格式可能产生比二阶精度更好的结果。但是，一般情况下，用二阶精度就已足够，即使使用 QUICK 格式，结果也不一定好。乘方格式(Power-law scheme)一般产生与一阶精度格式相同精度的结果。中心差分格式一般只用于大涡模拟模型，而且要求网格很细的情况。

2.　欠松弛因子对性能的影响

如第 3 章所述，欠松弛因子是分离式求解器所使用的一个加速收敛的参数，用于控制每个迭代步内所计算的场变量的更新。注意，除耦合方程之外的所有方程，包括耦合隐式求解器中的非耦合方程(如湍流方程)，均有与之相关的欠松弛因子。在 FLUENT 中为这些欠松弛因子提供了默认值，如压力、动量、k 和 ε 的默认欠松弛因子分别为 0.2、0.5、0.5 和 0.5，一般情况下，用户没有必要改变这些值。

但为了尽可能地加速收敛，可在刚一启动时，先用默认值，在迭代 5～10 次后，检查残差是增加还是减小，若增大，则减小欠松弛因子的值；反之，增大欠松弛因子的值。总之，在迭代过程中，通过观察残差变化来选择合适的欠松弛因子。注意，粘度和密度均作欠松弛处理。

3.　设置离散格式与欠松弛因子的方法

要在 FLUENT 中设置离散格式，可选择 Solve / Controls / Solution 命令，打开图 7.26 所示的 Solution Controls 对话框。

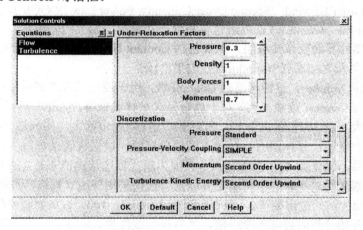

图 7.26　Solution Controls 对话框

对话框中各主选项的功能如下。

- Equations：包含当前模型所使用的控制方程的类型列表。常出现的选项包括 Flow(流动方程)、Turbulence(湍流方程)、Energy(能量方程)等。要在求解过程中临时关闭某个方程，可单击该方程，让其处于非选中状态。注意，Flow 方程通常包含有压力方程(连续方程)和动量方程。当使用耦合式求解器时，Energy 选项将不作为一个单独的方程出现，它被包含进 Flow 方程中。
- Under-Relaxation Factors：包含使用分离式求解器求解的所有方程的欠松弛因子的列表。用户可根据前面的介绍，输入适当的值。注意，当使用耦合式求解器时，没有进入耦合方程组的方程(如湍流方程)也需要在此给定其欠松弛因子。
- Discretization：该选项组用于设定相关方程的离散格式。相关选项的功能如下。
- Pressure：包含压力插值方式的列表。该项只在分离式求解器出现。一般可选择 Standard；对于高速流动，特别是含有旋转及高曲率的情况下，选择 PRESTO；对于可压流动，选择 Second Order；对于含有大体力的流动，选择 Body Force Weighted。

- Flow：包含各流动方程的离散格式列表。该项只在耦合求解器出现。可选择 First Order Upwind 和 Second Order Upwind。

- Pressure-Velocity Coupling：包含压力速度耦合方式的列表。该项只在分离式求解器中出现。可以选择 SIMPLE、SIMPLEC 和 PISO。其中，SIMPLE 是 FLUENT 默认的方式，但多数情况下选择 SIMPLEC 可能更合适，主要是 SIMPLEC 的欠松弛特性可加速收敛。该欠松弛因子一般取 1.0，但有时可能造成计算的不稳定，需要减小欠松弛因子，或者选择 SIMPLE 算法。PISO 算法主要用于瞬态问题的模拟，特别是希望使用大的时间步长的情况。当然，在网格高度变形的情况下，也可选择 PISO 用于稳态计算。注意，对于 LES 模拟来说，因 LES 需要小的时间步长，因此，PISO 算法并不合适。对于动量及压力方程来讲，取 1.0 的欠松弛因子，PISO 可保持计算的稳定。

- Momentum 及 Energy 等：指定正在求解的各方程的离散格式，可按前面介绍选择 First Order Upwind、Second Order Upwind、Power Law 或 QUICK 格式。

- Solver Parameters：该选项组包含与耦合式求解器相关的一组参数，当使用分离式求解器时不出现该选项组。主要包括 Courant Number、Multigrid Levels(多重网格的层次)和 Residual Smoothing(残差平滑)。

- Courant Number：设置网格的 Courant 数，用于控制耦合求解时的时间步长。时间步长与 Courant 数成正比。对于耦合显式求解器来讲，需要严格限制 Courant 数不要过大，FLUENT 默认为 1.0，但对某些 2D 问题可取大一些的值，但不应超过 2.0。计算一开始，可以使用 0.1～0.5 的值先试验，以后视收敛性加大。对于耦合隐式求解器，Courant 数可取得比较大，因为隐式算法从理论上是无条件收敛的。但考虑到耦合隐式求解器中对湍流等标量方程仍采用分离式解法，因此，Courant 数也不能过大。一般可取 5.0。但有时用到 20，甚至 100，也可能取得收敛的结果。用户一开始计算时可取一个小值，然后视收敛性加大。注意，对于采用 AMG 解法的耦合式求解器，自身可以自动减小 Courant 数，与计算相适应。

- Multigrid Levels：指定通过 FAS 求解器对网格进行粗化的最大层数。FAS(full-approximation storage)是耦合式求解器的一个选项，它相当于一个收敛加速器。它是通过将网格按层粗化后，形成多层次的网格，然后先在粗层次上求解，再逐渐向细层次上过渡，从而达到节省内存、加速收敛的目的。这里我们是控制所形成的多层网格的层数。该值应是一个大于 0 的数。该值也可通过 Multigrid Controls 对话框设置。注意，绝对不能对分离式求解器使用多重层格。

- Residual Smoothing：包含控制隐式残差平滑的参数。该选项只在耦合显式求解器中出现。

- Default：该按钮用于将各速度场、压力场、温度场等设为由 FLUENT 提供的默认值。在求解之后，Default 按钮变成 Reset 按钮。

- Reset：将速度场、压力场、温度场的值设置为最近保存过的值。在执行后，Reset 按钮变为 Default 按钮。

7.10.2　设置求解限制项

FLUENT 的求解过程在某些极端条件下会出现解的不稳定，为了保证流场变量在指定的范围内之内，FLUENT 提供了求解限制功能来设置这些范围值。

选择 Solve / Controls / Limits 命令，打开图 7.27 所示的 Solution Limits 对话框。

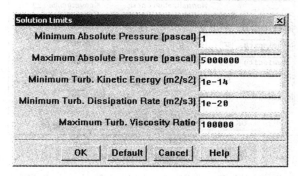

图 7.27　Solution Limits 对话框

可以看到，对绝对压力和湍流量等使用了限制值。如果计算的某个压力值小于最小绝对压力或大于最大绝对压力，求解器就会用相应的极限值取代计算值。对于能量计算中的温度也做相似的处理。

一般来说，不需要改变默认的求解限制范围。如果压力、温度或者湍流量被重复地重置到限制值，控制台窗口就会出现适当的警告消息，此时，用户需要检查尺寸、边界条件和属性以确保问题的设定正确，并找出问题中变量为过小或过大的原因。可以用标记功能来辨别哪个单元的值等于所设定的限制值(用等值面创建功能)。

在耦合式求解器中，温度减小的快慢由正向速度极限来控制。例如，默认值为 0.2 就意味着两次迭代之间的温度不可以减少超过 20%。如果温度的改变超过这个极限，求解器就会将时间步长减小，从而将变化改回原来的范围，同时会输出时间步长减小的警告。

如果想回到 FLUENT 设定的默认值，可以在重新打开 Solution Limits 对话框后，单击 Default 按钮。Reset 按钮是将限制值恢复为上一次保存过的值。

7.10.3　设置求解过程的监视参数

在求解过程中，通过检查变量的残差、统计值、力、面积分和体积分等，用户可以动态地监视计算的收敛性和当前计算结果、显示或打印升力、阻力、力矩系数、表面积分及各个变量的残差。对于非稳定流动，用户还可监视时间进程。

所有的监视命令都在 FLUENT 的 Solve / Monitors 命令下面，这里仅介绍如何监视残差。

选择 Solve / Monitors / Residual 命令，打开图 7.28 所示的 Residual Monitors 对话框。

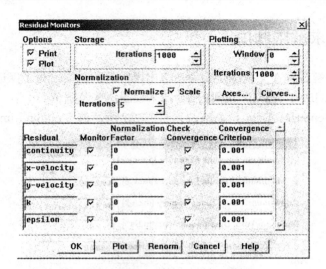

图 7.28　Residual Monitors 对话框

在该对话框中，我们可以设置要监视哪些变量的残差、如何监视、每隔多少个迭代步监视一次、如何输出监视结果等。现对对话框中的各个选项进行简介。

- Options 选项组让用户选择如何输出监视结果。其中，Print 选项表示在每一轮迭代后在文本窗口中打印残差；Plot 选项表示在图形窗口中绘制残差随迭代次数的变化结果图。

- Storage 选项组控制残差在数据文件(*.dat 文件)中的存储。其中，Iterations 文本框中的数值表示要保存多少个迭代步的残差值。默认值为 1000，意味着保存 1000个迭代步的残差值。如果计算超过 1000 步，则前 500 步记录被抛弃，当达到新的1000 步后，再抛弃前 500 步的记录。如果计算包含相当多的迭代步，则需要加大这个值。但过大的值，会导致内存及绘制残差图均开支较大。注意，无论你指定监视哪些变量的残差，在数据文件中将保存所有变量的残差。

- Normalization 选项组用于控制对残差进行规格化及缩放处理。当选中 Normalize复选框后，表示要将残差值被指定的 Normalization Factor 除，即取相对残差值进行显示输出。默认的 Normalization Factor 为前 5 个迭代步中的相应变量的最大残差值。选中 Scale 复选框表示对每种变量的残差进行缩放处理，以便于观察。

- Plotting 选项组包含与残差绘制有关的参数。其中，Window 设置在哪个窗口中绘制，该文本框可让用户将不同的结果在不同的窗口中单独保存下来。Iterations 文本框表示要绘制多少个迭代步的残差。Axes 选项控制残差图中坐标轴的属性。Curves 选项控制残差曲线的属性。

- Residual 表示具有残差信息的变量名称。Monitor 复选框表示是否要监视所对应的变量的残差。Normalization Factor 显示对每个变量进行规格化处理时所使用的系数，当上面的 Normalize 复选框没有选中时，该项不出现。Check Convergence 表示是否监视对应变量的收敛性。若选中 Check Convergence 复选框，表示当每个变量满足其指定的收敛判据时，计算过程自动停止。Convergence Criterion 表示当相

应变量达到该文本框中规定的值时，则认为计算已经收敛，用户可以手工设置该
值。

- Plot 按钮表示绘制当前残差历史记录。
- Renorm 按钮表示设置残差规格化因子为残差历史中的最大值。

在 7.13 节给出了监视残差的实例。

7.10.4　初始化流场的解

在开始对流场进行求解之前，用户必须向 FLUENT 提供对流场的解的初始猜测值。该
初始值对解的收敛性有重要的影响，与最终的实际解越接近越好。有两种方法来初始化流
场的解：

- 用相同的场变量值初始化整个流场中的所有单元
- 在选定的单元区域里给选择的流场变量覆盖一个值或函数

💡 注意：　在用第 2 种方法时，也要先将整个流场初始化为具有相同的场变量值，然后
再对选中的单元用新值覆盖初始值。

要用相同的场变量值初始化整个流场，须激活 Solution Initialization 对话框。为此，选
择 Solve / Initialize / Initialize 命令，出现如图 7.29 所示的 Solution Initialization 对话框。

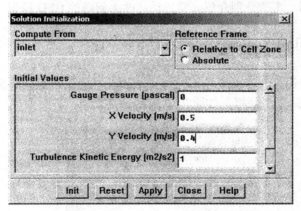

图 7.29　Solution Initialization 对话框

在该对话框中，Initial Values 选项组中显示出了当前模型所有激活的场变量的值，当
单击 Init 按钮后，FLUENT 将使用这一组值初始化整个流场中各个变量的值。注意，各单
元都具有相同的初值。用户可从 Compute From 下拉列表中选择获得初值的方式。这里共有
3 种方式：

- 从列表框中选择特定的区域名称，这就意味着要根据该区域的边界条件来计算初
值。
- 从列表框中选择 all-zones，这意味着根据所有边界区域的边界条件来计算初值
- 在 Initial Values 选项组中手工输入初值

当用户从 Compute From 下拉列表中选择了特定区域的名称或选择了 all-zones 项后，

FLUENT 会根据所选区域的边界条件自动得出各场变量的初值，显示在 Initial Values 选项组中。

如果求解的问题包括了运动参考系或者滑动网格，可以在对话框中说明为速度指定的值是相对速度值还是绝对速度值。如果计算域中大多数区域是旋转的，使用相对方式可能比绝对方式更好一些。

一旦确定了对话框中显示的初值，就可以单击 Init 按钮，进行流场的初始化。同时，该初始值将被同时保存起来。如果只想保存初值，但不想对流场初始化，则可单击 Apply 按钮。单击 Reset 按钮则使用保存过的值作为初值加载到对话框中。

如果用户想使用前面提到的第 2 种方法为部分单元单独设置初值，则须选择 Solve / Initialize / Patch 命令，然后在打开的 Patch 对话框中进行设置。由于这种初始化操作不是非常必要，在此不作更多介绍。

在完成相关设置后，选择 File / Write / Case 命令，可将当前定义的全部信息保存到案例文件(*.cas)中。

7.11　流场迭代计算

在进行了前面各项设置以后，便可开始流场的迭代计算。由于稳态问题与瞬态问题的迭代计算方法有区别，本节分别介绍如何启动这两类问题的 CFD 模拟。

7.11.1　稳态问题的求解

对于稳态问题的计算，可直接从 Iterate 对话框中启动计算进程。为此，选择 Solve / Iterate 命令，弹出 Iterate 对话框，如图 7.30 所示。

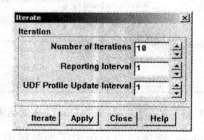

图 7.30　Iterate 对话框(对应于稳态问题)

在此对话框中，需要用户通过 Number of Iterations 微调框告诉 FLUENT 总共要进行多少次迭代计算，同时通过 Reporting Interval 微调框说明每隔多少次迭代输出监视信息，通过 UDF Profile Update Interval 微调框说明每隔多少次迭代更新用户自定义函数(profile 文件)。

计算收敛前所需要的迭代次数，和模型求解的难易程度、网格细密程度、使用的算法、收敛判据等有很大的关系。如果 FLUENT 在未达到 Number of Iterations 指定的迭代次数前就已收敛，则停止计算。如果达到 Number of Iterations 指定的迭代次数，但尚未收敛，也会停止迭代计算。因此，用户可根据经验在 Number of Iterations 微调框中输入一个稍大的迭代次数。

注意，如果 FLUENT 初次对模型进行计算，则从第 1 个迭代步开始计算；如果先前进行过计算，则从最后一个迭代步接着计算。如果用户一定要从第 1 个迭代步开始计算，则需要在图 7.29 所示的 Solution Initialization 对话框中重新初始化流场的解。

默认情况下，FLUENT 在每次迭代后都更新收敛监视窗口中的内容。如果将 Reporting Interval 微调框中的值改为 5，则每 5 次迭代检查一次收敛判据，同时每隔 5 次迭代才输出一次监视信息。注意，如果设置该值为 50，若在迭代 40 次时就已收敛，则 FLUENT 仍要计算到第 50 个迭代步。

单击 Iterate 按钮，则开始进行迭代计算。在迭代过程中，将出现 Working 对话框，同时根据用户在 7.10.3 小节设置的监视参数，打开监视窗口并显示残差等受到监视的信息。在 Working 对话框中单击 Cancel 按钮或在 FLUENT 控制台窗口中按 Ctrl+C 键，则中止迭代计算，否则，迭代计算直到收敛或达到在 Number of Iterations 微调框中设置的迭代次数为止。

迭代计算完成后，可选择 7.12 节将要介绍的方法查看计算结果，还可选择 File / Write / Case&Date 命令，将当前定义的全部信息及计算结果保存到案例文件(*.cas)和 data 文件(*.dat)中。

在稍后的 7.13 节将给出一个计算实例，说明具体求解过程。

7.11.2　非稳态问题的求解

当用户在图 7.5 所示的 Solver 对话框中，选择 Time 为 Unsteady 后，则表明当前的求解对象是一个与时间相关的非稳态问题。对于非稳态问题的计算，用户仍需从 Iterate 对话框中启动计算进程。不过，与稳态问题的 Iterate 对话框相比，非稳态问题的 Iterate 对话框有一些变化。对于非稳态问题，当用户在 FLUENT 中选择 Solve / Iterate 命令后，弹出图 7.31 所示的 Iterate 对话框。

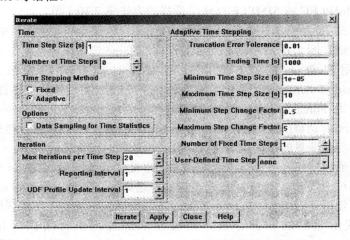

图 7.31　Iterate 对话框(对应于非稳态问题)

　　　　用户可在该对话框中，为非稳态问题设置迭代参数。其中，Time 选项组包含与时间步长及时间步数相关的参数。其中，Time Step Size 指时间步长大小。Number of Time Steps 是需要求解的时间步数。用户可以通过 Time Stepping Method 来指定时间步长是 Fixed(固定的)，还是 Adaptive(可变的)。如果选择固定时间步长，FLUENT 将使用 Time Step Size 文本框中的值作为时间步长，如果选择时间步长可变，则 FLUENT 选择 Time Step Size 文本框中的值作为初始的时间步长，然后视求解过程自动对时间步长的大小进行调节，使其与所求解的问题相适应。

　　　　选中 Data Sampling for Time Statistics 复选框，FLUENT 会向用户报告某些物理量在某些迭代步内的平均值及均方根值，这一迭代步间隔的起始位置是用户选择 Solve/Initialize/Reset Statistics 命令时的即时迭代步。

　　　　Iterate 选项组包含迭代参数。其中，Max Iterations per Time Step 设置在每个时间步内的最大迭代计算次数。在到达这个迭代数之前，如果收敛判据被满足，FLUENT 会转至下个时间步进行计算。Reporting Interval 及 UDF Profile Update Interval 两项与在稳态问题中的作用相同。

　　　　如果用户在 Time 选项组中选择了可变时间步长的方案，则会出现 Adaptive Time Stepping 选项组。该选项组内的参数用于决定如何自动计算每个时间步所使用的时间步长，用户一般可使用默认值。

　　　　同稳态问题的迭代计算一样，单击 Iterate 按钮，则开始进行迭代计算。迭代计算完成后，可调用下一节将要介绍的方法查看计算结果，还可选择 File/Write/Case&Date 命令，将当前定义的全部信息及计算结果保存到案例文件(*.cas)和 data 文件(*.dat)中。

　　　　为了更好地进行非稳态问题的求解，下面对非稳态问题的计算提出几点注意事项：

- 即使对稳态问题，也可将其按非稳态问题进行计算。特别是当稳态计算出现不稳定现象时，例如在 Rayleigh 数接近过渡区的自然对流问题，通过积分时间相关的方程，可达到一个稳态解。

- 请使用 UDF 功能(见 7.14 节)定义任何随时间或边界位置变化的边界条件。

- 如果使用分离式求解器求解，最好选择 PISO 算法；若使用 LES 湍流模型，最好选择 SIMPLEC 或 SIMPLE 算法。选择的方法见 7.10.1 节。

- 如果在图 7.5 所示的 Solver 对话框的 Unsteady Fomulation 选项组中使用了 Explicit 方式，或在图 7.31 所示的 Iterate 对话框的 Time 选项组中使用了 Adaptive 方式，建议用户激活在文本窗口打印当前时间及时间步长的功能(通过 Solve/Monitors/Statistic 命令打开 Statistic Monitors 对话框进行设置)。

- 建议使用 Force Monitor 对话框(通过 Solve/Monitors/Force 命令打开)或 Surface Monitors 对话框(通过 Solve/Monitors/Surface 命令打开)来监视随时间变化的力的大小、流场变量的平均值或流量、有关函数随时间变化的情况。

- 用户可通过 Solution Initialization 对话框(见 7.10.4 小节)设置 $t = 0$ 时刻的初始条件，还可通过 File/Read/Data 命令读取稳态数据文件来设置初始条件。

- 用户可使用 File/Write/Autosave 命令下的自动保存特性，在求解过程中每隔若干次迭代后将解的数据存盘。还可在求解过程中自动执行相关命令(通过 Solve/Execute Command 命令激活 Execute Commands 对话框来设置)。

- 用户可通过 Solve/Animate/Define 命令激活 Solution Animation 功能，自动记录流场随时间变化的动画仿真结果，以便在计算完成后播放。
- 注意保存 data 文件(*.dat 文件)，以便在以后需要的时候接着进行非稳态的计算。

7.12　计算结果的后处理

FLUENT 可以用多种方式显示和输出计算结果，例如，显示速度矢量图、压力等值线图、等温线图、压力云图、流线图，绘制 XY 散点图、残差图，生成流场变化的动画，报告流量、力、界面积分、体积分及离散相的信息等。本节只对这些功能作一简介，下一节将结合一具体实例，演示部分后处理功能。

7.12.1　创建要进行后处理的表面

FLUENT 中的可视化信息基本都是以表面(surface)为基础的。有些表面，如计算的进口表面和壁面等，可能已经存在，在对计算结果进行后处理时直接使用即可。但多数情况下，为了达到对空间任意位置上的某些变量的观察、统计及制作 XY 散点图，需要创建新的表面。FLUENT 提供了多种方法，用以生成各种类型的表面。FLUENT 在生成这些表面后，将表面的信息存储在案例文件中。现简要介绍这些表面。

- 区域表面(Zone Surfaces)。如果用户想创建一个与现有的单元区域(或单元面区域)包含相同单元(或单元面)的单元区域(或单元面区域)，可使用这种方式创建区域表面。当需要在边界上显示结果时，这类表面非常有用。用户可通过 Surface / Zone 命令打开 Zone Surface 对话框，来生成这类表面。
- 子域表面(Partition Surfaces)。当用户使用 FLUENT 的并行版本时，可通过两个网格子域的边界来生成表面。用户可通过 Surface / Partition 命令打开 Partition Surface 对话框，来生成这类表面。
- 点表面(Point Surfaces)。为了监视某一点处的变量或函数的值，需要创建这类表面。用户可通过 Surface / Point 命令打开 Point Surface 对话框，来生成这类表面。
- 线和耙表面(Line and Rake Surfaces)。为了生成流线，用户必须指定一个表面，粒子将从这个表面释放出来。线表面和耙表面就是专为此设计的。一个耙表面由一组在两个指定点间均匀分布的若干个点组成，一个线表面只是一个指定了端点且在计算域内延伸的一条线。用户可通过 Surface / Line / Rake 命令打开 Line / Rake Surface 对话框，来生成这类表面。
- 平面(Plane Surface)：如果想显示计算域内指定平面上的流场数据，则可创建这类表面。该类表面通过指定 3 个点来定义。用户可通过 Surface / Plane 命令打开 Plane Surface 对话框，来生成这类表面。
- 二次曲面(Quadric Surfaces)：为了显示在一条直线、平面、圆、球或二次曲面上的数据，用户可输入用于定义这个几何对象的二次函数的系数来创建它。该特性让用户直接地定义表面。用户可通过 Surface / Quadric 命令打开 Quadric Surface 对话框，来生成这类表面。

- 轴侧面(Isosurfaces)：用户可使用一个轴侧面来显示具有相等变量值的单元上的结果。根据 x、y 或 z 坐标生成轴侧面将给出计算域的 x、y 或 z 的垂直断面。在为压力生成的轴侧面上，用户可以显示在常压面上的其他变量数据。用户可通过 Surface / Iso-Surface 命令打开 Iso-Surface Surface 对话框，来生成这类表面。

除了上述基本的生成表面的方法外，FLUENT 还提供了 3 种对表面进行编辑和加工的功能，也可以生成新表面。

- 剪切表面(Clipping Surfaces)：如果已经创建了一个表面，但不想使用整个表面来显示数据，可通过剪切功能从中取出一个局部。用户可通过 Surface / Iso-Clip 命令打开 Iso-Clip 对话框，来生成这类表面。

- 变换表面(Transforming Surface)：用户可针对一个已有表面，进行平移或旋转变换后，得到新的表面。用户可通过 Surface / Transform 命令打开 Transform Surface 对话框，来生成这类表面。

- 组合、重命名和删除表面(Grouping, Renaming, and Deleting Surfaces)：一旦创建了多个表面后，用户可调用此功能对表面进行组合、重命名和删除操作。组合表面让用户将多个表面组合成一个表面，这样便于一次在较大区域上观察结果。用户可通过 Surface/Manage 命令打开 Surface 对话框，来生成这类表面。

7.12.2　显示等值线图、速度矢量图和流线图

1.　等值线图

等值线是在所指定的表面上通过若干个点的连线，在这条线上变量(如压力)为定值。等值线图是在物理区域上由同一变量的多条等值线组成的图形。等值线图包含线条图形和云图两种。云图实际是用特定的颜色来填充表面上变量取相近值的区域。

选择 Display/Contours 命令，弹出 Contours 对话框，如图 7.32 所示。在该对话框中，用户可通过 Contours Of 下拉列表框确定显示哪个变量的等值线，通过 Surfaces 确定显示哪个面上的值，在 Options 选项组中可以选择是否以填充方式(云图方式)显示，是否同时显示网格。

在 Min 及 Max 栏中指定了要显示的等值线的取值范围。默认情况下，FLUENT 根据整个计算域上的值来决定这两个值的大小。有时，这种情况可能造成颜色上的失调，即某种颜色占据绝对支配地位。如 blue 对应于 0，red 对应于 10，而所关心的表面上变量的取值范围是 4～6，这样，整个表面上的颜色可能全是 green。为此，用户可以关闭 Auto Range 选项，然后在 Min 及 Max 文本框输入特定的范围值，如分别输入 4 和 6。当用户想显示默认范围时，单击 Compute 按钮后，Min 及 Max 的值得到更新。选中 Clip tp Range，表示凡是超出显示范围的值，不予显示。

此外，用户还可通过取消选中 Global Range，告诉 FLUENT 不要从整个计算域内确定显示范围，而是从当前表面的区域内确定取值范围。

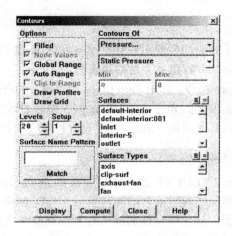

图 7.32　Contours 对话框

2.　速度矢量图

速度矢量图是反映速度变化、旋涡、回流等的有效手段，是流场分析最常用的图谱之一。在默认情况下，矢量在每个网格单元的中心绘制，用箭头表示矢量的方向，用箭头的长度和颜色表示矢量的大小。

选择 Display / Velocity Vectors 命令，弹出 Vectors 对话框，如图 7.33 所示。用户可以通过 Surfaces 列表指定要显示哪个表面的速度矢量，通过 Vectors Of 决定显示哪种速度(绝对速度或相对速度)及根据什么变量(如温度值、湍动能等)的值来决定颜色，通过 Style 决定箭头的大小和形式，通过 Options 设置类似 Contours 对话框中的选项。

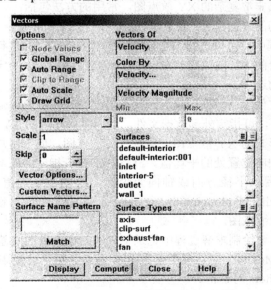

图 7.33　Vectors 对话框

3. 流线图

将计算域内无质量粒子的流动情况可视化。这些粒子从用户创建的一个或多个表面上释放(用户可通过 Surface 命令中的相关工具创建表面)。

选择 Display / Path Lines 命令,弹出 Path Lines 对话框。用户可指定粒子从哪个表面上释放出来,然后说明相关选项,如 Step Size 和 Steps,便可显示流线。这里,Step Size 用于计算粒子在下一个位置的长度间隔,Steps 用于设置粒子在前行过程中的最大的间隔数。

4. 显示卷曲面上的结果

即使不创建相应的表面,FLUENT 也可以使用卷曲面(Sweep Surface)来检查各种不同的计算域截面上的网格、等值线或矢量。例如,要显示 3D 燃烧室内的结果,不需要在各个不同位置创建多个横截面,只使用卷曲面就可达到观察整个燃烧室内流动及温度变化情况。要使用 Sweep Surface 功能,可选择 Display / Sweep Surface 命令,然后在打开的 Sweep Surface 对话框中进行相应设置即可。

7.12.3　绘制直方图与 XY 散点图

FLUENT 允许用户从解的结果、data 文件、残差数据中提取数据,来生成直方图与 XY 散点图。直方图是由数据条所组成的图形。XY 散点图是由一系列离散数据构成的线或符号图表。FLUENT 允许用户在这类图表中虚拟地定义任何变量或函数。为了将计算结果与实验结果对比,FLUENT 允许用户从外部数据文件中读取数据。用户还可使用 XY 散点图绘制某个变量的残差历程,或其随时间变化的情况。用户可以使用来自于若干个区域、表面或文件中的数据生成非常复杂的 XY 散点图。常用的方法包括:

- 根据当前流场的解创建 XY 散点图。选择 Plot / XY plot 命令,在打开的 Solution XY Plot 对话框框中,可以选择与当前流场有关的参数,并进行相关设置,然后可得到指定场变量的 XY 散点图。在 Solution XY Plot 对话框中还有用于将生成的 XY 散点图存盘的选项。
- 从外部数据文件中取数据创建 XY 散点图。选择 Plot / File 命令,在打开的 File XY Plot 对话框中,可指定外部数据文件,然后生成相应的 XY 散点图。
- 圆周平均值形式的 XY 散点图。这种 XY 散点图,便于用户发现某一变量在几个不同半径或轴向位置处的平均值。FLUENT 在一指定的圆周区域内计算某个量的平均值,然后以半径方向或轴向为坐标,绘制该平均值。用户可选择 plot / circum-avg-radial 或 plot/circum-avg-axial 命令,在打开的对话框中,进行相关设置,然后生成 XY 散点图。
- 绘制残差图。要绘制求解过程中记录下来的某个变量的残差值,可在图 7.28 所示的 Residual Monitors 对话框中单击 Plot 按钮。用户可使用 Plot / Residuals 打开 Residual Monitors 对话框。
- 绘制直方图。直方图的横坐标是所希望的解的量(如密度),纵坐标是单元总数的百分比。使用 Plot/Histogram 命令,打开 Solution Histogram 对话框,用户可设置要绘制的直方图的内容及坐标轴，然后单击 Plot 即可绘制完成。

7.12.4　生成动画

FLUENT 可生成由一个接一个的静止画面组成的连续动画进程。用户可在图形窗口中构造场景，通过移动或缩放对象来修改场景，改变某些对象的颜色和可见性等。FLUENT 可平滑处理两帧画面之间的过渡，创建具有指定帧数的多媒体画面。

这些工作可借助 Animate 对话框完成。选择 Display / Scene Animation 命令，弹出 Animate 对话框。用户不仅可以在该对话框中创建动画，还可播放或保存动画文件，此外，还可将动画记录到影像磁带上，用于在 DV 等系统下播放。

7.12.5　报告统计信息

FLUENT 提供了许多计算和报告表面和边界积分值的工具。这些工具可以让用户得到通过边界的物质质量流量和热量传递速率，在边界处的作用力以及动量值，还可以得到在一个面上或者在一个体中的面积、积分、流量、平均值和质量平均值(其他量)。另外，用户还可以得到几何形状和求解数据的直方图，设置无因次系数的参考值以及计算投影表面积。用户也能打印或者存储一个包括当前案例中的模型设置、边界条件和求解设定等情况的摘要报告。可报告的信息主要包括：

- 通过边界的流量。使用 Flux Reports 对话框，用户可获得在选择的边界区域上的质量流量、热传导率或者辐射热传导率。该对话框可通过 Report / Fluxes 命令打开。
- 边界上的作用力。使用 Force Reports 对话框，用户可获得指定壁面区域内沿着指定矢量方向的作用力或关于指定中心位置的力矩的报告。这个特性可以被用于报告像升力、阴力及机翼计算的动量系数等空气动力学系数。该对话框可通过 Report / Forces 命令打开。
- 投影面积。使用 Projected Surface Areas 对话框，对已选择的面沿着 x、y 或 z 轴方向(例如在 yz、xz 或 xy 平面上)计算估计的投影面积。这一特性仅在 3D 情况下可以使用。该对话框可通过 Report / Projected Areas 命令打开。
- 表面积分。使用 Surface Integrals 对话框，用户可以针对一个选定的场变量，在计算域内指定的表面上，获得面积信息、质量流量、积分、总和、面最大值、面最小值、顶点最大值、顶点最小值，或质量平均量、面积平均量、表面平均量、顶点平均量等。该对话框通过 Report / Surface Integrals 命令打开。
- 体积分。使用 Volume Integrals 对话框，用户可以针对一个选定的场变量，在计算域内指定的单元区域内，获得体积、总和、体积积分、体积加权平均、质量积分和质量加权积分等。该对话框通过 Report / Volume Integrals 命令打开。
- 直方图报告。在 FLUENT 中，用户可以在控制台窗口中以直方图格式打印出几何和结果数据。该过程与 7.12.3 小节的绘制直方图的过程基本一样，只不过原来是在图形窗口给出信息，而这里是在文本窗口显示信息。用户可通过在 7.12.3 小节所生成的 Solution Histogram 对话框中单击 Print 按钮实现这一过程。

● 参考值设定。在 FLUENT 中，某些物理量或无量纲系数是使用参考值来计算的，例如，作用力系数使用参考面积、密度和速度来计算，压力使用参考压力来计算，Reynolds 数使用参考长度、密度和粘度来计算，等等。能被设置参考值的量包括 Area、Density、Enthalpy、Length、Pressure、Temperature、Velocity、dynamic Viscosity 和 Ratio Of Specific Heats。用户可使用 Reference Values 对话框来设置这些参考值。该对话框通过 Report / Reference Values 命令打开。

● 模型总体信息。FLUENT 允许用户得到案例文件中的当前设定，即列出物理模型、边界条件、材料属性和求解控制等设置情况。这个报告可以让用户对当前的问题定义有一个总的看法，而不用逐个打开对话框进行检查。该功能通过 Summary 对话框完成。用户可从 Report / Summary 命令，弹出该对话框。

在下一节，将结合具体实例介绍上述部分后处理功能的使用方法及效果。

7.13　FLUENT 应用实例

本节以一 2D 离心泵为例，演示如何在 FLUENT 中进行其内部流场的求解计算。该实例以 6.4 节生成的网格模型为基础，请读者参阅 6.4 节获得对该问题的详细描述。

这里，将泵内流体分为两部分：随叶轮一起转动的部分和涡壳内的非转动部分，这样就对应两个计算区域。这里拟采用如下求解特征：

● 使用 2D 分离式求解器，流动按稳态问题处理。

● 不考虑热交换，即屏蔽能量方程。

● 使用标准 k-ε 湍流模型。

● 速度压力耦合方式采用 SIMPLEC 解法，使用默认的欠松弛因子。

● 使用速度进口、壁面、出流及两个流体区域的边界条件。

● 使用多重参考系(MRF)求解包含转动区域的问题。

● 各控制方程的离散格式均用二阶迎风格式。

● 启动所有求解变量的残差监视功能，收敛判据均为 0.001。

● 用进口边界上的速度值初始化流场的解。

● 迭代计算限定在 400 次。

● 后处理环节显示压力等值线、速度矢量图、湍流强度等值线。

7.13.1　导入并检查网格

在 FLUENT 中，需要首先导入在 GAMBIT 中建立的网格文件，并对网格进行检查和光顺，按下述过程进行：

(1) 读入网格。在 FLUENT 中，选择 File / Read / Case 命令，在弹出的对话框中读入在 6.4 节生成的网格文件 Pump2D.msh

(2) 网格按比例缩放。在 GAMBIT 中，生成网格使用的单位是 mm，在 FLUENT 中默认单位是 m，需要缩放。为此，选择 Grid / Scale 命令，在弹出的 Scale Grid 对话框中，在 Grid Was Created In 下拉菜单中，选取 mm，然后单击 Scale 按钮。

(3) 选择角速度单位。这主要是为了后续定义转动参考系作准备。为此，选择 Define / Units 命令，在打开的 Set Units 对话框的 Quantities 下拉列表中选择 angular-velocity，在 Units 下拉列表中选择 rpm，单击 Close 按钮关闭对话框。

(4) 检查网格。选择 Grid / Check 命令，FLUENT 将对计算网格的不同参数进行检测并在控制台窗口显示相应信息，请特别注意最小体积参数，确保该值为正数。

(5) 光顺网格与交换单元面。该操作主要是为了改善网格质量，FLUENT 要求对三角形和四面体网格进行此操作。选择 Grid / Smooth / Swap 命令，在打开的 Smooth / Swap Grid 对话框中，使用默认参数，单击 Smooth 按钮和 Swap 按钮。当 Swap Info 选项组中的 Number Swapped 显示不为 0 时，重复单击 Swap 按钮。

(6) 网格显示。选择 Display / Grid 命令，弹出图 7.2 所示的 Grid Display 对话框。在对话框的 Surfaces 选项组中，给出了定义的所有边界和区域名称。我们注意到，网格由两部分流体区域组成，即包围叶片的流体区域 fluid_1 和蜗壳中的流体区域 fluid_2(在导入网格时，控制面台窗口有显示)，但在 Grid Display 对话框中，两个流体区域被分别显示为 default-interior:001 和 default-interior。在后续的步骤中，将把流体区域与 interior 区相关联，将把包含叶片的流体区域作为旋转参考系求解。单击 Display 按钮，将显示类似于图 6.18 所示的网格图。图中，包围叶片的流体区域 fluid_1 与外围流体区域 fluid_2(即蜗壳中的流体区域)被壁面边界 wall_2 分离开来。壁面边界 wall_2 在网格生成时用于分隔两个流体区域，在稍后设置边界类型时，FLUENT 将把它转换成 interior 区域。我们注意到，在导入网格时，FLUENT 为该壁面生成了一个相应的 shadow wall，名为 wall_2.shadow。FLUENT 将为所有两侧均有 fluid 区域的 wall 生成一个 shadow wall，稍后会说明 shadow wall 的作法。

7.13.2　选择求解器及计算模型

按下述过程选择求解器的格式与计算模型，并设置运行环境：

(1) 选择求解器。选择 Define/Models/Solver 命令，弹出图 7.5 所示的 Solver 对话框。在 Solver 选项组中选择 Segregated(分离式求解器)，在 Space 选项组中选择 2D(二维问题)，在 Time 选项组中选择 Steady(稳态流动)，其他用默认值。

(2) 设置运行环境。选择 Define/Operating Conditions 命令，弹出图 7.6 所示的 Operating Conditions 对话框。保持 FLUENT 默认的参考压力值(一个标准大气压)和零参考压力的位置 (0,0)，选中 Gravity 复选框，表示计及重力，并在 Y 一栏输入"-9.81"。

(3) 屏蔽能量方程。选择 Define / Models / Energy 命令，弹出图 7.8 所示的 Energy 对话框。取消选中 Energy Equation 复选框。

(4) 设置湍流模型。选择 Define / Models / Viscous 命令，弹出 Viscous Model 对话框，如图 7.9 所示。保留图 7.9 所示的默认设置，即表示选择标准 $k\text{-}\varepsilon$ 模型，模型的系数均用默认值。

7.13.3　定义材料

本例中流动介质为水，FLUENT 材料数据库中已包含 water_liquid 这一介质，因此，直接复制即可。为此，选择 Define / Materials 命令，弹出图 7.14 所示的 Materials 对话框，单击 Database 按钮，打开 FLUENT 材料数据库，在新对话框的 Fluid Materials 下拉列表中选择 water-liquid[h2o<1>]，单击 Copy 按钮。单击 Close 按钮关闭 Materials 对话框。

7.13.4　设置边界条件

按下述过程设置边界条件：

(1) 将 wall_2 改为 interior 类型。这里，wall_2 是两个流体区域的交界面，应将其转换为 interior 类型。为此，选择 Define / Boundary Conditions 命令，弹出图 7.15 所示的 Boundary Conditions 对话框。从 Zone 列表中选择 wall_2，然后在 Type 列表中选择 interior，FLUENT 将弹出一个提示框，点击 Yes 按钮，FLUENT 会自动将 wall_2 和 wall-shadow_2 合并为 interior 类型。在新弹出的提示框中单击 OK 按钮，使用默认的名称(interior-5)。

(2) 找出随叶片一起转动的 fluid 区域。选择 Display / Grid 命令，弹出图 7.2 所示的 Grid Display 对话框。

注意：　　当读入网格时，我们并不清楚哪个 fluid 区域与哪个 interior 区域相对应，interior 区域可以在 Grid Display 对话框中选中，而 fluid 区域则不能。但我们可通过在控制台窗口中使用相关命令，即可找出 fluid 区域，从而达到区域关联的目的。为此，按下述过程找出 fluid 区域：

① 在 Grid Display 对话框中，单击 surfaces 右上侧的不带阴影的按钮，取消所有选择。

② 单击对话框底部的 Outline 按钮，选取所有的边界。

③ 单击 Display 按钮，显示各边界。此时，我们看到，只有 fluid 区域的边界显示出来。

④ 在控制台窗口中，输入以下命令(注意，按 Enter 键来获取命令提示符)：

```
> display
/display> zone-grid
()
zone id / name(1) [()] 001
zone id / name(2) [()] 回车
```

结果如图 7.34 所示，图中显示出了与转动区相对应的 fluid_1 区域内的网格。

(3) 为 fluid 区域 fluid_1 定义转动参考系。为此，选择 Define / Boundary Conditions 命令，打开 Boundary Conditions 对话框，然后按下述过程操作：

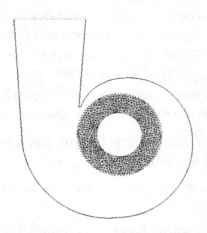

图 7.34　fliud_1 内的网格

① 从 Zone 列表中选中 fliud_1，单击 Set 按钮后，弹出 Fluid 对话框，如图 7.23 所示。

② 在 Material Name 下拉列表中，选择 Water-liquid。

③ 保持 Rotation-Axis Origin 的默认值(0,0)。该点为旋转区域圆形边界的曲率中心。

④ 在 Motion Type 下拉列表中，选择 Moving Reference Frame。

⑤ 下拉滚动条，将 Rotational Velocity 设为－1470rpm。单击 OK 按钮关闭对话框。

(4) 按类似办法，为另一个 Fluid 区域 fliud_2 选择流动介质为 Water-liquid，其他参数使用默认值。注意该区域不是转动参考系。

(5) 设置进口边界。将进口 Inlet 设为 velocity-inlet(速度进口边界条件)，在 Velocity Inlet 对话框的 Velocity Magnitude 文本框中输入"2.2" m/s(取自已知条件)。

(6) 设置出口边界。将出口 Outlet 设为 Outflow(出流边界条件)，参数使用默认值。

(7) 定义代表叶片的壁面区域(wall_1)相对于转动流体区域 fluid_1 的转动速度(注意流体区域 fluid_1 被指定为转动参考系)。为此，按下述过程进行：

① 在 Boundary Conditions 对话框中单击 wall_1，然后单击 Set 按钮，启动 Wall 对话框。

② 在 Momentum 选项卡中，选中 Moving Wall。展开后的对话框将显示运动参数。

③ 在 Motion 选项组中，选择 Relative to Adjacent Cell Zone 和 Rotational。

④ 将速度(相对值)Speed 设为 0 rad/s，即叶片壁面相对于 fluid_1 转动区域的速度为 0。

设置完成后，转动轴的原点(Rotation-Axis Origin)将位于(0,0)，这样，叶片将随周围流体一起同速转动。

7.13.5　求解

过程如下：

(1) 选择求解控制参数。选择 Solve / Controls / Solution 命令，弹出图 7.26 所示的 Solution Controls 对话框。在 Discretization 选项组中，对速度与速度与压力耦合方式，选择 SIMPLEC，对 Momentum(动量)、Turbulence Kinetic Energy(湍动能)和 Turbulence Dissipation

Rate(耗散率)，均选择 Second Order Upwind(二阶迎风各式)，其余用默认值。

(2) 启动绘制残差功能。选择 Solve/Monitors/Residual 命令，弹出图 7.28 所示的 Residual Monitors 对话框。在 Options 选项组中，选中 Plot 复选框，单击 OK 按钮，其余用默认值。

(3) 用进口的流动初始条件初始化整个流场的解。选择 Solve/Initialize/Initialize 命令，弹出图 7.29 所示的 Solution Initialization 对话框。在 Compute From 下拉列表中选择 inlet(代表进口边界)，在 Reference Frame 组合框中，选择 Absolute，单击 Init 按钮。

💡 注意：　本例中，选择了绝对的参考系来初始化流场的解，有时选择 Relative to Cell Zone 可能会使求解更快地收敛。

(4) 保存设置文件。选择 File / Write / Case 命令，将当前设置保存到案例文件 Pump2D.cas。

(5) 启动迭代计算。选择 Solve / Iterate 命令，弹出图 7.30 所示的 Iterate 对话框，设置迭代次数为 400，其余用默认值。单击 Iterate，迭代开始。

迭代过程在进行的时候，图 7.35 显示残差值在逐渐减小，在迭代计算约 235 次后，得到收敛结果(所有残差都低于 0.001)。

(6) 保存计算结果。选择 File / Write / Case&Date 命令，将当前定义的全部信息及计算结果保存到案例文件(Pump2D.cas)和数据文件(Pump2D.dat)中。

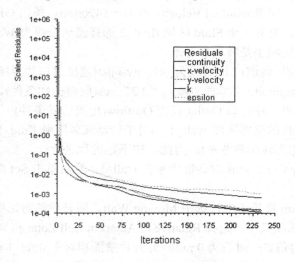

图 7.35　监视得到的残差值

7.13.6　后处理

(1) 显示压力等值线。选择 Display / Contours 命令，弹出 Contours 对话框，如图 7.32 所示。在 Contours Of 下拉列表中选择 Pressure 和 Static Pressure，取 Levels 为 10，单击 Display，得到总压等值线图，如图 7.36 所示。

(2) 显示速度矢量图。选择 Display / Velocity Vectors 命令，弹出 Velocity Vectors 对话框，单击 Display 按钮，得到速度矢量图，如图 7.37 所示。

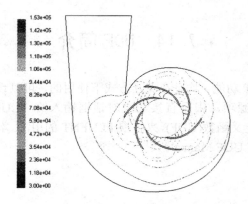

图 7.36　总压等值线图

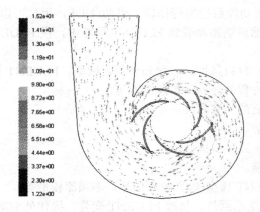

图 7.37　速度矢量图

(3)　显示湍流强度等值线图(云图方式)。选择 Display / Contours 命令，弹出 Contours 对话框。在 Contours Of 下拉列表中选择 Turbulence 和 Turbulent Intensity，将 Options 选项组中的 Filled 复选框选中，单击 Display，得到湍流强度的等值线图，如图 7.38 所示。

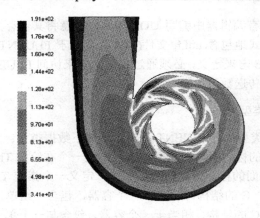

图 7.38　湍流强度的等值线图

7.14   UDF 简介

前面介绍的 FLUENT 功能，均是在交互方式下使用的，可以设想，对于复杂的边界条件或用户自定义的方程源项，很难直接通过对话框输入给 FLUENT，因此，需要使用 FLUENT 提供的用户自定义函数(UDF)，来扩展 FLUENT 的用法。本节只对 UDF 作一简介，详细内容参见《FLUENT UDF Manual》[8]。

7.14.1   UDF 功能

UDF 是 User-Defined Function 的简称，意为用户自定义函数。它是一个在 C 语言基础上扩展了 FLUENT 特定功能后的编程接口。借助 UDF，用户可以使用 C 语言编写扩展 FLUENT 的程序代码，然后动态加载到 FLUENT 环境中，供 FLUENT 使用。UDF 的主要功能包括：

- 定制边界条件、材料属性、表面和体积反应率、FLUENT 输运方程的源项、用户自定义的标量方程的源项、扩散函数等。
- 调整每次迭代后的计算结果。
- 初始化流场的解。
- (在需要时)UDF 的异步执行。
- 强化后处理功能。
- 强化现有 FLUENT 模型(如离散相模型、多项流模型等)。
- 向 FLUENT 传送返回值、修改 FLUENT 变量、操作外部案例文件和 data 文件。

7.14.2   UDF 基本用法

1.   用户程序的结构

用户可在任何 C 语言编辑器中编写 UDF 程序，注意将其保存为扩展名是.c 的文件。UDF 程序的开头必须显式地包含 udf.h 文件(该文件存放于 FLUENT 的安装目录下)，用户的函数必须通过 DEFINE 宏来定义，必须通过预定义宏来访问 FLUENT 求解器。UDF 使用国际单位制向 FLUENT 传送数值。

2.   可使用的数据类型

除了标准 C 的数据类型外，FLUENT 还提供了如下数据类型：

- cell_t   为单元的标识提供的数据类型，定义一个在给定 Thread 内的特定单元
- face_t   为单元面的标识提供的数据类型，定义一个指定 Thread 内的特定单元面
- Thread   是一个 C 的结构，相当于一个容器，包含一组单元或单元面的公共数据
- Node   是一个 C 的结构，相当于一个容器，包含与一个单元或单元面相关的各个角点的数据

● Domain　是一个 C 的结构，相当于一个容器，包含与网格中一部分节点、单元面、单元组成的集合相关的数据

3. 用户函数的定义

用户必须通过 DEFINE 宏来定义自己的函数，如

DEFINE_PROFILE(inlet_x_velocity, thread, index)

定义了一个名为 inlet_x_velocity 的函数。thread 和 index 是由 FLUENT 传送给该函数的两个参数，thread 表示边界条件区域的代号，index 用于识别被存储的变量。一旦该 UDF 被加载到 FLUENT 中，它的名称(inlet_x_velocity)将出现在相应边界条件对话框(如 Velocity Inlet 对话框)的下拉列表中，用户可以看到，也可以访问。

4. 用户程序的使用

在将程序存盘后，用户可利用 FLUENT 支持的外部 C 语言编译器对程序进行编译和链接，也可直接作为解释型语言交给 FLUENT 解释执行。在两种方式下，程序结构及内容是基本一致的，惟一区别就是二者可以调用的 C 语句不同，有些 C 语句在解释型程序中不能使用(如 goto 语句)。编译型的 UDF 程序要比解释型的 UDF 程序功能强大，但要占有较多的内存资源。当然，解释型的程序完全可以用来编译。一般使用解释型的 UDF 程序就足够。

要将 UDF 源程序在 FLUENT 中运行，须遵循以下基本步骤：

● 定义要求解的问题。
● 编制基于 C 语言的 UDF 源代码。
● 运行 FLUENT，读入并设置案例文件。
● 将 UDF 源代码装入解释器进行解释。
● 将 UDF 与 FLUENT 进行关联。
● 开始计算。
● 分析计算结果，并与期望值比较。

7.14.3　UDF 应用实例

现结合一具体实例，说明 UDF 的用法。在该实例中，进口断面上的速度边界条件不是常数，而是按照一关系式变化。现演示如何设置这类边界条件。该实例取自文献[8]。

1. 问题描述

如图 7.39 所示的涡轮叶片，现使用非结构网格模拟叶片周围的流场，计算域上下两折线边界具有周期性，左侧是速度入口，右侧是压力出口。

现已知入口 x 方向速度 u_x 不为常数，沿 y 方向抛物线分布，具体关系式为：

$$u_x = 20 - 20\left(\frac{y}{0.0745}\right)^2 \tag{7.12}$$

其中，$y=0$ 表示进口中心位置，$y=\pm 0.0745$ 表示进口上下边界位置。在进口中心处，速度值为 20m/s。在上下边界处理为 0。

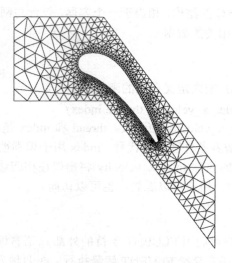

图 7.39　模拟涡轮叶片周围流场使用的网格

2.　编制 C 语言源代码

现在，可使用任意文本编辑器来书写 C 语言代码。完成后，以扩展名.c 保存源代码文件，这里假定为 udfexample.c。下面给出代码实例。注意 UDF 的函数由最前面的 DEFINE宏来定义，DEFINE_PROFILE 宏用来表示下面的代码是为求解器提供边界信息。

```
/**********************************************************/
/* udfexample.c */
/* UDF 程序，指定稳态速度进口边界条件 */
/**********************************************************/
#include "udf.h"
DEFINE_PROFILE(inlet_x_velocity, thread, index)
{
  real x[ND_ND];  /* 对应于位置矢量，real 相当于 double */
  real y;
  face_t f;
  begin_f_loop(f,thread)  /*对由 thread 传入的所有单元面循环*/
  {
  F_CENTROID(x,f,thread);
  y = x[1];
  F_PROFILE(f,thread,index)=20-y*y/(0.0745*0.0745)*20;
  }
  end_f_loop(f,thread)
}
```

在 DEFINE_PROFILE 宏的第 1 个参数 inlet_x_velocity，用来标识 Velocity Inlet 对话框中的函数。该名称可由用户任意指定，函数中的关系式，即式(7.12)，将作用到一个指定边界区域(由 thread 指定)中的所有单元面(由对单元面的循环中的 f 指定)。这里的给定边界区域 thread 是由用户在 FLUENT 中通过设置边界条件的对话框选择边界区域时自动定义的。index 通过 begin_f_loop 宏自动定义。在本例中，begin_f_loop 宏用于在边界区域内的所有单元面循环。对于每个单元面,单元面中心的坐标通过 F_CENTROID 宏来访问,访问后得到的纵坐标,通过变量 y 送给速度计算式,得到的速度值再通过 F_PROFILE 宏赋给单元面。

注意,这里共用到了 5 个宏,分别是 DEFINE_PROFILE、begin_f_loop、F_CENTROID、F_PROFILE 和 end_f_loop,这些宏都是 FLUENT 定义的,用户可像使用普通的 C 函数那样使用它们,不必关心其细节,用户可参考 UDF 手册了解更多的宏。只要有 C 语言的基础,编写引入了 FLUENT 宏的应用程序,与编写普通 C 程序并无两样。

3.　启动 FLUENT 并设置案例文件

按正常情况启动 FLUENT,读入并设置案例文件,设置 FLUENT 使用的网格及相关计算模型。

4.　装载并解释 C 语言源代码

按下述过程将前面完成的 C 语言源代码装入 FLUENT,并对其进行解释执行:

(1) 选择 Define/User-Defined/Functions/Interpreted 命令,打开图 7.40 所示的 Interpreted UDFs 对话框。

(2) 在 Source File Name 文本框中输入 C 语言源代码文件(如前面生成的 udfexample.c),或者单击 Browse 按钮选择文件。

(3) 在 CPP Command Name 文本框中指定所要使用的 C 预处理器,一般情况下,使用默认的 cpp 即可。

(4) 在 Stack Size 微调框中设置堆栈大小,一般用默认值 10 000 即可,除非程序中定义了太多的局部变量。

图 7.40　Interpreted UDFs 对话框

(5) 如果愿意,可选中 Display Assembly Listing 复选框,这样,可在控制台窗口中查看对 C 代码进行解释后形成的汇编代码。

(6) 单击 Interpret 按钮,开始对 C 源代码进行解释处理。如果解释过程中出现错误信息,用户需要修改源程序,用户也可以在 FLUENT 中对程序进行调试。

(7) 没有错误后,关闭对话框。然后选择 File/Write/Case 命令,将解释处理后生成的名为 inlet_x_velocity 的 UDF 函数与其他信息一起保存到案例文件中,供稍后指定边界条件时使用。

💡 **注意:**　用户可从 Define/User-Defined/Functions/Compiled 命令打开 Compiled UDFs 对话框,对 C 语言源代码进行编译。

5.　将 UDF 与 FLUENT 相关联

按没有使用 UDF 时一样,选择 Define / Boundary Conditions 命令,弹出图 7.15 所示的 Boundary Conditions 对话框。然后,单击要设定速度进口的边界名称,单击 Set 按钮后,进入图 7.41 所示的 Velocity Inlet 对话框,我们注意到函数名称 inlet_x_velocity 已经出现在相应下拉菜单中。这时,在 X-Velocity 下拉列表中,可选择 udf inlet_x_velocity,此名称是由例中的函数给定的。一旦选中,UDF 将会替代 X-Velocity 中的 0 值进行运算。单击 OK 按钮接受新的边界条件，关闭对话框。

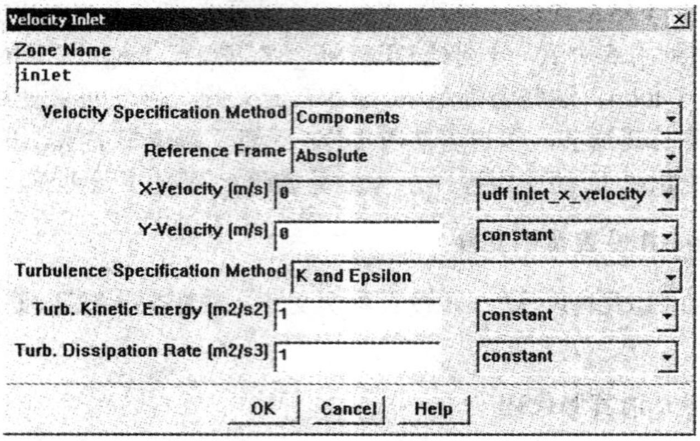

图 7.41 Velocity Inlet 对话框

6. 进行计算

按照和没有使用 UDF 时一样的方式，进行其他设置后，便可开始 FLUENT 计算。后续过程不再重复。

7.15 本 章 小 结

本章首先介绍了 FLUENT 的总体功能，然后介绍了软件的基本用法，最后结合离心泵实例给出了在 FLUENT 中开展 CFD 模拟的操作步骤。

总体来讲，FLUENT 的用法分为网格导入与检查、求解器与计算模型的选择、边界条件的设置、求解器的设置、求解计算等几大环节。首先，边界条件的设置是最不容易掌握、对计算结果有重要影响的关键环节，读者应该掌握对于不同的问题、在不同的情况下如何选择和使用边界条件。对于复杂的边界，应学习使用 UDF 来定义边界条件。其次，与计算模型有关的内容，如湍流、多相流、离散相、辐射和组分输运等，由于涉及更多的相关知识，对于部分读者可能比较难于理解和掌握，但工程实际问题往往是这些模型的组合，因此，需要多花些时间补充相关知识。再者，要想在 FLUENT 中得到一个真实的解，计算模式与控制参数也是很重要的，如离散格式的选取、欠松弛因子的设置、参考压力的设置、流场的初始化等，有时也会起到重要作用。最后，计算网格虽然不是在 FLUENT 中创建，但网格的类型、网格的密度及局部的处理等对计算效率及精度有很大影响，有时甚至决定计算能否进行。因此，一个实际问题的计算，需要从一开始就经过深思熟虑，并精心安排从前至后的每个环节，注意分析和比较得到的计算结果，在大量实践的基础上，积累经验。此外，全面掌握本书前六章内容，是有效使用 FLUENT 的前提。

本章给出了一个计算实例，读者可结合该实例学习 FLUENT 的用法。下一章结合另外的例子介绍 FLUENT 在不同领域的应用可能性及应用效果。

7.16　复习思考题

(1)　FLUENT 的主要功能包括哪些?

(2)　FLUENT 提供了哪些主要计算模型,各用在什么场合下?

(3)　何时需要使用能量方程?请各举 3 个可以不使用和必须使用能量方程的例子。并说明在 FLUENT 中哪些环节涉及与能量计算相关的设置。

(4)　如果在水轮机的流体中含有砂粒,应使用什么样的模型求解内部流场,叶片表面的作用力如何得到。

(5)　在 FLUENT 中,压力是相对值还是绝对值?参考压力有何作用,如何设置和利用它?

(6)　何为流体区域(fluid zone)和固体区域(solid zone)?为何要使用区域的概念?FLUENT 怎样使用区域?

(7)　在 FLUENT 中,材料包含哪些属性?用在何处?如何使用 FLUENT 数据库中已定义好的材料?

(8)　常用的边界条件包含哪些?周期性边界条件和对称性边界条件如何使用?请列举两个不同的计算问题,给出其边界条件组合。

(9)　分析各种空间离散格式对解的影响及其适用性。

(10) 简述分离式求解器与耦合式求解器的适用场合,分析两种求解器在计算效率与精度方面的区别。

(11) 如何监视FLUENT的计算结果?如何判断计算是否发散?分析影响计算收敛性的各控制参数,并说明如何选择和设置这些参数。

(12) 在计算完成后,如何显示某一断面上的温度值?如何得到速度矢量图?如何得到流线?

(13) 假定在室内中央有一风扇,现使用风扇(fan)边界条件,在 FLUENT 中制作 2D 分析模型,分析风扇对室内流场的影响(分室内封闭和开窗两种情况)。室内尺寸和风扇性能由读者自己设计。要求给出计算步骤和计算结果,并以等值线、矢量图及流线三种方式显式流场结果。

第 8 章　CFD 综合应用实例

使用前面给出的相关知识，本章介绍几个 CFD 应用实例。这些例子都是实际的工程项目，全部在 FLUENT 环境下完成。希望读者能通过本章进一步掌握 CFD 在不同问题上的处理方式。

8.1　偏心圆环内自然对流换热模拟

在 6.3 节给出了一个二维偏心圆环内的自然对流换热问题。请参考图 6.10，内表面温度为 370℃，外表面温度为 340℃，圆环内充满空气。由于温差及浮升力的作用，空气在环形空间内形成了自然对流。在第 6 章已经生成了该问题的计算网格(见图 6.13)，现对其进行对流换热模拟。介绍该算例的主要目的是说明能量方程、恒温壁面边界条件及对称边界条件的使用方法。

8.1.1　自然对流换热过程模拟

换热过程模拟在 FLUENT 中进行。参照第 7 章介绍的操作步骤，依次读入网格、设置计算模型、选择求解器及离散格式、设置边界条件及相关参数，最后求解计算。下面分别介绍这些过程。

1.　准备计算网格

以二维单精度(2d)方式启动 FLUENT，然后选择 File/Read/Case 命令，在弹出的 File 对话框中，选择先前(6.3 节)生成的网格文件 Test2D.msh。接着，选择 Grid/Scale，弹出 Scale Grid 对话框，将 X 和 Y 方向的比尺均设为 0.001，这是由于 GAMBIT 构建网格时使用的长度单位是 mm，而 FLUENT 使用的是 m。最后，调用 Grid 子菜单下的其他命令对网格作进一步检查和修改。

2.　设置模型

首先，按 7.5 节给出的方法，采用默认的求解器设置，即选择分离式求解器，按稳态问题处理，采用绝对速度公式。接着，按 7.6 节给出的方法，设置粘性模型为层流模型，激活能量方程。最后，按 7.7 节给出的方法，修改当前材料列表中 air 的属性，将 air 的密度由常数改为 incompressible-ideal-gas(不可压理想气体)，其他属性不变。

3.　给定边界条件

对于该模型的边界划分，在 6.3 节已有详细说明。现在，按 7.8 节与 7.9 节给出的方法，将大圆弧边界设定为恒温壁面，温度值为 340℃；将小圆弧边界同样设定为恒温壁面，温度值为 370℃；将另外两条线段构成的边界设定为对称边界(只需要指定边界性质即可)。另外，指定 air 区域的类型为流体，并选中刚才生成的 air 材料类型。

4. 设置求解控制参数

按 7.10 节给出的方法，欠松弛因子和离散格式均采用默认值，将能量的收敛判据改为 10^{-7}，其余变量的收敛判据改为 0.0001，流场的解用默认值初始化。为了便于观察计算过程中残差的变化情况，打开残差监视窗口。

5. 迭代计算

按 7.11 节给出的方法，将迭代计算的迭代次数设为 200。FLUENT 在迭代 115 次后，将达到规定的收敛精度。该系统共有 961 个节点，迭代计算需要 10 秒左右完成。

8.1.2　计算结果

在 FLUENT 中生成的流场计算结果如图 8.1～8.4 所示。其中，图 8.1 是等温线图，图 8.2 是速度矢量图，图 8.3 和图 8.4 是静压和总压分布结果。

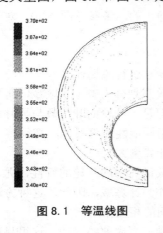

图 8.1　等温线图

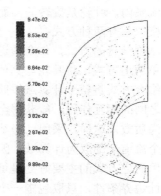

图 8.2　速度矢量图

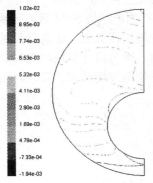

图 8.3　静压等值线图

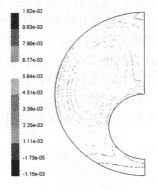

图 8.4　总压等值线图

从等温线图可以看到，在贴近壁面的区域，等温线与壁面近似平行，这与大小圆筒的壁面是恒温的前提是一致的。从速度矢量图和总压等值线图中可以看到，在小圆筒的正上方和靠近壁面的地方对流强烈，在区域的中间有一个总压的低压区，那里流速较慢。

此外，FLUENT 还通过积分得出了通过圆筒壁面的热量。通过小圆筒壁面的热量是9.147707W，正值表示小圆筒是热源，向计算区域散热；通过大圆筒壁面的是-9.1439247W，负值表示大圆筒吸热。

8.2　轴流泵叶轮的性能预测

现以轴流泵为例，重点介绍如何使用周期性边界条件及转动参考系来模拟叶轮内的 3D 流动，并在流动计算的结果的基础上，预测叶轮的扬程和水力效率。在 6.5 节给出了对该问题的描述，参见图 6.20。已知轴流泵的叶轮直径为 650mm，轮毂直径为 302mm，叶片数为 4，转速为 580rpm(即 60.74rad/s)，流量为 $1.39m^3/s$。针对该问题生成的计算网格见图 6.28。

8.2.1　轴流泵内部流动特点

在轴流泵内，叶轮是旋转的，而其后的导叶体是静止的，请参考图 6.20。对轴流泵内部的流场模拟，有两种方式：

● 动静结合的方式，作全通道的模拟
● 单通道方式，将叶轮与其他过流部件分开，单独进行流场计算

动静结合方式将整个计算域按照部件的相对运动关系划分为若干子区域，可以充分考虑各部件之间的相互作用，能获得全面的流场信息。但是，叶轮的叶片数与导叶体的叶片数一般互为质数，这样，采用动静结合方式时不能使用周期性边界条件，必须将 360 度范围内的整个流道全部取为计算域，因此，这种方法的计算量大。

采用单通道方式的主要好处是可单独研究对泵起关键作用的叶轮的特性，尤其是可以使用周期性边界条件，只取包围一个叶片的局部区域作为计算域，因此，这种方法计算量小，且比较灵活。这种方法的缺点是无法模拟部件之间的相互作用。

在本书中，采用后一种方法，即单通道方式研究轴流泵内部的流动。这里只研究叶轮内的流动，而不研究叶轮前的导水锥及后面的导叶体内部的流动情况(这两个区域内的流动相对比较简单)。因叶片数为 4，所以从叶轮流动区域中取出四分之一作为计算域。同时，为了减小计算时进口及出口位置对叶轮内部流态的影响，适当将计算域的进口边界及出口边界向泵的进口及出口延伸。在计算域的侧面边界上，使用周期性边界条件，同时使用转动参考系。流动按稳态对待。

基于上述考虑所生成的网格图请参考图 6.28。

8.2.2　叶轮内的流动模拟

1.　准备计算网格

以三维单精度(3d)方式启动 FLUENT,读入 6.5 节生成的网格文件 Pump3D.msh。接着,将长度单位改为 m,即将 X、Y 和 Z 方向的比尺均设为 0.001。然后,对 GAMBIT 生成的网格进行检查。最后,考虑到使用的是三角形单元,要对网格进行光顺与交换单元面的操作。

2.　设置模型

按下述过程设置计算模型:
(1)　采用 FLUENT 默认的求解器(即分离式求解器)、稳态流动、绝对速度公式。
(2)　使用 FLUENT 默认的运行参考压力(标准大气压),考虑重力,不考虑热交换。
(3)　流体按湍流对待,选择标准 k-ε 湍流模型,模型的所有系数用默认值。对近壁区域,采用壁面函数法进行处理。
(4)　速度压力耦合方式采用 SIMPLEC,欠松弛因子和离散格式等采用默认值。
(5)　计算的收敛精度采用默认值 0.001。

3.　定义材料

从材料数据库中复制 water-liquid(流态水)作为流体材料。

4.　设置边界条件

根据 6.5 节的操作,图 6.28 所示的网格一共包含 9 个边界面和一个体(表示计算域内的流体),分别是叶片正面 blade_front、叶片背面 blade_back、轮毂柱面 wall_in、轮缘柱面 wall_out、进口边界面 inlet、出口边界面 outlet、周期性边界 periodic1、periodic2 和 periodic3,体的名称是 impeller。本例中的关键是设置转动参考系。

为了考虑旋转的影响,将转动参考系设在与叶轮一起旋转的流体区域上,即体 impeller 上。

按下述过程设置边界条件:

(1)　设置旋转参考系及介质材料。在打开的 Boundary Conditions 对话框中,选中表示流体的区域 impeller,对应的类型应自动为 fluid(在生成网格时已设好)。单击 Set 按钮,打开如图 7.19 所示的 Fluid 对话框。在该对话框中,首先选择材料为前面定义好的 water-liquid。接着,选择 Motion Type(运动类型)为 Moving Reference Frame,以此来表明设置旋转参考系。然后,将 Rotation-Axis Origin(转轴原点)设为(0,0,0),将 Rotation-Axis Direction(转动轴方向)选为与 Z 轴相同,即(0,0,1),在 Rotational Velocity(旋转速度)栏中的 Speed(速度值)文本框输入-60.74(rad/s),保持 Translational Velocity 中的值仍为(0,0,0)。这样,就设置好了旋转参考系。

(2)　定义壁面。叶片表面及轮毂体都是随着泵轴一起旋转的,因此属于移动壁面,但对于前一步设定的旋转参考系(流体区域)而言又是相对静止的,因此,将叶片正面 blade_front、叶片背面 blade_back、轮毂柱面 wall_in 设为 wall(壁面)类型,然后在打开的

Wall 对话框(参见图 7.18)中，在 Wall Motion 选项组中选择 Moving Wall(移动壁面)，在 Motion 选项组中选择 Relative to Adjacent Cell Zone(相对于相邻单元区运动)及 Rotational(旋转)，在 Speed 一栏输入 0，表示相对于流体区域 impeller 的速度为 0。其余参数使用默认值。

(3) 定义另一组壁面。与叶片表面及轮毂柱面相反，轮缘柱面以相反的方向相对于流体区域 impeller 旋转。因此，将轮缘柱面 wall_out 设置为 wall(壁面)边界条件。在 Wall 对话框(参见图 7.18)的 Wall Motion 选项组中选择 Moving Wall(移动壁面)，在 Motion 选项组中选择 Relative to Adjacent Cell Zone(相对于相邻单元区运动)及 Rotational(旋转)，在 Speed 一栏输入 60.74(rad/s)，这是相对于流体区域 impeller 的速度。其余参数使用默认值。

(4) 将 periodic1、periodic2 和 periodic3 定义为 periodic(周期性边界)类型。注意只需要指定边界类型，不需要输入任何信息。

(5) 按正常情况设置叶轮的进口边界 inlet 为 velocity-inlet(速度进口)类型，轴向速度值由流量除以进口圆环面积得到，周向和径向速度都为零。

(6) 设置出口边界 outlet 为 outflow(出流)类型。

5. 设置求解控制参数

收敛判据设为 0.0001，其他控制参数(如欠松弛因子、离散格式、解的初始化等)均取 FLUENT 提供的默认值。

6. 迭代计算

将迭代计算的迭代次数设为 500。FLUENT 在迭代 307 次后，将达到规定的收敛精度。

8.2.3 流场模拟结果

1. 叶片表面的压力分布

图 8.5 和图 8.6 分别是叶片背面的压力(静压)和速度分布情况。从图 8.5 可以看出，叶片背面靠近进口边和轮缘的角上有一明显的低压区，这正是叶片上最容易发生汽蚀的位置，这一结果与实验结果相吻合。从图 8.6 可以看出，叶片表面的速度从轮毂到轮缘逐渐增大，当接近轮缘时，达到最大，而在轮缘处又由最大减小至零。图 8.6 所示的速度分布结果从某种意义上验证了在轴流泵设计过程中经常使用的圆柱层无关性假定。

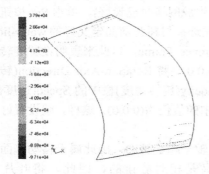

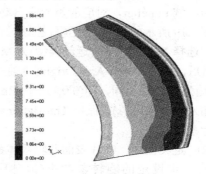

图 8.5 叶片背面压力等值线图　　　　　图 8.6 叶片背面速度等值线图

2. 叶轮扬程及水力效率的预测

在 FLUENT 中，流场内某一点的总压 P_0 由下式定义：

$$P_0 = P_s + \frac{1}{2}\rho |\boldsymbol{u}|^2 \tag{8.1}$$

使用 FLUENT 提供的表面积分功能，可得到叶轮进口总压和出口总压，结果如下：

$$P_{0in} = 1809.6\text{(Pa)}, \qquad P_{0out} = 46553.7\text{(Pa)} \tag{8.2}$$

注意，将总压 P_0 除以 ρg 后，就是某一点的总水头。而在水泵中，规定叶轮的扬程是叶轮出口总水头与进口总水头之差，因此，可得到叶轮的扬程如下：

$$H = \frac{P_{0out}}{\rho g} - \frac{P_{0in}}{\rho g} + \Delta z = 5.06\text{(m)} \tag{8.3}$$

式中，Δz 是叶轮出口与叶轮进口在垂直方向上的距离，取 0.5m(如果是卧式泵，可取 0)。使用 FLUENT 在后处理环节提供的报告力矩值的功能，我们可以得到叶片正面、叶片背面和轮毂表面受到的绕 Z 轴的力矩之和：

$$M_1 = 329.85\text{(N·m)} \tag{8.4}$$

考虑叶片数为 4，得到叶轮的水力效率：

$$\eta_h = \frac{\rho gQH}{4M_1\omega} = \frac{9.81 \times 1000 \times 1.39 \times 5.06}{4 \times 329.85 \times 60.74} = 86.1(\%) \tag{8.5}$$

这样就获得了一个工况下的外特性，如果计算多个工况点，就可以绘制出泵的流量-扬程关系曲线、流量-效率关系曲线，从而预测出泵在全工况范围内的性能。

8.3　风机的优化设计

本节以一风机为例，说明通过采用全三维流动模拟达到优化设计目的过程。考虑到 FLUENT 的基本操作方法在前面已详细介绍过，本节只给出风机流动计算的基本思路。

8.3.1　问题描述

现有某热电厂 410t/h 循环硫化床锅炉风机，如图 8.7 所示。在运行中发现风机存在效率低、压头不能满足系统阻力要求、振动与噪声超标等问题，经过一些实测和分析后，确定是由于风机叶型和流道设计不太合理所致，需要对风机进行改造。这是一个典型的应用 .CFD 手段解决实际工程问题的实例。整个改造过程从对风机的流动计算入手，然后根据流动计算结果对风机提出改造方案，并再次通过数值计算对改造后的风机进行流场性能预测，直到达到应满足的要求。

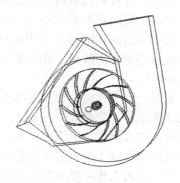

图 8.7　风机整体风道

8.3.2　计算域与网格处理

计算域包括从风机进口至风机出口的整个风道，包括入口调节门、进气箱、集流器、叶轮、机壳等，如图 8.7 所示。由于几何形状较复杂，因此计算中采用四边形网格进行网格划分，共有近 140 000 个节点。

另一方面，风机为旋转机械，其中叶轮部分为旋转部件，其他部分为静止部件。叶轮进口和集流器间有间隙，但在计算中处理为 0，以避免间隙区域压力梯度过大(但如果研究的重点在间隙部分，该处间隙则不能忽略)。如前面针对轴流泵的模拟一样，在计算中采用多重参照系，叶轮区域作为独立的区域来处理，以便计算中将其定义为旋转参照系。

在构造几何模型和网格时，将风机分为三个互相连接的流体区域(每个区域是一个实体模型)：进口区域(包括入口调节门、进气箱、集流器部分)、叶轮区域、机壳区域(叶轮外、机壳内的流道)。这三个区域的网格生成后，分别将三个区域都定义为流体区域(fluid)，并命名。

对以上三个区域的连接面，有两种处理方法，一种方法是将连接面定义为内边界(interior)，另一种处理方法是将连接面定义为交界面(interface)。采用第一种方法时，在几何造型阶段应使与这个面相邻的两个(区域)实体共用这个面。采用第二种方法时，在几何造型阶段，对两个实体分别定义一个面，这两个面的几何位置和形状相同，但拥有不同的名称和标记(ID number)，并可以采用不一致的网格。

除进口和出口外，对包围以上三个流体区域的面和流体区域以内的壁面(如叶片面等)都定义为壁面边界(wall)，同时可依据其用途分别对这些壁面命名以相互区别，并便于计算完成后显示流场。进口和出口边界要单独命名。

在对计算域内的所有流体区域和各壁面、进口、出口、内边界等的属性和名称定义完成后，输出网格文件(msh 文件)。

8.3.3　计算参数及边界条件设置

在 FLUENT 中读入网格文件后，需要按下述要求设置计算参数和边界条件。

考虑到所计算的风机进出口温升很小，同时流速也不高，所以可以把介质看作不可压气体，因此，将流体介质定义为空气(air)，并将密度定义为常数。

在对不可压流体的 N-S 方程求解时，采用 SIMPLEC 算法解决速度与压力的耦合问题。

风机内的流态为湍流，在计算时采用 RNG k-ε 模型。对近壁区域，采用壁面函数法进行处理。

在定义边界条件时，如果连接面定义为内边界(interior)，则在计算中不需要任何处理；如果连接面定义为交界面(interface)，则需通过 Define / Grid interface 实现计算中两个面的数据交换。在本例中，采用第一种方式。

根据所选计算工况点的流量给定进口条件，这里采用 mass-flow-inlet(质量进口)边界。

根据风机的工作环境给定出口压力，这里采用 pressure-outlet(压力出口)边界。

将叶轮所在的流体区域定义为 moving reference frame(运动参考系)，并同时定义风机的

rotational velocity(转速)、rotation-axis direction(旋转方向)等条件。

　　对壁面根据所在的区域,确定其相对于所在的流体区域是否为 moving wall(运动壁面)。例如,对处于进气箱(静止参照系)内的轴表面,应该定义为动面,并设置转速和旋转方向;而对处于叶轮区域(旋转参照系)内的叶片表面,则定义为不动面,因为它相对于叶轮区域是不动的。

　　在计算中,往往要计算多个工况点,以获得对风机特性的全面认识,用户可根据具体情况适当调整松弛系数。其他参数用 FLUENT 默认值。

8.3.4　风机内部的流态分析

　　图 8.8 给出了风机在某工况下叶片背面的相对速度。可以看到,叶片背面的相对速度分布极其紊乱,风机的前盘和背盘的两个叶片间的流道内存在明显的分离流动形成的尾迹区。显然,如此大的尾迹区的存在必然引起对流动的阻滞,引起效率低下。另一方面,尾迹区的流动很不稳定,这也可能是引起风机噪声大的主要原因。因此,需要对风机的叶片型线进行修改。

　　图 8.9 给出了进气箱侧面速度场分布图。分析发现,风机进气箱入口被入口调节门挡住了一部分,所以从图 8.9 可以看到,当气流进入进气箱时,进气箱的侧壁上部以中心线对称地形成了两个涡流区,这也可能是引起风机振动噪声大、损失高的原因之一。

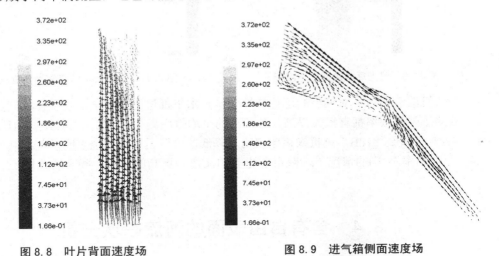

图 8.8　叶片背面速度场　　　　　　图 8.9　进气箱侧面速度场

8.3.5　风机改造思路

　　对所计算的风机而言,流道内明显的尾迹区显然与叶片过大的入口安放角和叶片形状有关。而进气箱内旋涡区显然与进气箱的流道不合理有关。由此可以获得对原有模型的改造思路,即调整叶片的入口角和叶片形状,设法改善风机的进口条件。

　　通过反复的计算和分析,对叶片的改造方案确定为将叶片的入口角由 34.7 度改为 30度,其次将叶片的半径改大一些,而叶片的弦长保持不变,但是这样的改进对改善风机进气箱流场的意义不大，风机的振动和噪声还不能完全消除。因此，尝试了改变入口调节门导叶角度，使气流的入口角由垂直于进口改为和进气口成 45 度角进气(气流和进气箱侧壁的夹角由 0 度改为 45 度)，并保证气流旋向与叶轮旋向相一致，即相当于增加了气流的入口预旋。在此基础上还对风机的进气箱结构做了进一步改进，在风机进气箱内增加了导流板和一个导流锥。

对经以上改进后的风机，经过流场计算，得到相同流量时的内部流态，如图 8.10 和图 8.11 所示。可以看到，叶片背面的压力和流速分布有明显改善，叶道中气流顺畅，可以预期将得到较高的效率。同时涡流附面层变薄，涡流脱离强度减小，这对降噪也很有利。另一方面，风机进气箱内的流态也得到了明显的改善，进气箱内侧壁的涡流区已经不再明显，同时导流板和导流锥实际形成了一种导流吸声结构，当风机工作时，导流吸声结构对气流起到了导流、整流的作用，使气体的涡流强度大大减弱，叶道流型大大优化。

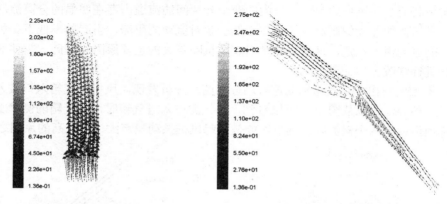

图 8.10　改型后叶片背面速度场　　　　图 8.11　改型后进气箱侧面速度场

在风机改造前后，对风机的运行特性和噪声水平都进行了测试，发现在相同流量下，改造后的压强和效率都有很大提高，各工况的平均效率提高了 6%，同时，试验风机 A 声级由 98dB 下降到 81dB，风机噪声频谱明显降低，电厂运行数据也表明，在继续使用原有电机(即轴功率不变)的情况下，获得了更大的流量和更高的压头，噪声明显降低，运行稳定。

8.4　含有自由表面的河流跌坎分析

河流问题区别于内流等问题的一个显著特点在于自由水面的影响。本节通过河流自由跌坎的流场分析实例介绍 FLUENT 软件在描述这类问题时的 VOF 方法(空气与水的多相流模型)以及与时间相关的非恒定流动的特点。

8.4.1　问题的描述

对于图 8.12 所示的流动，在河流问题中称作跌坎，在内流问题中称作后台阶。自由跌坎问题中，水面并不是一固定的平面，是随时间变化的。只有经过一定的时间达到稳态后，才呈保持状态。

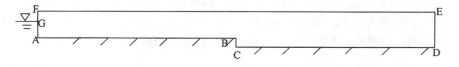

图 8.12　自由跌坎示意图

8.4.2　网格及模型的处理

本问题的几何图形很简单，可直接在 GAMBIT 中生成网格，或者按 FLUENT 所要求的格式手工生成网格数据，然后导入 FLUENT。本例使用四边形网格，如图 8.13 所示。其中，FG 是为自由水面波动所预留的附加网格区域，其大小约等于 BC 的长度即可。

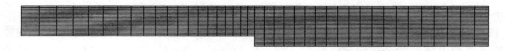

图 8.13　计算网格

网格模型生成后，由三组边界组成，参见图 8.12，ABCD 边为固定壁面，AG 边为水的速度进口条件，EFG 边为气体压力进口条件。

8.4.3　计算模型的设定

与前面的例子相比，本例的特别之处在于模型之中存在多相流(空气和水)，且是一个非稳定流动，因此，在计算模型的参数及边界条件的设置方面，有一定变化。下面给出具体的设置步骤(对于与前面例子有明显不同的操作环节，给出详细的操作指令)：

(1) 设置求解器。选择 Define/Models/Solver，弹出图 7.5 所示的 Solver 对话框。在对话框中，从 Time 选项组选择 Unsteady(非稳定流动)，在 Solver 选项组中选择 Segregated(分离式求解器)，在 Space 选项组中选择 2D(二维问题)，其余用默认值。

(2) 设置运行环境。选择 Define / Operating Conditions，弹出图 7.6 所示 Operating Conditions 对话框。在对话框中，使用参考压力的默认值，选中 Gravity(重力)复选框，表示计及重力，并在 X 及 Y 文本框中输入 0 和-9.81，表示重力加速度的两个分量。在 Variable-Density Parameters 选项组中，选中 Specified Operating Density(指定计算时的密度值)，并输入密度值为 $1.225(\text{kg/m}^3)$。

(3) 湍流模型的选择。这里，认为流体处于湍流状态，选择 k-ε 湍流模型，模型的系数用默认值，近壁区域采用壁面函数法进行处理。

(4) 材料的定义。这里，流体介质包含两种，分别是空气和水。air(空气)材料已作为默认材料存在，还需要从材料数据库中复制 water-liquid(液态水)作为流体材料。

(5) VOF 模型的选择。选择 Define/Models/Multiphase 命令，弹出图 7.7 所示的

Multiphase Model 对话框。在对话框中，从 Options 选项组中选择 VOF 模型；将 Phase 选项组中的 Number of Phase 设置为 2，将 Primary Phase(第一相)设置为 air(空气)，将 Second Phase(第二项)设置为 water-liquid(水)；在 VOF Parameters(VOF 参数)选项组中，将 VOF Scheme(VOF 方案)设置为 Geo-Reconstruct。这里，Geo-Reconstruct 格式是一种较为精确的追踪自由表面的计算格式，广泛地应用于瞬变流的 VOF 问题中。

8.4.4　边界条件的设定

参考图 8.12，按下述步骤设置边界条件：

(1) ABCD 边为固定壁面，在 Wall 对话框中，相关参数用默认值。

(2) AG 为速度进口条件。在 Velocity Inlet 对话框中，将 Veloticy Specification Method 项设为 Magnitude, Normal to Boundary(指定速度大小，与进口边界垂直)，在 Velocity Magnitude(速度大小)指定为 3(m/s)。湍流参数可按经验公式给定，这里，湍动能取 $0.0225(m^2/s^2)$，耗散率取 $0.00792(m^2/s^3)$。将 Volume Fractions(体积份额)选项组中的 water-liquid 指定为 1，air 指定为 0，表示在速度进口边界上均为水，而没有空气。

(3) EFG 边为气体压力进口条件。在 Pressure Inlet 对话框中，总压和静压部分均输入 0。湍流参数可按经验公式给定，这里，取水的相同值，即湍动能取 $0.0225(m^2/s^2)$，耗散率取 $0.00792(m^2/s^3)$。将 Volume Fractions(体积份额)选项组中的 water-liquid(水)指定为 0，air 指定为 1，表示在压力进口边界上均为空气，而没有水。

8.4.5　求解控制参数的设置

选择 Solve/Controls/Solution，弹出类似图 7.26 的 Solution Controls 对话框。注意，在对话框的 Equations 一栏，多了 Volume Fraction 一项，表示多相流计算。在对话框中，欠松弛因子可用默认值。在 Discretization 选项组中，选择 Pressure(压力)的插值格式为 Standard，选择 Pressure-Velocity Coupling(压力速度耦合方式)为 PISIO，其他用 First Order Upwind(一阶迎风格式)。在 PISIO Parameters 选项组中，选中 Skewness Correction(歪斜网格校正)与 Neighbor Correction(相邻校正)，Iteration 项使用默认值 1。

计算的收敛精度、流场解的初始化均用默认设置。

选择 Solve/Iterate，弹出图 7.31 所示的 Iterate 对话框。在 Time 选项组中，选择固定的时间步长，Time Step Size(时间步长)取为 0.02s，Number of Time Steps(需要求解的时间步数)设为 1000。在 Iterate 选项组中，Max Iterations per Time Step(每个时间步内的最大迭代计算次数)设为 20，其余用默认值。

8.4.6　瞬态问题的计算结果

当所求问题的响应时间达到 22s 时，流动已经基本稳定，自由水面和迴流区与 20s 时的结果已完全相同。图 8.14 给出了迭代时间分别为 4 秒和 22 秒时的自由水面和跌坎的迴流区域图。

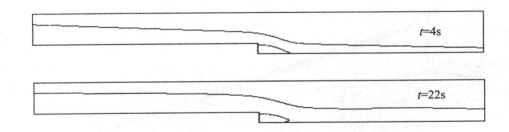

图 8.14　自由水面和跌坎的迴流区域

图 8.15 给出了沿程速度的变化情况。这里是水的速度矢量在进口、跌坎及出口处的局部放大图。当跌坎高度与进口水深的比 CB/AG=0.5 时，出口的最大速度可达进口速度的 2.7 倍。

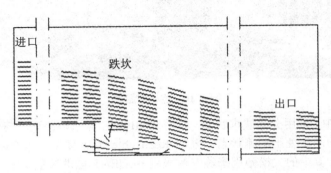

图 8.15　速度矢量分布局部放大图

8.5　温室自然通风模拟

　　本节以大型连栋温室为例，介绍在外界自然风(风压)和室内外温差(热压)的作用引起的温室室内外空气通过温室窗口的流动。

　　现有如图 8.16 所示的温室结构。温室檐高 4.0m，坡面与水平面成 22°，温室开间长度为 4.5m，跨度为 9.6m，温室采用屋顶天窗进行通风。

　　考虑到温室采用自然通风方式时，由于受外界气象因素的影响，温室窗口处的空气流动方向和流速随时可能发生变化，如果仅把温室室内空间作为计算域，CFD 模拟的进出口边界条件将难以准确给定。因此，有必要将温室室内空间连同其周围的一部分室外空间一起作为 CFD 模拟的计算域，只有这样才能对温室自然通风的过程较准确地进行研究。

　　计算域包括室外区域和室内区域两部分。对于六面体结构的温室室外空间，将来风面设置为 velocity-inlet(速度进口)边界条件，室外空气温度根据模拟的室外条件输入；与来风面相对的面设置为 pressure-outlet(压力出口)边界条件；室外顶面设置为 wall(壁面)边界条件；六面体的两个侧面设置为 periodic(周期性)边界条件。而在室内区域中，温室围护结构和地面设置为 wall(壁面)边界条件；温室窗口设置为 Interior(内部界面)边界条件。

图 8.16　连栋型温室

　　在 FLUENT 中，采用分离式求解器，利用 SIMPLEC 算法解决速度与压力的耦合问题，室内外的空气流动假定处于湍流状态，采用 Realizable k-ε 模型，近壁区采用标准壁面函数法进行处理，计算中的欠松弛因子等参数采用 FLUENT 提供的默认值。

　　计算得到的室内流速分布结果如图 8.17 所示。从图中可以看出，在温室顶部的窗口部位，流动比较复杂，空气从窗口底部进入，室内的空气以较大的速度从窗口最上部排出。窗口的位置及大小对室内流场有较明显的影响。流场分析结果对窗口的设计有较明显的指导意义。同时，该结果也说明如果不选择较大的计算域，而将窗口作为单一性质的边界来处理，会导致计算结果有较大的误差。

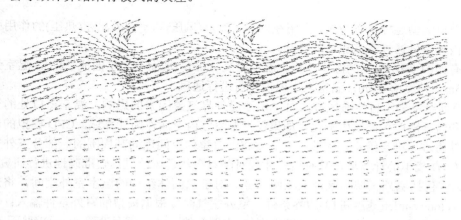

图 8.17　温室室内速度分布

8.6　本 章 小 结

　　本章从应用的观点出发，给出了五个工程实例。其中，二维自然对流换热模型，说明了如何使用对称边界简化问题的求解；轴流泵模型重点演示了如何使用旋转参考系及周期性边界条件、如何根据表面积分获得能量特性及力的特性；风机模型演示了如何使用多重参考系进行三维全通道旋转机械的流动模拟和优化设计；河流跌坎模型主要说明了如何使用 VOF 模型解决多相流中的自由界面流动问题；温室的模拟说明了在局部进出口条件不易给定的条件下，选择更大计算域的重要性。

　　本章的内容只是让读者对 CFD 的工程应用有一个粗略的认识，实际上，包括 FLUENT 软件在内的许多 CFD 软件，可以求解远比这些实例复杂得多的工程问题，希望读者能通过简单的实例，加深对 CFD 软件的理解，促进对 CFD 软件的学习和掌握，让 CFD 工具发挥其应有的作用。

参 考 文 献

[1] 周雪漪. 计算水力学. 北京：清华大学出版社，1995

[2] 陶文铨. 数值传热学(第二版). 西安：西安交通大学出版社，2001

[3] 郭鸿志. 传输过程数值模拟. 北京：冶金工业出版社，1998

[4] 章梓雄，董曾南. 粘性流体力学. 北京：清华大学出版社，1998

[5] S.V. Patankar. 传热与流体流动的数值计算(中文版，张政译). 北京：科学出版社，1984

[6] 黄克智，薛明德，陆明万. 张量分析. 北京：清华大学出版社，2003

[7] Fluent Inc., FLUENT User's Guide. Fluent Inc., 2003

[8] Fluent Inc., FLUENT User Defined Function Manual. Fluent Inc., 2003

[9] Fluent Inc., GAMBIT Modeling Guide. Fluent Inc., 2003

[10] J. D. Anderson, Computational Fluid Dynamics: The Basics with Applications. McGraw-Hill. 1995，清华大学出版社，2002

[11] H.K. Versteeg, W. Malalasekera, An Introduction to Computational Fluid Dynamics: The Finite Volume Method. Wiley, New York, 1995

[12] S.V. Patankar, Numerical Heat Transfer and Fluid Flow. Hemisphere, Washington, 1980

[13] B. E. Launder, D. B. Spalding, Lectures in Mathematical Models of Turbulence. Academic Press, London, 1972

[14] C.A.J. Fletcher, Computational Techniques for Fluid Dynamics, Vol.I and II. Springer-Verlag, Berlin. 1990

[15] H. Schlichting, Boundary Layer Theory, 8th ed. McGrawHill, New York, 1979

[16] P. Bradshaw, T.Cebeci, J.H. Whitelaw, Engineering Calculation Methods for Turbulent Flow. Academic Press, London, 1981

[17] M.B. Abbott, D.R.Basco, Computational Fluid Dynamics - An Introduction for Engineers. Longman Scientific & Technical, Harlow, England, 1989

[18] C.J. Chen, S.Y. Jaw. Fundamentals of Turbulence Modeling. Taylor&Francis, Washington, 1998

[19] J.O. Hinze, Turbulence. McGraw-Hill, New York, 1975

[20] B. E. Launder, D. B. Spalding, The numerical computation of turbulent flows. Computer Methods in Applied Mechanics and Engineering, 3:269-289, 1974

[21] W. J. Jones, B. E. Launder, The prediction of laminarization with a two equation model of turbulence. Int. J. Heat Mass Transfer, 5, 1973

[22] B. E. Launder, G. J. Reece, W. Rodi, Progress in the development of a reynolds-stress turbulence closure. J. Fluid Mech., 68(3):537-566, 1975

[23] B. E. Launder, Second-moment closure: present and future. Inter. J. Heat Fluid Flow, 10(4): 282-300, 1989

[24] P.chow, M.Cross, K. Pericleous, A natural extension of the conventional finite volume method into polygonal unstructured meshes for CFD application. App. Math. Modelling, 20:170-183, 1996

[25] J. P. Van Doormal, G.G. Raithby, Enhancement of the SIMPLE method for predicting incompressible fluid flows. Numerical Heat Transfer, 7:147-163, 1984

[26] R.I. Issa, Solution of the implicitly discretised fluid flow equations by operator-splitting. J. Comput. Phys., 62:40-65, 1986

[27] C. M. Rhie, W. L. Chow, Numerical study of the turbulent flow past an airfoil with trailing edge separation. AIAA Journal, 21:1525-1532, 1983

[28] C. W. Lan, C. C. Liu, C. M. Hsu, An adaptive finite volume method for incompressible heat flow problems in solidification. Journal of Computational Physics, 178:464-497, 2002

[29] T. Hayase, J.A.C.Humphrey, R.Greif, A consistently formulated QUICK scheme for fast and stable convergence using finite-volume iterative calculation procedures. Journal of Computational Physics, 98:108-118, 1992

[30] S.V.Patanker, D.B.Spalding, A calculation processure for heat, mass and momentum transfer in three-dimensional parabolic flows. Int J Heat Mass Transfer, 15:1787-1806, 1972

[31] I. Demirdzic, M. Peric, Finite volume methods for prediction of fluid flow in arbitrarily shaped domains with moving boundaries. Int. J. Num. Meth. Fluids, 10:771-790, 1990

[32] P. Moin, Progress in large eddy simulation of turbulence flows. AIAA paper, 97-15761, 1997

[33] B.Raverdy, I. Mary, P. Sagaut, N. Liamis, High-resolution large-eddy simulation of flow around low-pressure turbine blade. AIAA Journal, 41(3):390-397, 2003

[34] V. Michelassi, J.G. Wissink, J. Frohlich, W. Rodi, Large-eddy simulation of flow around low-pressure turbine blade with incoming wakes. AIAA Journal, 41(11):2143-2156, 2003

[35] M. Tutar, G. Oguz, Large eddy simulation of wind flow around parallel buildings with varying configurations. Fluid Dynamics Research, 31(5-6):289-315, 2002

[36] Marzio Piller, Enrico Nobile, J. Thomas, DNS study of turbulent transport at low Prandtl numbers in a channel flow. Journal of Fluid Mechanics, (458):419-441, 2002

[37] J.G. Wissink. DNS of separating low Reynolds number flow in a turbine cascade with incoming wakes. International Journal of Heat and Fluid Flow, 24(4):626-635, 2003

[38] V. Michelassi, J.G. Wissink, W. Rodi, Direct numerical simulation, large eddy simulation and unsteady Reynolds-averaged Navier-Stokes simulations of periodic unsteady flow in a

low-pressure turbine cascade: A comparison. Journal of Power and Energy, 217(4):403-412, 2003

[39] V. Stephane, Local mesh refinement and penalty methods dedicated to the Direct Numerical Simulation of incompressible multiphase flows. Proceedings of the ASME/JSME Joint Fluids Engineering Conference: 1299-1305, 2003

[40] Kosovic Branko, I. P. Dale, Samtaney Ravi, Subgrid-scale modeling for large-eddy simulations of compressible turbulence. Physics of Fluids, 14(4):1511-1522, 2002

[41] J.S. Marshall, M.L. Beninati, Analysis of subgrid-scale torque for large-eddy simulation of turbulence. AIAA Journal, 41(10):1875-1881, 2003

[42] A. Abba, C. Cercignani, L. Valdettaro. Analysis of subgrid scale models. Computers and Mathematics with Applications, 46(4):521-535, 2003

[43] A.A. Feiz, M. Ould-Rouis, G. Lauriat, Large eddy simulation of turbulent flow in a rotating pipe. International Journal of Heat and Fluid Flow, 24(3):412-420, 2003

[44] Mary Ivan, Sagaut Pierre. Large eddy simulation of flow around an airfoil near stall. AIAA Journal, 40(6):1139-1145, 2002

[45] D.G.E. Grigoriadis, J.G. Bartzis, A. Goulas, Efficient treatment of complex geometries for large eddy simulations of turbulent flows. Computers and Fluids, 33(2):201-222, 2004

[46] L. Shen, D.K.P. Yue, Large-eddy simulation of free-surface turbulence. Journal of Fluid Mechanics, n 440:75-116, 2001

[47] R. E. Julian, K. Smolarkiewicz, Eddy resolving simulations of turbulent solar convection. International Journal for Numerical Methods in Fluids, 39(9):855-864, 2002

[48] J.C. Li, Large eddy simulation of complex turbulent flows: Physical aspects and research trends. Acta Mechanica Sinica, 17(4):289-301, 2001

[49] V. Yakhot, S.A. Orzag, Renormalization group analysis of turbulence: basic theory. J Scient Comput. l:3-11, 1986

[50] T.H. Shih, W.W. Liou, A. Shabbir, Z. G. Yang, J. Zhu, A new $k-\varepsilon$ eddy viscosity model for high Reynolds number turbulent flows. Comput Fluids. 24(3):227-238, 1995

[51] W.P. Jones, B.E. Launder, The calculation of low-Reynolds-number phenomena with a two-equation model of turbulence. Int J Heat Mass Transfer, 16: 1119-1130, 1973

[52] B. J. Daly, F. H. Harlow, Transport equations in turbulence. Phys. Fluids, 13: 2634-2649, 1970

[53] M. M. Gibson, B. E. Launder, Ground effects on pressure fluctuations in the atmospheric boundary layer. J. Fluid Mech., 86: 491-511, 1978

[54] S. Fu, B. E. Launder, M. A. Leschziner, Modeling strongly swirling recirculating jet flow with reynolds-stress transport closures. In Sixth Symposium on Turbulent Shear Flows, Toulouse, France, 1987.

[55] B. E. Launder, Second-moment closure and its use in modeling turbulent industrial flows.

International Journal for Numerical Methods in Fluids, 9:963-985, 1989.

[56]B. E. Launder, Second-moment closure: present and future. Inter. J. Heat Fluid Flow, 10(4): 282-300, 1989.

[57] W. Rodi, Turbulence models and their applications in hydraulics - A state of the art review, IAHR, delft, The Netherlands, 1980

[58] B. E. Launder, D.S.A. Samaraweera, Application of a second-moment turbulence closure to heat and mass transport in thin shear flows-i two-dimensional transport. Int J Heat Mass Transfer, 22:1633-1643, 1979

[59] C.G. Speziale, Analytical methods for the development of Reynolds-stress closures in turbulence. Ann Rev Fluid Mech. 23: 107-157, 1991

[60] F. Mashayek, Turbulent gas-solid flows, Part I: Direct simulations and Reynolds stress closures, Numerical Heat Transfer, Part B: Fundamentals, 41(1):1-29, 2002

[61] R.M.C. So, Y.G. Lai, H.S. Zhang, Second-order near-wall turbulence closures: a review. AIAA JOURNAL. 29(11):1819-1835, 1991

[62] .M.C. So, L.H. Jin, T.B. Gatski, An explicit algebraic model for turbulent buoyant flows. Proceedings of the ASME/JSME Joint Fluids Engineering Conference, p.1995-2011, 2003

[63] . A. Galperin, S. A. Orszag, Large eddy simulation of complex engineering and geophysical flows. Cambridge University Press, 1993

[64] .Y. Lee, A study and improvement of large eddy simulation for practical applications. Ph.D dissertation, Texas A&M University, U.S.A, 1992

[65] F. Felten, Y. Fautrelle, Y. Du Terrail, O. Metais, Numerical modelling of electro-gnetically-riven turbulent flows using LES methods. Applied Mathematical Modelling, 28(1):15-27, 2004

[66] etsuro Tamura, Yoshiyuki Ono. LES analysis on aeroelastic instability of prisms in turbulent flow. Journal of Wind Engineering and Industrial Aerodynamics, 91(12-15):1827-1846, 2003

[67] L. di Mare, W.P. Jones, LES of turbulent flow past a swept fence. International Journal of Heat and Fluid Flow, 24(4):606-615, 2003

[68] Rodney C. Schmidt, Alan R. Kerstein, Scott Wunsch, Vebjorn Nilsen. Near-wall LES closure based on one-dimensional turbulence modeling. Journal of Computational Physics, 186(1):317-355, 2003

[69] Laetitia Doris, Christian Tenaud, Loc Ta Phuoc. LES of spatially developing 3D compressible mixing layer. Comptational Fluid Mechanics, 328(7):567-573, 2000

[70] Anne Dejoan, Roland Schiestel, LES of unsteady turbulence via a one-equation subgrid-scale transport model. International Journal of Heat and Fluid Flow, 23(4):398-412, 2002

[71] Horng-Wen Wu, Shiang-Wuu Perng, LES analysis of turbulent flow and heat transfer in

motored engines with various SGS models. International Journal of Heat and Mass Transfer, 45(11):2315-2328, 2002

[72] Alison L. Marsden, O.V. Vasilyev, Parviz Moin, Construction of commutative filters for les on unstructured meshes. Journal of Computational Physics, 175(2):584-603, 2002

[73] H. Lübcke, St. Schmidt, T. Rung, F. Thiele. Comparison of LES and RANS in bluff-body flows. Journal of Wind Engineering and Industrial Aerodynamics, 89(14-15):1471-1485, 2001

[74] Stephane Viazzo, Anne Dejoan, Roland Schiestel, Spectral features of the wall-pressure fluctuations in turbulent wall flows with and without perturbations using LES. International Journal of Heat and Fluid Flow, 22(1):39-52, 2001

[75] John R. Mansfield, Omar M. Knio, Charles Meneveau, Dynamic les of colliding vortex rings using a 3d vortex method. Journal of Computational Physics. 152(1):305-345, 1999

[76] P. Rollet-Miet, D. Laurence, J. Ferziger, LES and RANS of turbulent flow in tube bundles. International Journal of Heat and Fluid Flow, 20(3):241-254, 1999

[77] Oleg V. Vasilyev, Thomas S. Lund, Parviz Moin, A general class of commutative filters for les in complex geometries. Journal of Computational Physics, 146(1):82-104, 1998

[78] J. Smagorinsky, General circulation experiments with primitive equations, Monthly Weather Rev., 91(3):99-164. 1963

[79] A. Orellano, H. Wengle, Numerical simulation (DNS and LES) of manipulated turbulent boundary layer flow over a surface-mounted fence. European Journal of Mechanics - B/Fluids, 19(5):765-788, 2000

读者回执卡

欢迎您立即填妥回函

您好！感谢您购买本书，请您抽出宝贵的时间填写这份回执卡，并将此页剪下寄回我公司读者服务部。我们会在以后的工作中充分考虑您的意见和建议，并将您的信息加入公司的客户档案中，以便向您提供全程的一体化服务。您享有的权益：

★ 免费获得我公司的新书资料；　　　　　★ 免费参加我公司组织的技术交流会及讲座；

★ 寻求解答阅读中遇到的问题；　　　　　★ 可参加不定期的促销活动，免费获取赠品；

读者基本资料

姓　　名 _____ 性　　别 □男　　□女　年　　龄 _____

电　　话 _____ 职　　业 _____ 文化程度 _____

E-mail _____ 邮　　编 _____

通讯地址 _____

请在您认可处打√（6至10题可多选）

1、您购买的图书名称是什么：_____

2、您在何处购买的此书：_____

3、您对电脑的掌握程度：　　□不懂　　　　　□基本掌握　　　□熟练应用　　　□精通某一领域

4、您学习此书的主要目的是：□工作需要　　　□个人爱好　　　□获得证书

5、您希望通过学习达到何种程度：□基本掌握　□熟练应用　　　□专业水平

6、您想学习的其他电脑知识有：□电脑入门　　□操作系统　　　□办公软件　　　□多媒体设计

　　　　　　　　　　　　　　□编程知识　　□图像设计　　　□网页设计　　　□互联网知识

7、影响您购买图书的因素：　□书名　　　　□作者　　　　　□出版机构　　　□印刷、装帧质量

　　　　　　　　　　　　　　□内容简介　　□网络宣传　　　□图书定价　　　□书店宣传

　　　　　　　　　　　　　　□封面，插图及版式　□知名作家（学者）的推荐或书评　　□其他

8、您比较喜欢哪些形式的学习方式：□看图书　□上网学习　　　□用教学光盘　　□参加培训班

9、您可以接受的图书的价格是：□20元以内　□30元以内　　　□50元以内　　　□100元以内

10、您从何处获知本公司产品信息：□报纸、杂志　□广播、电视　□同事或朋友推荐　□网站

11、您对本书的满意度：　　□很满意　　　□较满意　　　　□一般　　　　　□不满意

12、您对我们的建议：_____

请剪下本页填写清楚，放入信封寄回，谢谢！

1	0	0	0	8	4

贴 邮
票 处

北京100084—157信箱

读者服务部　　　　　　收

邮政编码：□□□□□□